# Peugeot 205

## Diesel
## XLD/GLD
## XRD/GRD
## SRD

## ab Sommer 1983

# 1 Allgemeines

## 1.1 Einleitung in das Modell

Diese Reparaturanleitung befasst sich mit den Peugeot 205 Diesel-Fahrzeugen, welche im Jahre 1984 das erste Mal zum Verkauf angeboten wurden. Die Fahrzeugmodelle sind alle mit einem 1769-$cm^3$-Motor ausgerüstet, welcher unter der Bezeichnung XUD 7 läuft.

Für das Baujahr 1984 wurden die Modelle GLD, GRD und SRD vorgestellt. Modelle GLD, GRD und SRD wurden für Baujahr 1985 beibehalten; hinzugekommen sind die Modelle XLD und XRD. Diese Modellbezeichnungen wurden auch ab Baujahr 1986 beibehalten.

Der Motor hat eine Leistung von 60 PS (47 kW) bei einer Drehzahl von 4600/min.

Der Motorblock und das darunterliegende Getriebe sind vorn quergestellt im Motorraum montiert. Der Motor hat eine obenliegende Nockenwelle mit Zahnriemenantrieb, einen Graugusszylinderblock und eine fünffach gelagerte Kurbelwelle. Die Kraftübertragung erfolgt über eine Federscheibenkupplung, ein Vier- oder Fünfganggetriebe mit Stockschaltung, einen schrägverzahnten Achsantrieb und Doppelgelenkwelle mit homokynetischen Kardangelenken auf die Vorderräder.

Die Radaufhängung besteht vorn aus Federbeinen mit unteren Querlenkern und Kurvenstabilisator. Die

Hinterradaufhängung setzt sich aus Einzelradaufhängungen mit Längslenkern, Quertorsionsfederstäben und Teleskop-Stossdämpfern zusammen. Ein Kurvenstabilisator ist serienmässig in die Hinterradaufhängung eingebaut.
Eine Zweikreisbremsanlage mit Scheibenbremsen an den Vorderrädern und Trommelbremsen an den Hinterrädern wird zum Abbremsen des Fahrzeuges angewandt. Ein Bremskraftverstärker ist serienmässig in die Anlage eingebaut. Das Fahrzeug wird durch eine Zahnstangenlenkung gelenkt.

## 1.2 Fahrzeugerkennung

Bild 1 zeigt die Lage der verschiedenen Nummern und Kennzeichnungen. Die Nummern befinden sich an der Schnittstelle der Montageflächen des Zylin-

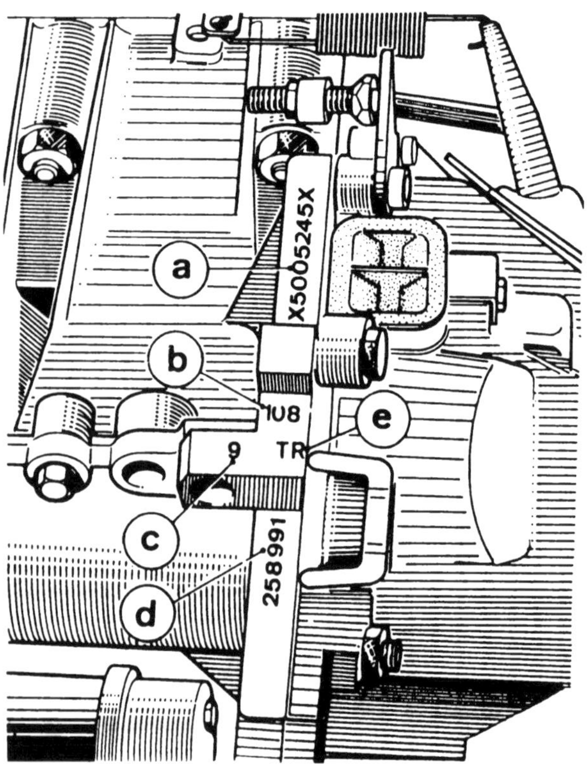


**Bild 1**
**Die Lage der verschiedenen Kennzeichnungen des Fahrzeuges**

a = Fahrgestellnummer
b = Motortyp
c = Code-Nummer
d = Laufende Fertigungsnummer
e = Hinweis auf Verdichtung

derblockes, Lagerdeckelgehäuses und Kupplungsgehäuses. Beim Austausch der Einheit Zylinderblock-Lagerdeckelgehäuse müssen diese Originalnummern ohne jede Änderung übernommen werden. Beim Bestellen von Ersatzteilen ist die Angabe von Motor- und Fahrgestellnummer, sowie vom Baujahr des Fahrzeuges unerlässlich, da der Hersteller, im Sinne von Verbesserungen, oft kleine Änderungen an den Fahrzeugen vornimmt.

## 1.3 Allgemeine Anweisungen bei Reparaturen

Die Beschreibungen in dieser Reparaturanleitung sind in einfacher Weise und allgemein verständlich gehalten. Wenn dem Text und den Abbildungen bei der Arbeit Schritt für Schritt gefolgt wird, dürften keine Schwierigkeiten auftreten. Die Mass- und Einstelltabelle am Ende des Buches (Kapitel 14) ist hierbei ein wichtiger Teil und muss bei allen Reparaturarbeiten am Fahrzeug hinzugezogen werden. Innerhalb der einzelnen Anleitungen werden die notwendigen Massangaben oder Einstellwerte nicht immer angeführt, weshalb in der genannten Tabelle nachzuschlagen ist. Es sei besonders darauf hingewiesen, dass man unter dem in Frage kommenden Modell nachlesen muss, falls Unterschiede zwischen einzelnen Ausführungen vorhanden sind, um jegliche Fehler zu vermeiden.
Einfache Handgriffe, wie z. B. «Motorhaube öffnen» vor Arbeiten im Motorraum oder «Radmuttern lösen» vor Abnehmen der Räder werden nicht immer erwähnt, da diese als selbstverständlich vorausgesetzt werden.
Dagegen befasst sich der Text ausführlich mit schwierigen Arbeiten, die in allen Einzelheiten beschrieben sind. Eine Reihe wichtiger Hinweise, die bei jeder Reparaturanleitung beachtet werden sollten:

- Schrauben und Muttern sind in sauberem Zustand und leicht eingeölt zu verwenden. Mutternflächen und Gewindegänge immer auf Beschädigung untersuchen und vorhandene Grate entfernen. Im Zweifelsfall neue Schrauben oder Muttern verwenden. Einmal gelöste, selbstsichernde Muttern sollten immer erneuert werden. Auf keinen Fall dürfen Muttern und Schrauben entfettet werden.
- Stets die in der Anzugsdrehmoment-Tabelle (Kapitel 15) angeführten Anzugsdrehmomente beachten. Diese Werte sind nahezu in den gleichen Gruppen zusammengefasst, die auch die Kapitel dieser Reparaturanleitung bilden und lassen sich somit leicht auffinden.
- Alle Dichtscheiben, Dichtungen, Sicherungsbleche, Sicherungsscheiben, Splinte und «O»-

Dichtringe (Rundschnurringe) sind beim Zusammenbau zu erneuern. Öldichtringe (Radialdichtringe, Simmerringe) sollten ebenfalls erneuert werden, sofern die Welle aus dem Dichtring genommen wurde. Die Lippe eines Dichtringes ist vor dem Zusammenbau mit Fett einzuschmieren. Man muss darauf achten, dass sie beim Einbau in die Richtung weist, aus welcher Öl oder Fett austreten kann.

- Bei Hinweisen auf die linke oder rechte Seite des Fahrzeuges wird angenommen, dass man aus der Fahrtrichtung bei Vorwärtsfahrt die Seitenbezeichnung ableiten kann, analog der Begriffe «vorn» und «hinten». Im Zweifelsfall wird im Text nochmals eine Erläuterung gegeben.
- Ganz besonders ist darauf zu achten, dass zu Arbeiten an den Bremsen, an der Radaufhängung oder allgemein an der Unterseite des Fahrzeuges für eine sichere Abstützung des hochgebockten Wagens gesorgt ist. Der Bordwagenheber ist nur zum Radwechsel für unterwegs vorgesehen. Falls er dennoch bei Reparaturen zur Hilfe genommen wird, ist lediglich der Wagen damit anzuheben und dann auf geeignete Montageböcke abzulassen. Derartige, dreibeinige Unterstellböcke sollen zur Sicherheit auch unter dem Fahrzeug plaziert werden, wenn ein Garagenwagenheber zur Verfügung steht. Ziegelsteine sollten zum Unterbauen nicht verwendet werden, allenfalls Hohlblocksteine wegen ihren grösseren Auflageflächen, doch sind dann zwischen Fahrzeug und Steine noch genügend starke Holzbretter zu legen.
- Fette, Öle, Unterbodenschutz und alle mineralischen Substanzen wirken auf die Gummiteile des Fahrwerks und der Bremsanlage aggressiv. Besonders von Teilen der hydraulischen Anlage sind solche Mittel, zu denen auch Kraftstoff gehört, fernzuhalten. Für Reinigungsarbeiten an der Bremsanlage soll nur Bremsflüssigkeit oder Spiritus verwendet werden. Hierbei sei aber darauf verwiesen, dass Bremsflüssigkeit giftig ist und z. B. auf lackierte Flächen ätzend wirkt.
- Zur Erzielung der besten Reparaturergebnisse ist die Verwendung von Original-Peugeot-Ersatzteilen Voraussetzung. Um späteren Schwierigkeiten aus dem Wege zu gehen, muss der Einbau irgendwelcher Fremdprodukte unterbleiben. Ausnahmen sind nur bei Teilen der elektrischen Anlage gegeben oder falls das Herstellerwerk entsprechende Freigaben macht.
- Beim Bestellen von Ersatz- und Austauschteilen müssen die genaue Modellbezeichnung mit Fahrgestellnummer, gegebenenfalls die Motornummer und das Baujahr angegeben werden. Damit beschleunigt man die Bestellung und das Beziehen von falschen Teilen wird verhindert.
- Alle Arbeiten am Auto, besonders solche an der Bremsanlage und an der Lenkung, sind mit Sorgfalt und Umsicht durchzuführen. Die Verkehrssicherheit des Fahrzeuges muss nach jeder Reparatur gewährleistet sein.

## 1.4 Arbeitsbedingungen und Werkzeuge

Um Reparaturarbeiten durchzuführen, benötigt man einen sauberen, gut beleuchteten Arbeitsplatz, der mit einer Werkbank und Schraubstock versehen ist. Es soll auch genügend Raum vorhanden sein, um die verschiedenen Teile auszulegen und zu ordnen, ohne dass man sie immer wieder wegräumen muss. In einer gut ausgerüsteten Werkstatt lässt sich gemütlich und ohne Hast arbeiten, die Maschine kann in einer sauberen Umgebung zerlegt und wieder zusammengebaut werden. Leider verfügt aber nicht jeder über einen solchen idealen Arbeitsplatz und dementsprechend muss auch da und dort improvisiert werden. Um diesen Nachteil auszugleichen, muss besonders viel Zeit und Sorgfalt aufgewendet werden.

Als weiteres benötigt man unbedingt einen möglichst vollständigen Satz Qualitätswerkzeuge. Qualität ist hier oberstes Gebot, da billiges Werkzeug auf lange Sicht eher teuer werden kann, falls man damit abrutscht oder es zerbricht und dabei teuren Schrott baut. Ein gutes Qualitätswerkzeug wird sich lange verwenden lassen und rechtfertigt in jedem Falle die Anschaffungskosten. Die Grundlage des Werkzeugsatzes ist ein Satz Gabelschlüssel, die sich an jedem gut zugänglichen Teil des Fahrzeuges ansetzen lassen. Ein Satz Ringgabelschlüssel stellt einen wünschenswerten Zusatz dar, der sich besonders bei festsitzenden Schrauben und Muttern verwenden lässt, oder wo die Platzverhältnisse ungünstig sind. Um die Kosten tief zu halten, kann man sich auch mit einem Satz kombinierter Ringgabelschlüssel behelfen, diese tragen an einem Ende eine Gabelöffnung und am anderen einen Ring von der gleichen Weite. Stecknüsse (-einsätze) stellen ebenfalls eine lobenswerte Investition dar. Vorausgesetzt, dass der Aussendurchmesser der Nüsse nicht allzugross

ist, können auch sehr versteckt oder in Vertiefungen sitzende Muttern und Schrauben gelöst werden.
Weitere benötigte Werkzeuge sind ein Satz Kreuzschlitzschraubenzieher, Zangen und Hammer.
Zusätzlich zur Grundausrüstung kann man sich noch ein paar speziellere Werkzeuge beschaffen, die sich meistens als unschätzbare Hilfe erweisen, besonders wenn man gewisse Reparaturen immer wieder durchführen muss. Damit lässt sich also recht viel Zeit ersparen. Als Beispiel sei hier einmal der Schlagschraubenzieher erwähnt, ohne den sich die maschinell angezogenen Kreuzschlitzschrauben kaum lösen lassen, ohne dass man sie dabei beschädigt. Selbstverständlich kann er auch zum Anziehen verwendet werden, um einen öl- und gasdichten Sitz zu gewährleisten. Ebenfalls oft benötigt werden Seegeringzangen, da Getrieberäder, Wellen und ähnliche Teile meist durch Sicherungsringe gehalten werden, die sich mit einem Schraubenzieher nur schwer entfernen lassen. Es sind zwei Typen von Seegeringzangen erhältlich, einer für die Aussensicherungsringe und einer für Innensicherungsringe. Sie sind mit geraden oder abgewinkelten Klauen erhältlich. Eines der nützlichsten Werkzeuge ist der Drehmomentschlüssel, eigentlich eine Art Schraubenschlüssel, der so eingestellt werden kann, dass er durchrutscht, wenn ein gewisses Anzugsdrehmoment einer Schraube oder Mutter erreicht ist. Derartige Schlüssel sind ebenfalls mit einem Zeiger erhältlich, welcher das erreichte Drehmoment anzeigt. Anzugsdrehmomente werden in jedem modernen Werkstatthandbuch oder jeder Reparaturanleitung aufgeführt, so dass auch besonders komplexe Baugruppen oder Komponenten, wie z. B. ein Zylinderkopf, angezogen werden können, ohne dass man Beschädigungen oder Lecks infolge Verzugs befürchten muss.
Je höher entwickelt ein Automodell ist, desto mehr Werkzeuge benötigt man, um es im Do-it-yourself-Verfahren immer im bestmöglichen Zustand zu halten. Leider lassen sich aber einige ganz spezielle Arbeiten nicht ohne die richtige Ausrüstung durchführen, für die man meist tief in die Tasche greifen muss, wenn man diese Arbeiten nicht einem Spezialisten übergeben will. Hier ist auch eine gewisse Vorsicht am Platze, es gibt nun einfach verschiedene Arbeiten, die man am besten einem Fachmann überlässt. Obwohl ein Vielfachmessgerät zum Aufspüren von elektrischen Schäden eine grosse Hilfe darstellt, kann es in ungeübten Händen grossen Schaden anrichten.
Obschon in dieser Reparaturanleitung gezeigt wird, wie sich verschiedene Komponenten auch ohne Spezialwerkzeuge aus- und wieder einbauen lassen (falls nicht unbedingt nötig), empfiehlt es sich, die Anschaffung der gebräuchlichsten Spezialwerkzeuge in Betracht zu ziehen. Dies wird sich besonders dann lohnen, wenn man das Auto über längere Zeit behalten will.
Auch mit den vorgeschlagenen, improvisierten Methoden und Werkzeugen lassen sich verschiedene Teile ohne Gefahr von Beschädigung aus- und einbauen. In jedem Fall lässt sich mit den Spezialwerkzeugen, die vom Hersteller produziert und verkauft werden, eine Menge Zeit (und Ärger) sparen.

## 1.5 Aufbocken des Fahrzeuges

Zum Aufbocken der Vorderseite die Handbremse anziehen und zur Sicherheit einen Ziegelstein unter die Hinterräder unterlegen.
Zum Aufbocken der Rückseite einen Gang einschalten und Ziegelsteine vor den Vorderrädern unterlegen.
Sichere Unterstellböcke unter die Seiten der Karosserie nur an den vorgeschriebenen Stellen unterstellen. Falls man zuerst eine Seite und danach die andere Seite, wie oben beschrieben, aufbockt, muss unbedingt auf die Sicherheit der Unterstellböcke geachtet werden.
Wagenheber nur auf festem Boden ansetzen. Das gleiche gilt für die Unterstellböcke.

## 1.6 Wartung und Pflege

Die meisten der Wartungsarbeiten können selbst durchgeführt werden. Manchmal ist es jedoch zweckmässiger, die Wartung in einer Werkstatt durchführen zu lassen, d. h. es fehlen die notwendigen Einrichtungen oder Erfahrungen, Messgeräte sind erforderlich oder die Werkstatt kann die Arbeit einfach schneller durchführen. Vor allem wichtig sind die regelmässigen Inspektionen und Kontrollen, welche untenstehend angeführt sind. Nach einer bestimmten Motorleistung oder nach Ablauf einer gewissen Zeit durchzuführenden Wartungsarbeiten sind den entsprechenden Kapiteln zu entnehmen.

### 1.6.1 Motorölstand kontrollieren

Der Stand des Motoröls sollte etwa alle 600 km

kontrolliert werden. Dazu den Ölmessstab herausziehen und mit einem sauberen Lappen abwischen. Messstab nochmals hineinschieben und ihn wieder herausziehen. Das Öl muss bei waagerecht stehendem Fahrzeug zwischen der oberen und unteren Markierung liegen. Liegt der Ölstand an der unteren Markierung, muss Öl nachgefüllt werden. Auf keinen Fall den Motor überfüllen, d. h. das Öl darf nicht über die obere Marke steigen. Unbedingt sicherstellen, dass sich das verwendete Öl für Dieselmotoren eignet, da nicht alle Öle geeignete sind. Ihre Tankstelle wird Sie darüber beraten, falls Sie nicht sicher sind.

### 1.6.2 Bremsflüssigkeit kontrollieren

Der Behälter für die Bremsflüssigkeit sitzt im Motorraum auf der linken Seite auf dem Hauptbremszylinder. Der Behälter ist durchsichtig und der Flüssigkeitsspiegel kann leicht festgestellt werden. Der Spiegel muss zwischen der «Min.»- und «Max.»-Markierung liegen. Falls erforderlich frische Bremsflüssigkeit nachfüllen.

### 1.6.3 Bremsleuchten überprüfen

Die Arbeitsweise der Bremsleuchten kann mit Hilfe einer zweiten Person oder auch allein kontrolliert werden. Bei der ersten Methode auf die Bremse treten, während die zweite Person das Aufleuchten der Lampen kontrolliert. Sind Sie allein, rückwärts vor die Garagentür fahren und auf die Bremse treten. Die Lampen scheinen rot gegen die Garagentür. Falls eine Lampe nicht aufleuchtet, die Glühbirne ersetzen; leuchten beide Lampen nicht auf, könnte der Bremslichtschalter defekt sein.

### 1.6.4 Beleuchtung kontrollieren

Alle Beleuchtungskörper (einschliesslich der Hupe und Warnblinkanlage) der Reihe nach durchschalten und deren Funktion kontrollieren. Rücklichter und Rückfahrscheinwerfer können am besten im Dunkeln vor der Garagentür kontrolliert werden, ohne dass man aus dem Fahrzeug aussteigt.

### 1.6.5 Reifendruck kontrollieren

Den Reifendruck an einer Tankstelle kontrollieren. Falls Sie den Druck nicht im Kopf haben, können Sie anhand der Tabellen an Tankstellen leicht feststellen, welcher Druck für Ihr Fahrzeug erforderlich ist.

### 1.6.6 Kühlmittelstand kontrollieren

Das kalte Kühlmittel muss bis zur Markierung am Ausgleichsbehälter stehen. Das Dehngefäss befindet sich am rechten Radkasten. Falls erforderlich abwarten bis das Kühlmittel abgekühlt ist und zusätzliches Frostschutzmittel einfüllen. Ist der Motor heiss, den Verschlussdeckel des Ausgleichsbehälters bis zur ersten Raste lösen und abwarten bis der Druck abgefallen ist. Danach den Deckel vollkommen abschrauben.

# 2 Der Motor

## 2.1 Ausbau und Einbau der Antriebseinheit

### 2.1.1 Ausbau

Der Motor wird mit Getriebe von der Unterseite her ausgebaut und kräftiges Hebezeug ist eine Voraussetzung für diese Arbeit. Ausserdem ist ein Rollwagenheber erforderlich, mit welchem der Nebenrahmen während des Ausbaus angehoben werden kann.

- Massekabel der Batterie abklemmen.
- Vorderseite des Fahrzeuges auf Böcke setzen.
- Die Kühlanlage entleeren. Dazu vom Motorraum her den Stopfen aus dem Ausgleichsbehälter herausdrehen und von der Unterseite des Fahrzeuges her den Stopfen aus dem Kühler und dem Zylinderblock herausdrehen. Bild 2 zeigt die Lage des Zylinderblockstopfens. Falls das Kühlmittel noch in gutem Zustand ist, sollte es aufgefangen werden.

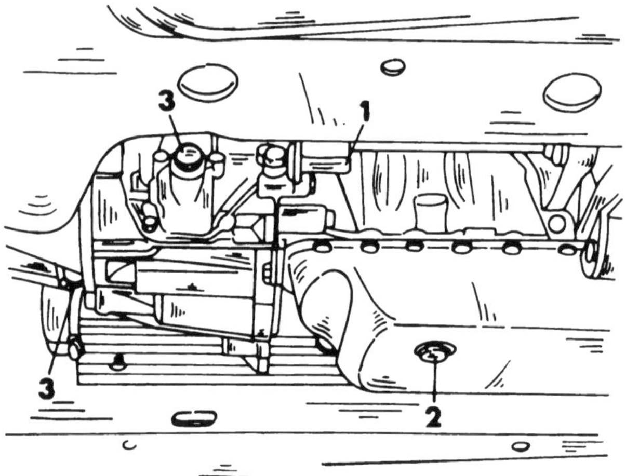


**Bild 2**
**Ansicht des Motors und Getriebes von der Unterseite mit Lage der Ablassstopfen**

1 Zylinderblockstopfen
2 Motorölablassstopfen
3 Getriebeölablassstopfen

- Ebenfalls unter Bezug auf Bild 2 den Stopfen (2) herausschrauben und das Motoröl ablassen. Getriebeöl nach Ausdrehen des Stopfens (3) ablassen. Zwei Stopfen sind zum Ölablassen herauszudrehen. Falls keine weiteren Arbeiten am Motor durchgeführt werden und das Öl noch gut aussieht, kann es zur Wiederverwendung aufbewahrt werden.
- Die Motorhaube sollte zum Herausheben des Antriebsaggregates in die senkrechte Stellung gebracht werden. Da dazu ein Spezialwerkzeug zum Feststellen erforderlich ist, sollte man die Haube abschrauben und an sicherer Stelle aufbewahren.
- Auspuffrohr vom Auspuffkrümmer abschrauben.
- Unter Bezug auf Bild 3 die Verbindungsstrebe (1)

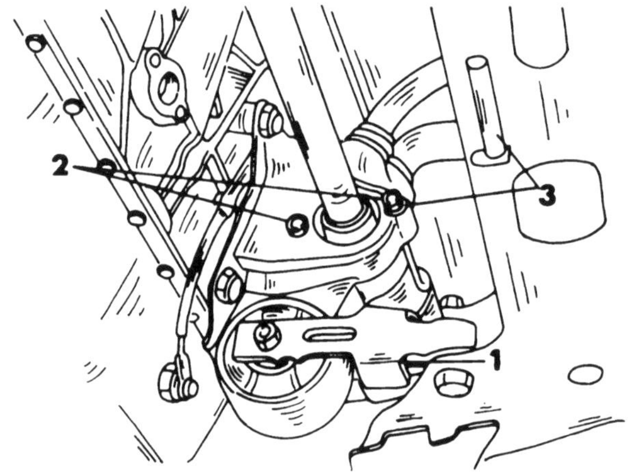


**Bild 3**
**Einzelheiten zum Ausbau der Drehmomentstütze**

1 Drehmomentstütze 2 Muttern 3 Schrauben

ausbauen. Die beiden Muttern (2) lockern und die Schrauben (3) um 180° verdrehen, um die Exzenterköpfe von den Kugelgelenkgehäusen zu befreien.

- Die Batterie vollkommen ausbauen.

- Die drei Schaltgestänge von der Seite des Getriebes abschliessen.
- Luftansaugrohr ausbauen. Dazu 3 Schrauben entfernen und eine lockern und das linke Ende des oberen Querträgers anheben.
- Elektrische Leitungen vom Motor abklemmen.
- Elektrische Leitungen vom Getriebe abklemmen (z. B. Anlasserkabel).
- Den Betätigungszug für das Gaspedal abschliessen.
- Den Unterdruckschlauch für den Bremskraftverstärker abschliessen.
- Tachometerspirale abschliessen.
- Den oberen und unteren Wasserschlauch nach Lösen der Schlauchschellen abschliessen. Ebenfalls die Heizungsschläuche zwischen Motor und Heizungskühler abschliessen und entweder vollkommen ausbauen oder in geeigneter Weise verlegen, so dass sie beim Herausheben des Triebwerks nicht im Wege sind.
- Den Kühler ausbauen.
- Kraftstoffvorlauf- und Rücklaufschlauch von der Dieseleinspritzpumpe abschliessen.
- Den Kupplungsbetätigungszug aushängen.
- Die untere, rechte Kunststoffabdeckung ausbauen und den Schlauch abschliessen.
- Die beiden Befestigungsschrauben des Kühlmitteltanks lockern und den Tank leicht anheben. Bild 4 zeigt eine Ansicht des Motors mit der Lage einiger Teile.

**Bild 4**
**Ansicht des Motors im eingebauten Zustand**

- Die Vorderseite des Fahrzeuges mit einem Wagenheber anheben (Wagenheber unter den Nebenrahmen ansetzen) und zwei Unterstellböcke unter die Ansatzstellen für den Wagenheber untersetzen.
- Die unteren Kugelgelenke der Vorderradaufhängung vom Achsschenkel trennen. Die Lenkung vollkommen nach rechts einschlagen und mit einem Hebel den Querlenker nach unten drükken, wie es in Bild 5 gezeigt ist.

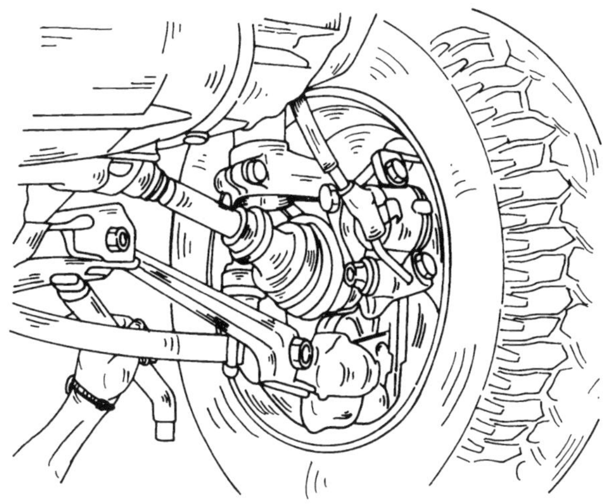

**Bild 5**
**Die Kugelbolzenschäfte der unteren Querlenker durch Einsetzen eines Reifenhebels aus dem Eingriff mit den Achsschenkeln drücken.**

- Die linke Antriebswelle aus dem Getriebe herausziehen, indem man den Achsschenkel nach aussen zieht. Unbedingt darauf achten, dass das Fahrzeug sicher aufgebockt ist, damit es nicht von den Böcken fallen kann. Beim Herausziehen nicht den Dichtring im Differentialgehäuse beschädigen oder den Bremsschlauch ausdehnen.
- Die in Bild 6 gezeigten Spezialwerkzeuge in das Differentialseitenrad einschieben. Dadurch wird vermieden, dass sich die Planetenräder verdrehen können, wenn man die rechte Antriebswelle ausbaut. Die Spezialwerkzeuge im Getriebe lassen bis die rechte Welle später wieder eingebaut wird.

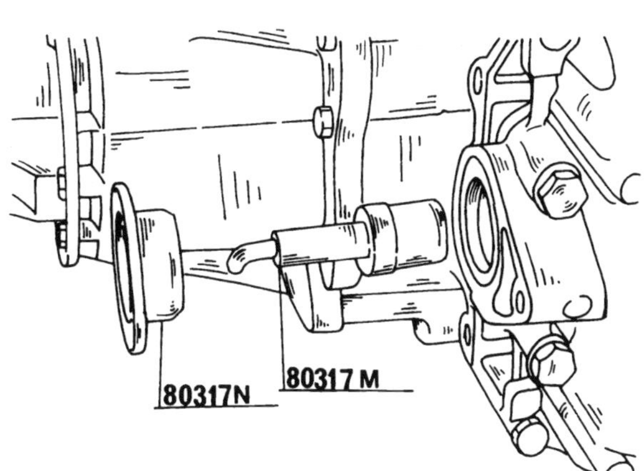


**Bild 6**
**Werkzeuge zur Sicherung des Differentialseitenrades in das Getriebe einsetzen**

- Räder bis zum Anschlag nach links einschlagen, den Kugelbolzen des unteren Querlenkers auf der linken Seite trennen und die Antriebswelle aus dem Differential herausziehen.
- Die vier Schrauben lösen, die die Zwischenkonsole in Bild 7 am Zylinderblock halten und die Konsole abnehmen.

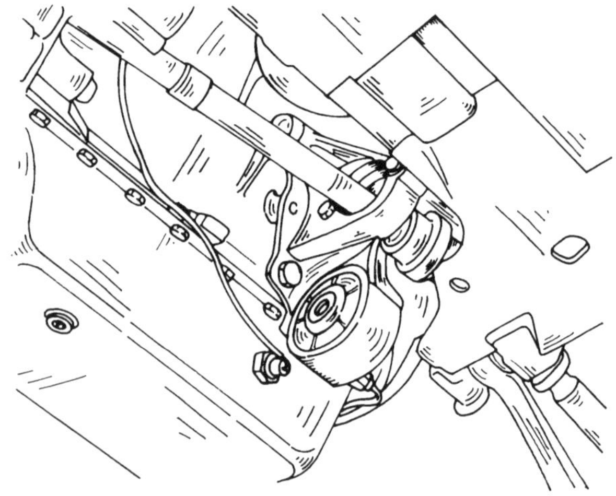

**Bild 7**
**Befestigung der Zwischenkonsole für die Antriebswelle am Zylinderblock**

- Zum Ausbau des Triebwerks ist ein geeignetes Hebezeug, z. B. Flaschenzug, zu verwenden und so am Triebwerk zu befestigen, dass dieses sicher gehalten wird und in keiner Phase des Ausbaus unkontrollierbare Bewegungen machen kann.
- Die Mutter der Motoraufhängung auf der Getriebeseite («2», Bild 8) lösen. Dadurch kann sich der Motor nach unten senken, d. h. man muss darauf achten, dass er sicher am Hebezeug hängt.
- Den Motor und das Getriebe einige Zentimeter

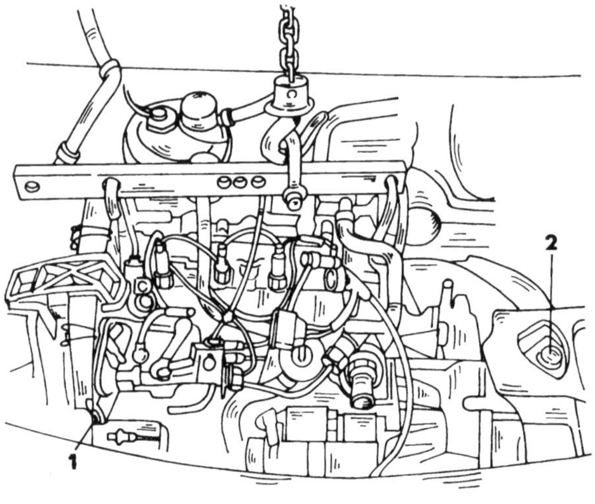


**Bild 8**
**Herausheben des Motors mit Lage der beiden Aufhängungslager für den Motor (1) und das Getriebe (2)**

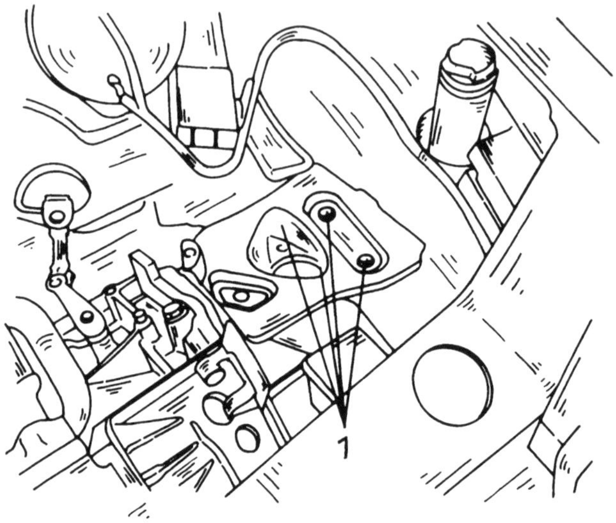


**Bild 9**
**Die Befestigungsschrauben (1) des Batterieträgers nach Anheben des Motors lösen**

absenken, um an die Schrauben an der Unterseite des Batterieträgers zu kommen.
- Den Batterieträger auf der rechten Seite (vor dem Fahrzeug stehend) ausbauen. Bild 9 zeigt die Befestigung.
- Die Motoraufhängung auf der linken Seite (vor dem Fahrzeug stehend) ausbauen («1», Bild 8).
- Motor und Getriebe aus dem Motorraum nach unten senken. Immer darauf achten, dass keine der Anschlüsse, Leitungen, Kabel usw. sich am Triebwerk verfangen können und dass keine Anschlüsse vergessen wurden.

Nach dem Ausbau ist das Triebwerk auf einen geeigneten Motorträger, z. B. aus Holz, aufzubauen und gegen Umstürzen oder sonstige Beschädigungen zu sichern. Weiter ist das gesamte Triebwerk auf äusserliche Beschädigungen und undichte Stellen, z. B. Ölspuren zu begutachten, was Hinweise auf beschädigte Teile geben kann. Danach den Motor aussen reinigen. Alle empfindlichen Teile abdecken.

### 2.1.2 Einbau der Antriebseinheit

Der Einbau des Antriebsaggregats erfolgt in folgender Weise:

- Der Motorraum ist, wie beim Ausbau beschrieben, so vorzubereiten, dass das Triebwerk leicht eingeführt werden kann.
- Alle losen Teile, Leitungen, Schläuche usw. sind an die äusseren Wände zu binden oder mit Tesaband festzuklemmen.
- Anschlussbereiche gründlich reinigen und auf Roststellen usw. überprüfen.

- Vor dem Einbau des Motors darauf achten, dass die im Getriebe befindlichen Radialwellendichtringe einwandfrei sind. Gegebenenfalls sind diese zu erneuern. Vor dem Einbau die Dichtringe leicht einölen und zwischen den Dichtlippen mit Fett einschmieren.
- Die Sicherungs- und Befestigungselemente wie Schrauben, Unterlegscheiben, Muttern sind auf Wiederverwendbarkeit zu kontrollieren und ggf. auszutauschen. Hierzu sind die Anzugsdrehmomente zu beachten.
- Motor und Getriebe an dem Hebezeug hängend in den Motorraum hineinheben und als erstes wieder den Batterieträger montieren, ehe das Antriebsaggregat in die Einbaulage gehoben wird, d.h. das Triebwerk ist entsprechend auszurichten, bis die Motor- und Getriebeaufhängung montiert werden können. Die Aufhängungen auf folgende Anzugsdrehmomente anziehen:
  - Die vier Muttern des Motortragbügels mit 45 Nm anziehen.
  - Die zwei Muttern des Getriebeaufhängungslagers mit 17,5 Nm anziehen.
  - Die Mutter in der Mitte des Getriebeaufhängungslagers mit 35 Nm anziehen.
- Kupplungsseil anschliessen und den Pedalweg auf einen Wert von 140 mm einstellen.
- Alle elektrischen Anschlüsse vorschriftsmässig anschliessen.

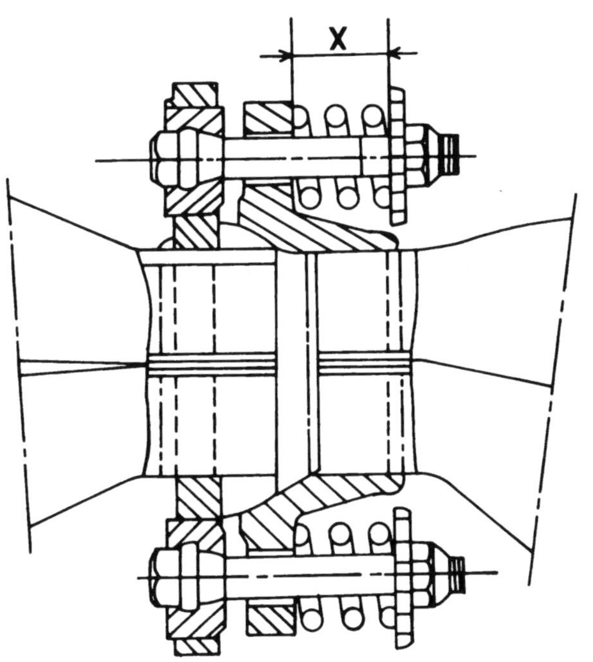


**Bild 10**
**Die Muttern der Auspuffrohrbefestigung anziehen, bis die Federn auf ein Mass von 23,5 mm (Mass «x») zusammengedrückt sind**

- Kühler einbauen und die Heizungs- und Kühlerschläuche anschliessen.
- Kraftstoffvorlauf- und -rücklaufleitung anschliessen.
- Gaszug anschliessen.
- Das Auspuffrohr am Krümmer anschliessen. Die beiden Muttern abwechselnd anziehen, bis das in Bild 10 gezeigte Mass auf beiden Seiten genau 23,5 mm beträgt.
- Das Kugelgelenk mit Fett einschmieren und das Gangschaltgestänge sowie die Tachometerspirale anschliessen.
- Die Dichtringe im Differentialgehäuse sollten erneuert werden. Die Doppellippen mit Fett einschmieren und den Dichtringschutz auf der rechten Seite einsetzen. Dieser wird zusammen mit dem neuen Dichtring geliefert («7», Bild 11).
- Räder vollkommen nach links einschlagen und die Zwischenkonsole (1) in Bild 11 an der Antriebswelle anbringen.
- Die rechte Antriebswelle in das Getriebe einsetzen und die Konsole über die Passstifte am

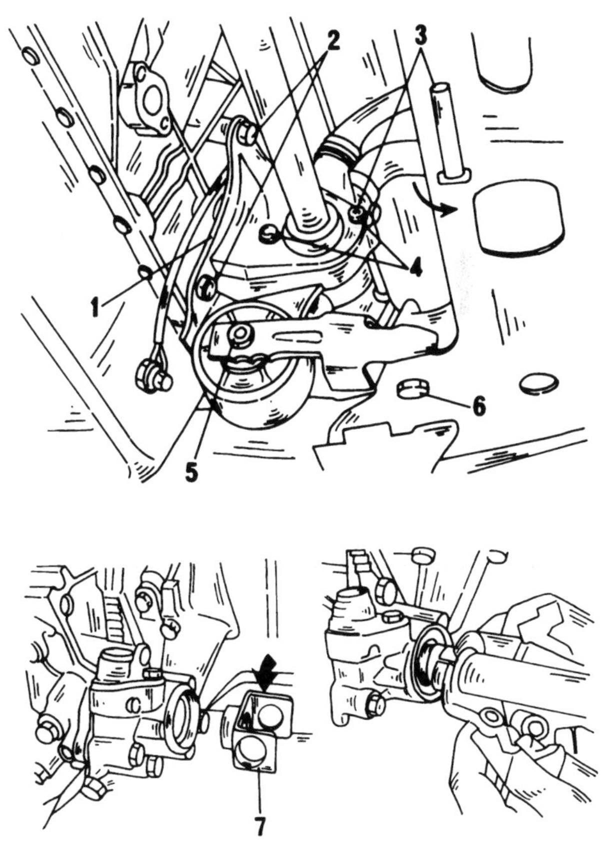


**Bild 11**
**Befestigung der Zwischenkonsole für die Antriebswelle und der Drehmomentstütze**

1 Zwischenkonsole
2 Schrauben, 25 Nm
3 Schrauben
4 Muttern, 18 Nm
5 Schraube, 35 Nm
6 Schraube, 45 Nm
7 Dichtringschutz

Zylinderblock setzen. Die vier Schrauben (2) mit einem Anzugsdrehmoment von 25 Nm anziehen. Die auf der linken Seite eingesetzten Werkzeuge zum Sperren des Differentialseitenrades können jetzt herausgezogen werden. Den Dichtringschutz (7) auf der rechten Seite herausziehen.

- Unter Bezug auf Bild 11 die Schrauben (2) so einsetzen, dass die Exzenterköpfe in ihre Nuten eingreifen. Die Muttern mit 18 Nm anziehen.
- Die Drehmomentstütze montieren und die beiden Befestigungsstellen an Stelle (5) mit 35 Nm und an Stelle (6) mit 45 Nm anziehen.
- Räder vollkommen nach rechts einschlagen, und die linke Antriebswelle in Eingriff mit dem Differential bringen.
- Schaft des unteren Kugelgelenks in Eingriff mit dem Achsschenkel bringen. Dazu einen Reifenhebel in der in Bild 12 gezeigten Weise in den Querlenker einsetzen und den Querlenker nach

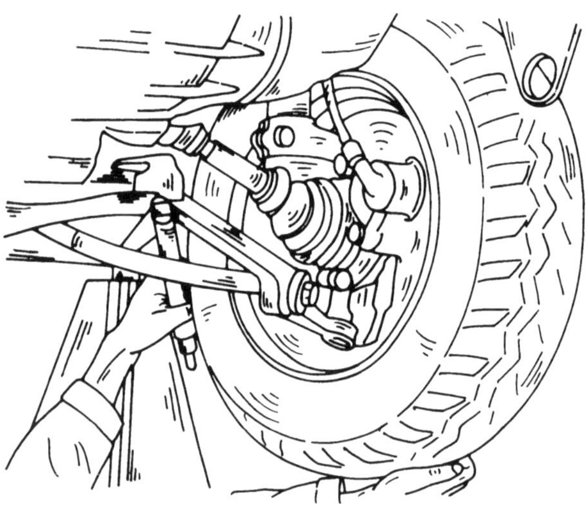

**Bild 12**
**Querlenker mit einem Reifenhebel nach unten drücken, bis sich der Schaft des Kugelbolzens in den Achsschenkel einsetzen lässt**

unten drücken, bis der Kugelbolzenschaft in die Klemmverbindung des Achsschenkels eingeführt werden kann. Reifenhebel zurücklassen. Dabei kontrollieren, dass der Schaft einwandfrei sitzt. Falls er nicht sofort hineinrutscht, den Achsschenkel hin- und herbewegen, bis dies der Fall ist.

- Räder vollkommen nach links einschlagen und die gleiche Arbeit auf der anderen Seite des Fahrzeuges durchführen.
- Die Klemmschrauben in die Klemmverbindungen einführen und neue, selbstsichernde Muttern mit einem Anzugsdrehmoment von 35 Nm anziehen.

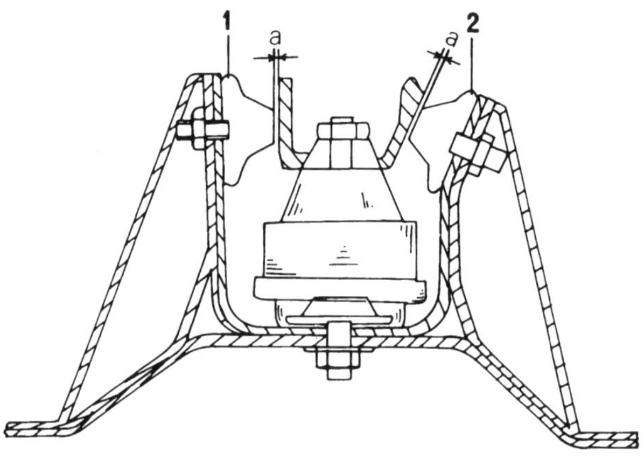


**Bild 13**
**Das Mass «a» muss auf beiden Seiten 1,0 mm betragen und wird durch Einlegen von Ausgleichsscheiben (1) und (2) berichtigt**

- Das Spiel der oberen, rechten Motoraufhängung durch Einlegen der Abstandsscheiben (1) in Bild 13 einstellen. Das Spiel «a» muss 1,0 mm betragen. Die beiden Abstandsscheiben (1) mit Fett einschmieren.
- Nach dem Einbau des Triebwerks sind das Kühlmittel und das Motoröl einzufüllen. Die Füllmengen sind der Mass- und Einstelltabelle zu entnehmen.
- Zur Überprüfung der Kühlerdichtheit ist mit einer handelsüblichen Kühlerpumpe die Kühlanlage zu überprüfen. Hierbei vor allem die Anschlussschellen und die Anschlussstücke der Schläuche beobachten, ob dort Wasser austritt.
- Ölstand mittels Ölmessstab überprüfen.
- Batterieanschlüsse auf Korrosionsfreiheit und festen Sitz überprüfen.
- Einwandfreie Arbeitsweise der Schaltung kontrollieren und ggf. einstellen.

## 2.2 Zerlegung des Motors

Vor Beginn der Arbeiten sind alle Aussenflächen des Motors gründlich zu reinigen. Alle Öffnungen des Motors vorher mit einem sauberen Putzlappen abdecken, damit keine Fremdkörper in die Innenseite des Motors gelangen können.

Das Zerlegen des Motors wird in Einzelheiten weiter hinten beschrieben und wird unter der Überschrift «Reparatur und Überholung» zusammengefasst. Auf diese Weise können wir Arbeiten beschreiben, die entweder bei eingebautem oder ausgebautem Motor durchgeführt werden können, ohne dass bestimmte Zerlegungsarbeiten zweimal beschrieben werden. Falls eine komplette Zerlegung durchgeführt werden soll, braucht man nur die einzelnen Arbeitsgänge miteinander zu kombinieren, und zwar in der angeführten Reihenfolge.

Im allgemeinen sollte man beim Zerlegen daran denken, dass alle sich bewegenden oder gleitenden Teile vor dem Ausbau zu zeichnen sind, um sie wieder in der ursprünglichen Lage einzubauen, falls sie wieder verwendet werden. Dies ist besonders bei Kolben, Ventilen, Lagerdeckeln und Lagerschalen wichtig. Teile so ablegen, dass man sie nicht durcheinander bringen kann.

Lager- und Dichtflächen auf keinen Fall mit einer Reissnadel oder gar Schlagzahlen zeichnen. Farbe eignet sich am besten zur Kennzeichnung. Ventile lassen sich am besten durch den Boden einer umgekehrten Pappschachtel stossen, so dass man die Ventilnummer daneben schreiben kann. Bild 14 zeigt die Anordnung bei ausgebauten Ventilen.

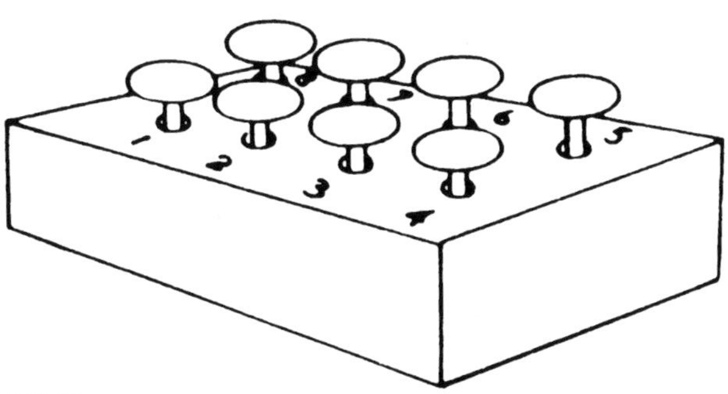


**Bild 14**
**Ventile in der gezeigten Anordnung durch den Boden einer umgekehrten Pappschachtel stossen**

Viele der Teile sind aus Aluminium hergestellt und sind dementsprechend zu behandeln. Falls Hammerschläge zum Trennen bestimmter Teile erforderlich sind, nur einen Gummi-, Plastik- oder Hauthammer verwenden.

Falls ein vorschriftsmässiger Montagestand nicht zur Verfügung steht, ist es am besten, wenn man sich geeignete Holzblöcke zurechtschneidet, auf welchen der Motor so aufgesetzt werden kann, dass man Zugang zur Ober- und Unterseite des Motors erhält. Der Zylinderkopf kann nach dem Ausbau mit einem Metallbügel, an den Stiftschrauben des Ansaugkrümmers angeschraubt, in einen Schraubstock eingespannt werden.

Die normale Zerlegungsreihenfolge des Motors wird nachstehend angeführt und bestimmte Einzelheiten über den Ausbau werden ausführlich unter den betreffenden Überschriften weiter hinten beschrieben. Der Zylinderkopf kann bei eingebautem Motor ausgebaut werden.

Bei der Grundzerlegung des Motors in folgender Reihenfolge vorgehen:

- Motoröl ablassen.
- Die Verbindungsschrauben von Motor und Getriebe entfernen und das Getriebe vom Motor abnehmen.
- Den Zylinderkopf ausbauen (Kapitel 2.3.1).
- Den Ölmessstab aus dem Motor ziehen.
- Den Ölfilter von der Seite des Motors abschrauben. Dazu einen Filterschlüssel verwenden.
- Die Kupplungsdruckplatte und die Mitnehmerscheibe ausbauen. Zum Blockieren der Kurbelwelle beim Lösen das in Bild 15 gezeigte Sperrstück in den Zahnkranz einsetzen oder mit einem Schraubenzieher den Zahnkranz des Schwungrades gegenhalten.

**Bild 15**
**Das Schwungrad kann durch Einsetzen eines Zahnsegments (Pfeil) gesperrt werden**

- Die Ölwanne ausbauen. Dazu den Motor auf die Zylinderkopffläche aufsetzen und die 23 Schrauben gleichmässig ringsherum lösen (siehe Bild 16).
- Das Schwungrad wie oben beschrieben gegenhalten (siehe Bild 15) und die Schraube der Riemenscheibe für die Kurbelwelle lösen. Die Riemenscheibe abnehmen.
- Die beiden Bleche der Zahnriemenabdeckung abschrauben und von der Vorderseite des Motors abnehmen. Bild 17 zeigt eine Ansicht der Vorderseite des Motors bis zu dieser Montagestufe.

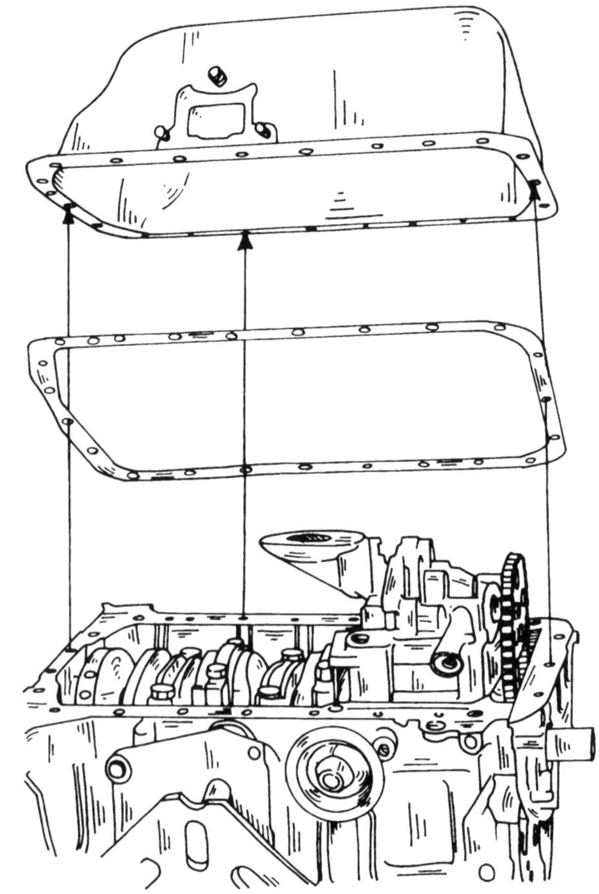

**Bild 16**
**Ausbau der Ölwanne. Die Ölpumpe wird dabei freigelegt.**

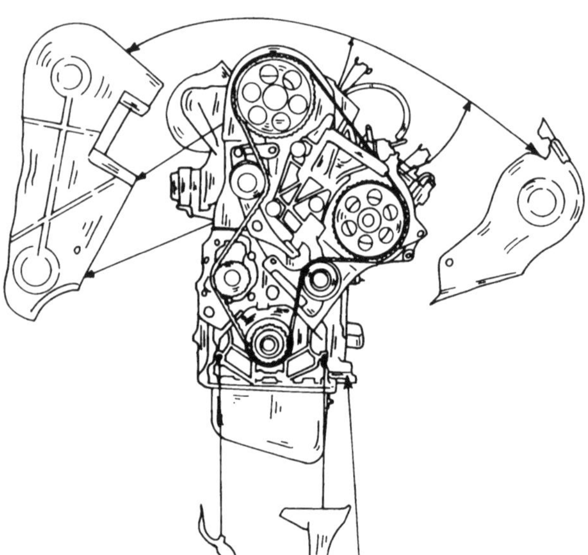

**Bild 17**
**Teile an der Stirnseite des Motors abmontiert**

- Drei M8 × 40 mm-Schrauben besorgen. Eine der Schrauben an Stelle (1) in Bild 18 in das Nockenwellenrad einsetzen und zwei der Schrauben an Stellen (2) und (3) in das Antriebsrad der Einspritzpumpe einsetzen. Dadurch wird der Steuermechanismus gesperrt. Falls der Motor vollkommen zerlegt werden soll, sind diese Arbeiten überflüssig. Nur falls man ein Durchdrehen der Steuerung vermeiden will, müssen die Schrauben eingeschoben werden.
- Die Schrauben (4) und (5) der Spannrolle für den Zahnriemen lockern, wie es in Bild 19 gezeigt ist, den Riemenspanner nach aussen drücken und die Schraube (5) wieder anziehen, damit der Riemenspanner in seiner Lage verbleibt.
- Den Zahnriemen vorsichtig nach vorn von den Steuerrädern herunterziehen (Bild 20).
- Die fünf Befestigungsschrauben der Wasserpumpe entfernen und die komplette Wasserpumpe ausbauen. Die Dichtung abnehmen.

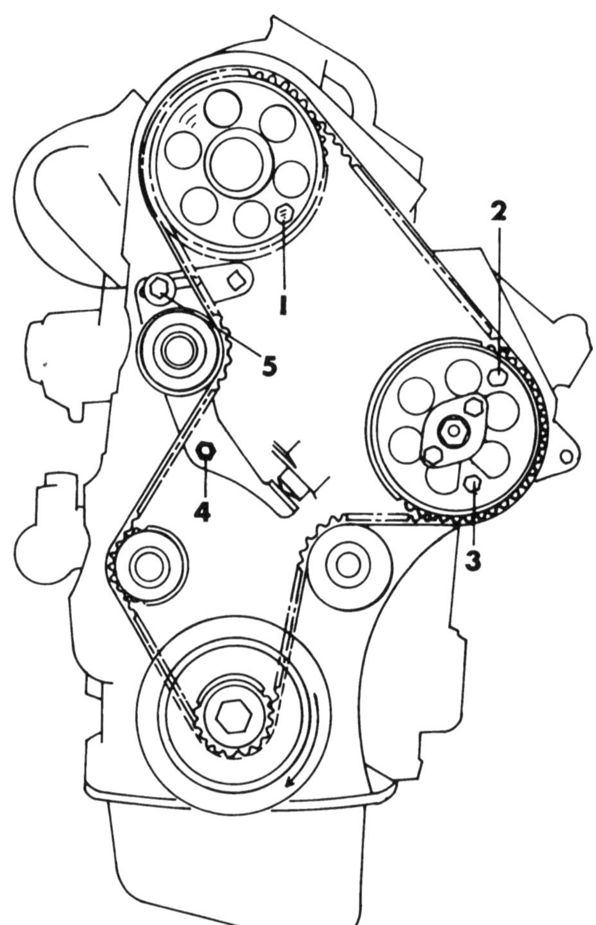


**Bild 18**
**Einzelheiten zum Aus- und Einbau des Zahnriemens**

1 Eingesetzte Schraube
2 Eingesetzte Schraube
3 Eingesetzte Schraube
4 Schraube des Riemenspanners
5 Schraube des Riemenspanners

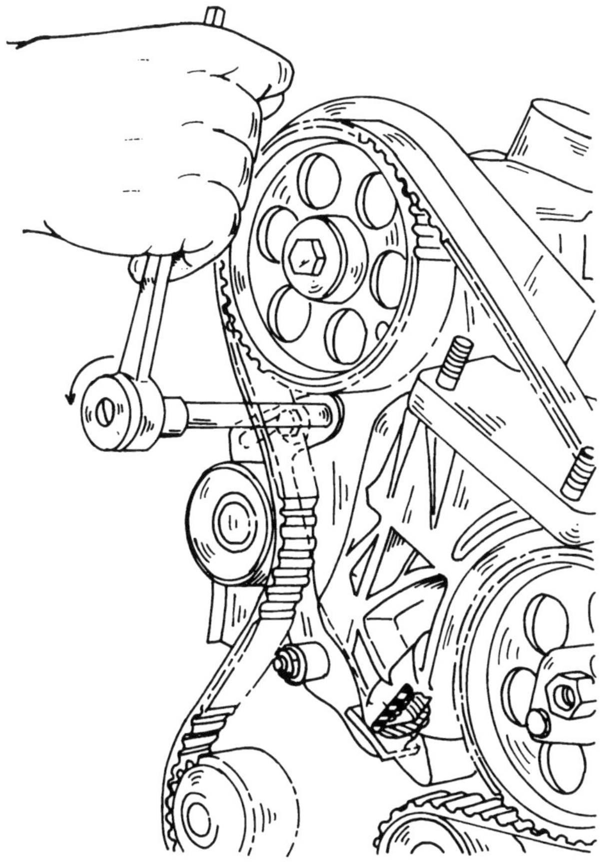

**Bild 19**
**Lösen des Zahnriemenspanners. Das Vierkant einer Verlängerung ist in das Vierkantloch des Einstellers eingesetzt. Die obere Schraube nach Entlastung der Spannung wieder anziehen.**

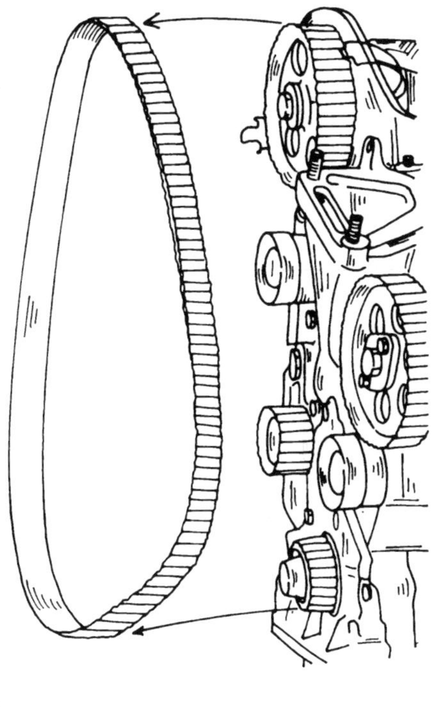

**Bild 20**
**Ausbau des Zahnriemens**

- Die beiden Befestigungsschrauben des Thermostatgehäuses entfernen und das Thermostatgehäuse abheben.
- Die acht Befestigungsschrauben des Schwungrades entfernen und das Zahnsegment zum Arretieren des Schwungrades (falls verwendet) und das Schwungrad ausbauen.
- Alle in Bild 21 gezeigten Teile von der Aussenseite des Motors abmontieren.
- Den vor der Ölpumpe sitzenden Flansch abschrauben (6 Schrauben) und die Dichtung abnehmen. Der Flansch sitzt auf zwei Passstiften und muss vorsichtig abgedrückt werden.
- Die drei Befestigungsschrauben der Ölpumpe von der Motorunterseite her entfernen. Die Distanzplatte zur Seite zu herausziehen (Bild 22), die Antriebskette aus dem Ölpumpenzahnrad aushängen und die Ölpumpe ausbauen. Bild 23 zeigt, wie die Ölpumpe bei gleichzeitigem Aushängen der Antriebskette herausgenommen wird.
- Das Kettenrad für den Antrieb der Ölpumpe und den Keil von der Kurbelwelle abnehmen und die Kette ausbauen.
- Unter Bezug auf Bild 24 das Steuerrad der Nokkenwelle ausbauen. Ebenfalls das Steuerrad der Einspritzpumpe ausbauen.
- Die Einspritzpumpe und die Einspritzleitungen unter Bezug auf Bild 25 ausbauen.
- Die Befestigungsmuttern der Pleuellagerdeckel entfernen, die Lagerdeckel abnehmen und die Kolben zusammen mit den Pleuelstangen ausbauen und geordnet ablegen.
- Die Hauptlagerdeckel ausbauen, nachdem die Deckel und das Kurbelgehäuse auf einer Seite an gegenüberliegenden Stellen gekennzeichnet wurden. Die Lagerdeckel und die Lagerschalen geordnet ablegen.
- Den Radialdichtring auf der Schwungradseite der Kurbelwelle ausbauen. Der Dichtring muss immer erneuert werden.
- Die Kurbelwelle herausheben und die oberen Lagerschalenhälften ablegen. Bild 26 zeigt die Teile der Kurbelwellenmontage.

### 2.2.1 Kolben und Pleuelstangen zerlegen

- Die Kolbenringe nur von den Kolben abnehmen, falls sie ersetzt werden müssen. Für den Ausbau eine handelsübliche Kolbenringzange verwenden, wie es in Bild 27 gezeigt ist.

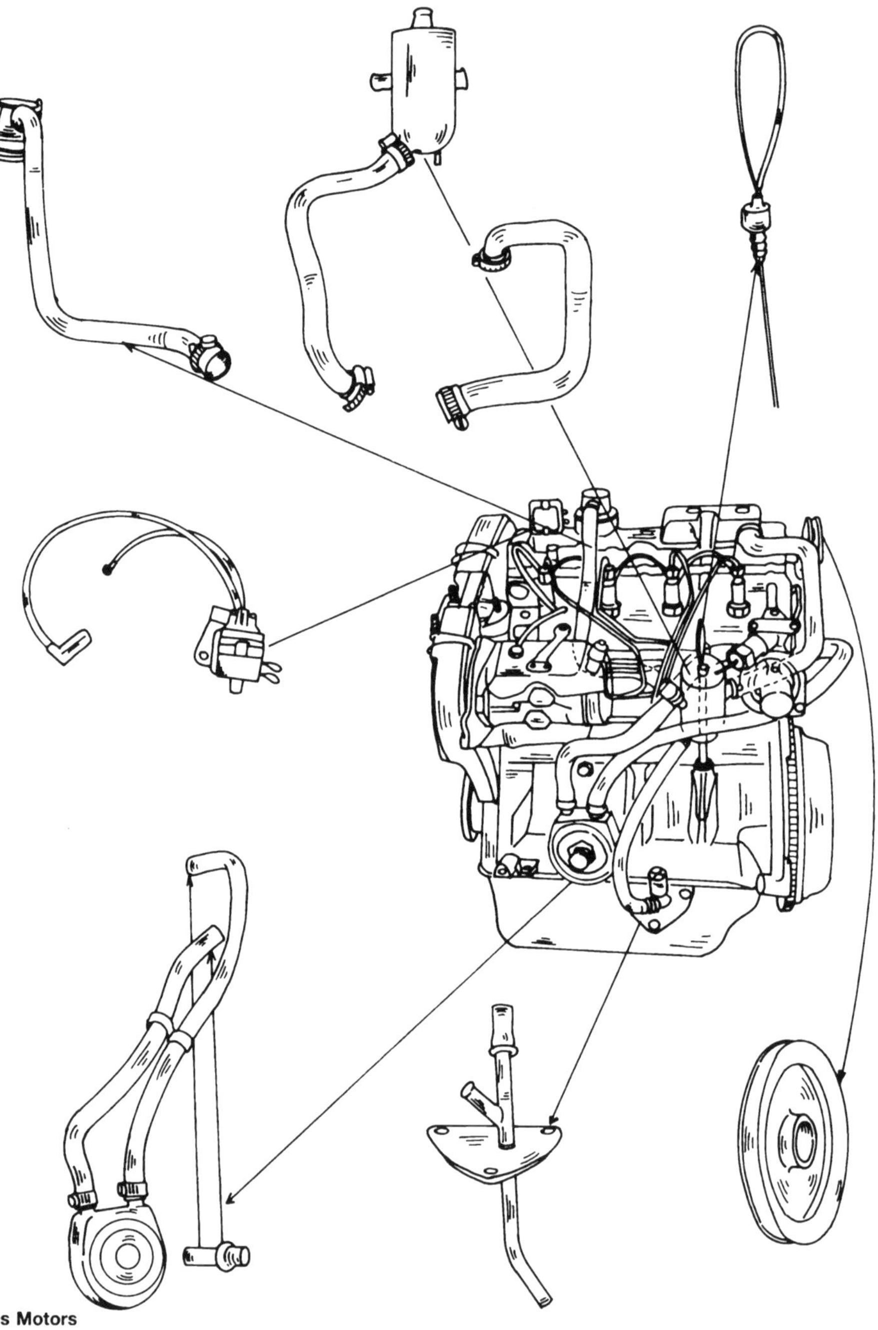

**Bild 21**
**Ausbau der Aussenteile des Motors**

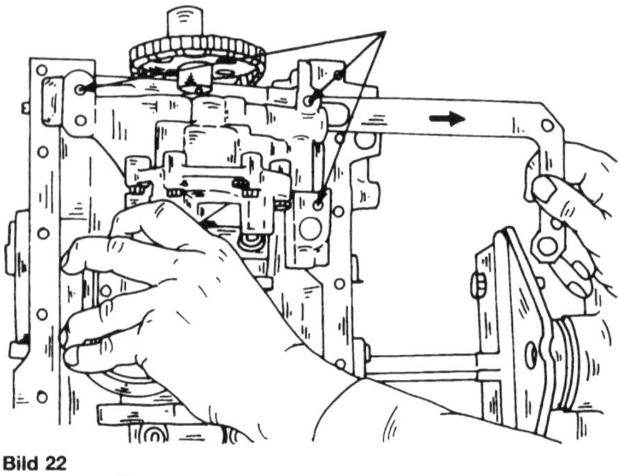

**Bild 22**
**Ausbau der Ölpumpe. Die Distanzplatte in der gezeigten Weise herausziehen. Die Pfeile zeigen die Befestigungsschrauben.**

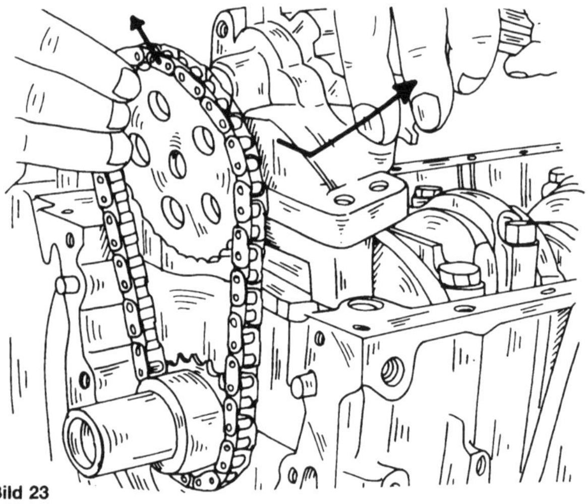

**Bild 23**
**Ölpumpenzahnrad nach oben ziehen, während die Ölpumpe seitlich herausgezogen wird. Antriebskette und Zahnrad danach abnehmen.**

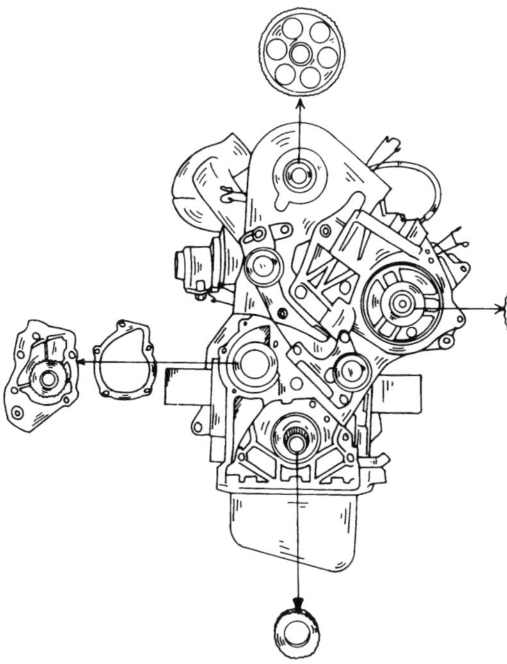

**Bild 24**
**An der Stirnseite des Motors auszubauende Teile**

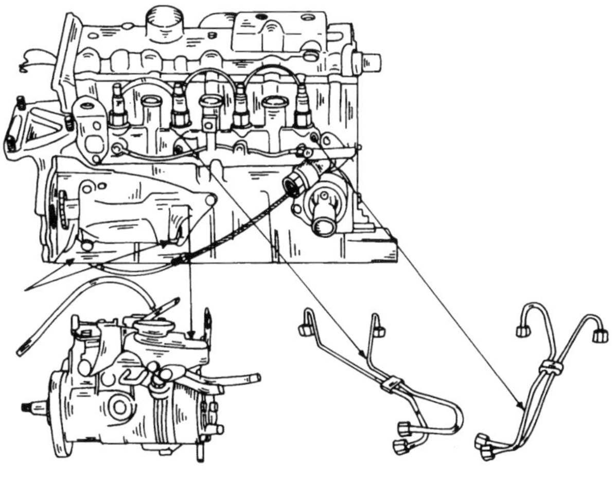

**Bild 25**
**Ausbau der Einspritzpumpe und Einspritzleitungen**

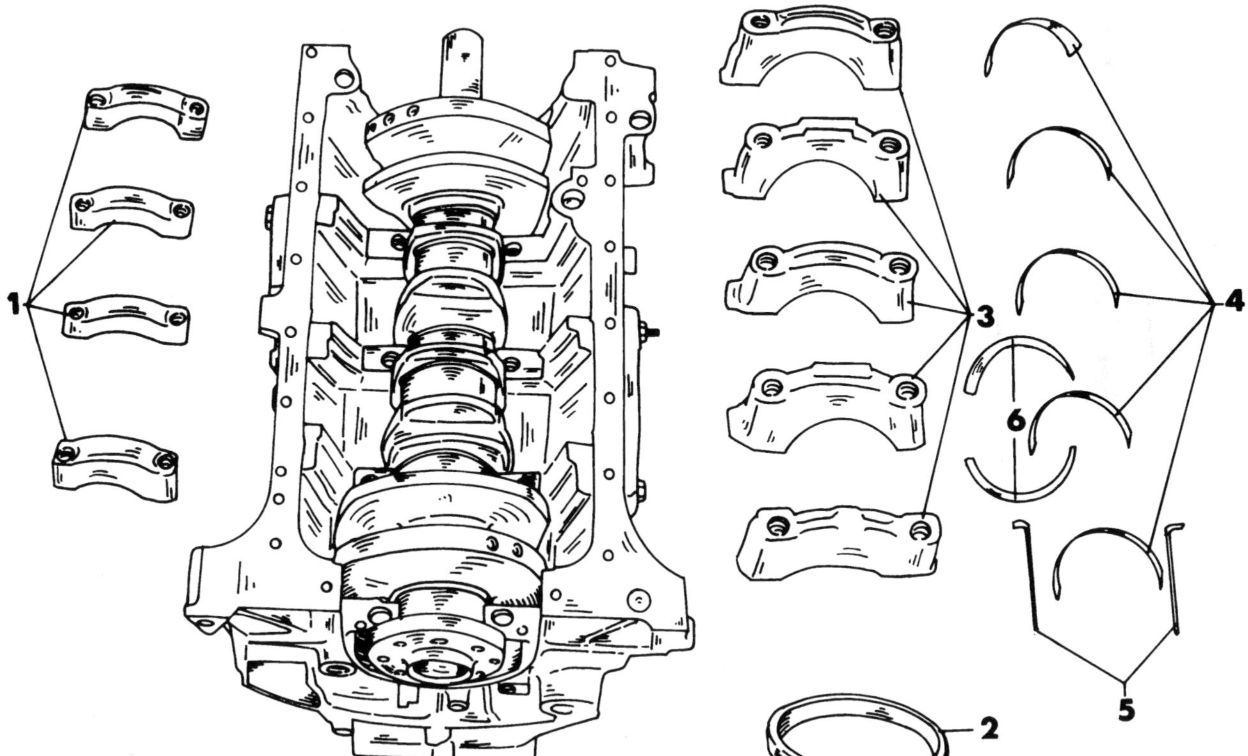


**Bild 26**
**Einzelheiten zum Aus- und Einbau der Kurbelwelle**

1 Pleuellagerdeckel
2 Radialdichtring
3 Hauptlagerdeckel
4 Hauptlagerschalen
5 Seitendichtungen (Deckel)
6 Anlaufhalbscheiben

- Der Kolbenbolzen ist im Pleuelstangenauge mit Sprengringen gehalten. Nach Entfernen der Sprengringe kann man den Bolzen mit einem passenden Dorn und einem Hammer herausschlagen. Falls sie festsitzen, die Kolbeneinheit etwas anwärmen.
- Den Pleuellagerdeckel und die beiden Schalen nach der Zerlegung sofort wieder an der betref-

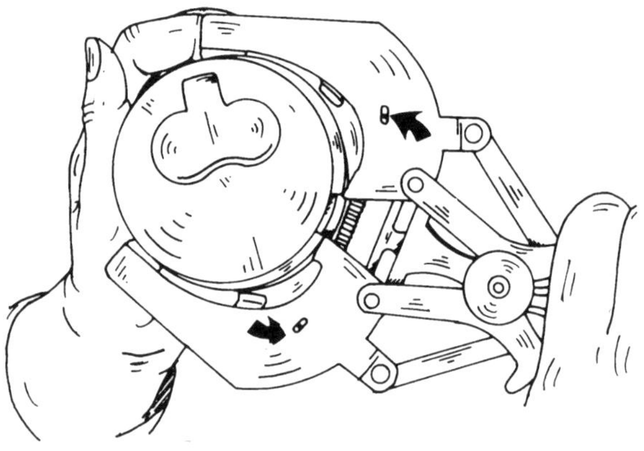

**Bild 27**
**Abnehmen oder Aufsetzen der Kolbenringe mit einer Kolbenringzange**

fenden Pleuelstange anschrauben, damit die Teile beim Zusammenbau wieder vorschriftsmässig zusammenkommen, falls die ursprünglichen Teile verwendet werden.

## 2.3 Zusammenbau des Motors

Die folgenden Allgemeinhinweise sollte man beim Zusammenbau beachten:

- Kontrollieren, ob alle Teile sauber und frei von Fremdkörpern sind, ehe sie zusammengebaut werden.
- Einen Ölschmierfilm an alle Teile, die sich drehen oder die gleiten, auftragen. Dies ist vor dem Zusammenbau durchzuführen und nicht nachdem die Teile bereits zusammengebaut sind, da sonst das Öl nicht an die eigentlichen Lagerstellen heran kann. Es ist besonders wichtig, dass Kolben, Kolbenringe und Zylinderwandungen vor dem Zusammenbau reichlich mit Motoröl geschmiert werden.
- Alle Teile des Zylinderblocks gründlich reinigen, wenn der Motor vollkommen zerlegt wurde. Bei teilweiser Zerlegung darauf achten, dass keine Fremdkörper in die nicht zerlegten Teile des Motors, oder in Hohlräume, fallen können. Alle Öffnungen entweder abkleben oder mit Lappen abdecken, um dies zu vermeiden.
- Ölkanäle und -bohrungen am besten mit Pressluft ausblasen. Falls keine Luft zur Verfügung steht, die Kanäle oder Bohrungen mit einem Stück Holz durchstossen, niemals mit Metallgegenständen. Dichtringe, Dichtungen usw. sollten immer erneuert werden. Auf keinen Fall an diesen Teilen sparen und ursprünglich beschädigte Teile wieder verwenden.
- Grundsätzlich sollen alle Dichtungen ersetzt werden. Alle wiederverwendbaren Teile sorgfältig reinigen und auf Beschädigungen und Verschleiss prüfen. Kritische Abmessungen mit den Angaben in der Mass- und Einstelltabelle vergleichen. Die Dichtflächen nicht mit einem Metallschaber bearbeiten, sondern Dichtungsmassereste mit einem geeigneten Lösungsmittel aufweichen und mit einem Holzspatel entfernen. Gleitende Teile insbesondere auf Riefen und Fressspuren und den Motorblock auf Risse prüfen.
- In der Mass- und Einstelltabelle sind die Verschleissgrenzen der meisten sich bewegenden Teile angegeben. Falls Zweifel über ein Teil bestehen, oder die Verschleissgrenze bald erreicht ist, erneuert man das Teil, um sich eine baldige Wiederzerlegung zu ersparen.
- Alle Ersatzteile nur von einer Peugeot-Vertretung beziehen, wobei die Motornummer anzugeben ist. Da Teile ständig verbessert und dadurch

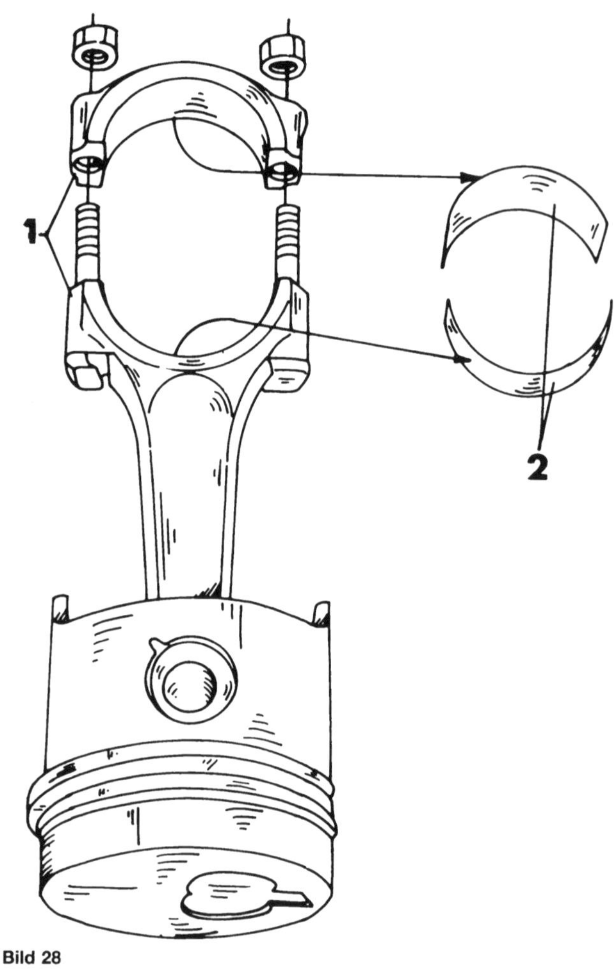


**Bild 28**
**Ansicht eines Kolbens. Pleuelstange und Lagerdeckel an gegenüberliegenden Stellen (1) kennzeichnen. Ebenfalls die Lagerschalen an Stellen (2) zeichnen.**

geändert werden, ist Ihr Peugeot-Lieferant in der Lage, Ihnen das richtige Teil zu verkaufen.

Beim Zusammenbau des Motors in folgender Reihenfolge vorgehen:

- Kolben und Pleuelstangen zusammenmontieren, wie es in Kapitel 2.5.3 beschrieben ist.
- Pleuellagerschalen entsprechend den Kennzeichnungen in Bild 28 in die Pleuelstangen einlegen (falls die ursprünglichen wieder verwendet werden).
- Hauptlagerschalen mit den Schmierölnuten in die Bohrungen einlegen.
- Am Lager Nr. 2 (Nr. 1 ist neben der Kupplung) die Anlaufscheiben mit dem Gleitbelag zur Kurbelwelle einsetzen und gut einölen (Bild 29).

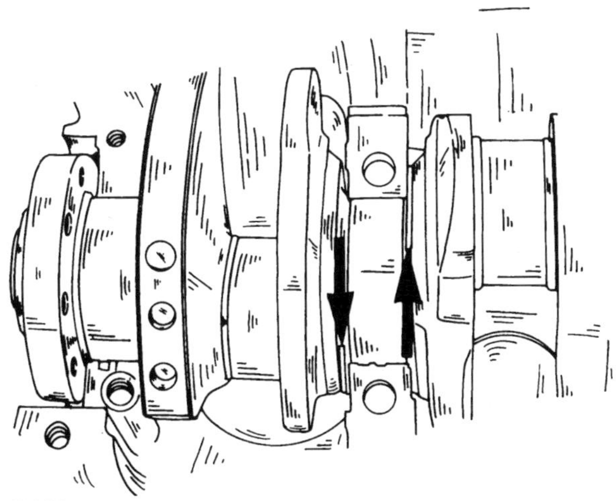

**Bild 29**
**Die Anlaufscheiben für das Kurbelwellenaxialspiel an der gezeigten Stelle einsetzen**

- Die Lagerschalen reichlich mit Öl einschmieren und die Kurbelwelle in die Lagerschalen einlegen. Zum Ölen eine Ölkanne verwenden und das Öl mit dem Finger verreiben. Keinen Pinsel zur Ölauftragung benutzen.
- Die Lagerdeckel mit eingesetzten Lagerschalen (Anlaufscheiben im Deckel des Lagers Nr. 2) in der ursprünglichen Anordnung montieren. Die Lagerdeckel sind numeriert und die Numerierungen müssen zur Seite des Ölfilters weisen. Den Lagerdeckel auf der Schwungradseite noch nicht montieren.
- Das Axialspiel der Kurbelwelle jetzt folgendermassen kontrollieren:
  - Eine Messuhr mit einem geeigneten Halter an der Stirnseite des Motors anbringen und den Messstift auf die Endfläche der Kurbelwelle aufsetzen, wie es aus Bild 30 ersichtlich ist. Falls man eine Messuhr mit Magnetstand hat,

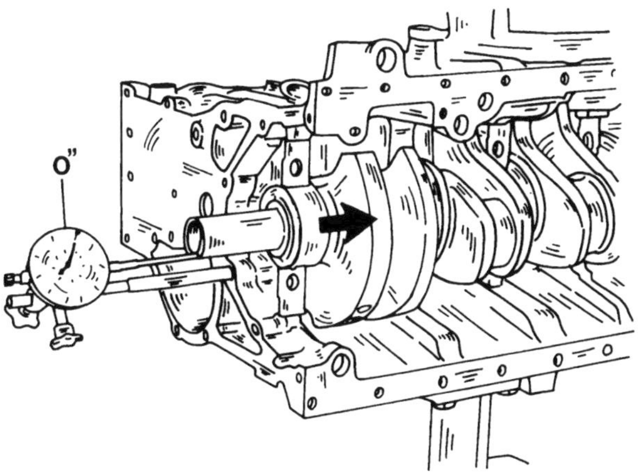


**Bild 30**
**Kontrolle des Axialspiels der Kurbelwelle.**
**Die Welle in Pfeilrichtung drücken und die Messuhr auf Null stellen.**

kann man den Stand auf die Welle setzen und den Messstift auf der geschliffenen Fläche des Blocks ansetzen.

  - Die Kurbelwelle mit einem Schraubenzieher auf eine Seite drücken, wie es durch den Pfeil in Bild 30 angegeben ist, und die Messuhr auf «Null» stellen.
  - Jetzt die Kurbelwelle auf die andere Seite drücken und die Anzeige der Messuhr ablesen. Der angezeigte Wert sollte zwischen 0,07 und 0,32 mm liegen.
  - Falls das Axialspiel grösser ist, müssen zwei Übergrösse-Halbscheiben eingebaut werden. Beide Scheiben müssen die gleiche Stärke haben. Scheiben stehen in Stärken von 2,35, 2,40, 2,45 und 2,50 mm ausser der Nennstärken-Scheibe von 2,30 mm zur Verfügung.

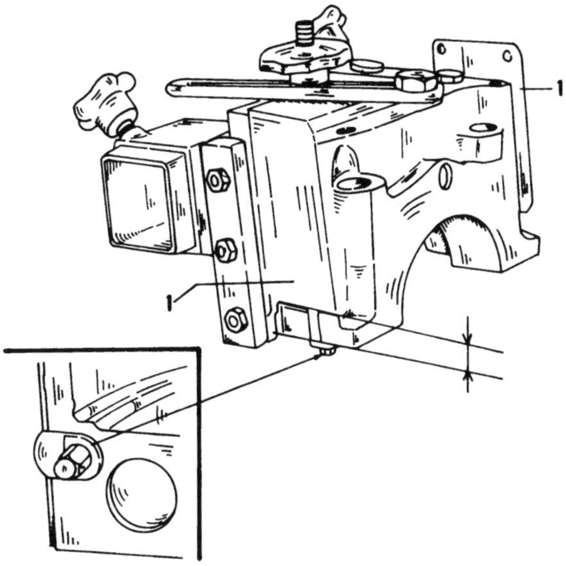


**Bild 31**
**Werkzeug zur Montage des hinteren Kurbelwellendeckels am Deckel angebracht. Die beiden Führungsbleche (1) drücken die Seitendichtungen in die Nuten. Die Dichtungen müssen wie gezeigt an der Unterseite heraussstehen.**

- Ein Spezialwerkzeug ist jetzt zur Montage des hinteren Lagerdeckels erforderlich, um die seitlichen Deckeldichtungen zu montieren. Als erstes die Auflageflächen für den Deckel auf dem Kurbelgehäuse mit Dichtungsmasse einschmieren.
- Die beiden Führungsbleche am Werkzeug anschrauben, wie es in Bild 31 gezeigt ist. Die Schrauben nur handfest anziehen.
- Zwei neue Gummidichtungen an den Seiten des hinteren Lagerdeckels mit dem Halter festhalten. Den Halter mit einer Schraube am Lagerdeckel befestigen und die Führungsbleche einölen.
- Die Führungsbleche von Hand zusammendrükken und das Ganze etwas geneigt in den Zylinderblock einführen, bis der Deckel sitzt. Dazu das Werkzeug nach unten drücken.
- Die beiden Deckelschrauben einsetzen und fingerfest anziehen.
- Das Werkzeug vom Deckel abschrauben und das Werkzeug zusammen mit den Halteblechen aus dem Zylinderblock herausziehen.
- Der Reihe nach alle Hauptlagerdeckel von der Mitte nach aussen vorgehend mit einem Anzugsdrehmoment von 70 Nm anziehen.
- Zwei Schrauben in den Flansch der Kurbelwelle eindrehen (Schwungradschrauben) und die Kurbelwelle durchdrehen, indem man einen kräftigen Schraubenzieher in die beiden Schrauben einsetzt. Eine klemmende Kurbelwelle muss bereits jetzt als verdächtig angesehen werden und die Ursache ist vor weiteren Zusammenbauarbeiten herauszufinden.
- Einen neuen Dichtring an der Aussenseite mit Öl einschmieren und in die Rückseite des Zylinderblocks einschlagen. Dabei den Dichtring nicht beschädigen.
- Die zusammengebauten Kolben vornehmen und der Reihe nach auslegen. Ein Kolbenringspannband um den ersten Kolben legen und den Kolben entsprechend der Kennzeichnung in die gut eingeölte Zylinderbohrung einschieben (Bild 32). Dabei das Pleuel gut führen, damit es über den Kurbelzapfen kommt. Die Lagerschalen müssen sich bereits im Pleuel befinden. Falls die ursprünglichen Schalen eingebaut werden, darf man sie nicht verwechseln.
- Den Kolben des vierten Zylinders in der gleichen Weise montieren.
- Die Lagerschalen entsprechend der Kennzeichnungen in die Lagerdeckel der beiden montierten Pleuelstangen einlegen und die Lagerflächen gut einölen. Darauf achten, dass die Schalen zu den jeweiligen Pleuelstangen gehören, wenn die ursprünglichen wieder eingebaut werden.

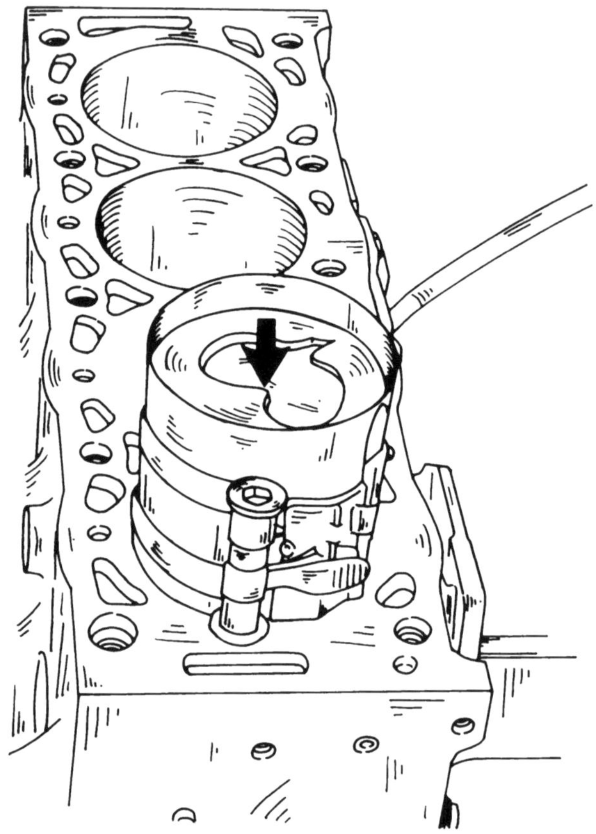

**Bild 32**
**Den Kolben mit dem Kolbenringspannband in die Zylinderbohrung einsetzen und nach unten drücken (Pfeil), bis die Ringe in die Bohrung rutschen. Das Spannband wird dabei abgestossen.**

- Das Lagerschild an der Steuerseite mit einer neuen Dichtung montieren. Die 6 Schrauben mit einem Anzugsdrehmoment von 10 Nm anziehen.
- Beim Einbau der Ölpumpe die Antriebskette über das Ölpumpenzahnrad legen, die Ölpumpe montieren und die Unterlegplatte von der Ölfilterseite her zwischen Pumpe und Zylinderblock

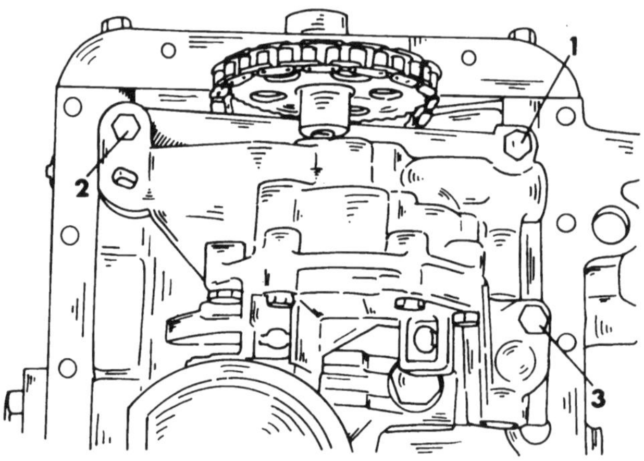


**Bild 33**
**Die Lage der drei Befestigungsschrauben für die Ölpumpe. Die Schrauben sind von unterschiedlicher Länge (siehe Text).**

schieben, d. h. in umgekehrter Weise zu Bild 22.

- Die Befestigungsschrauben (1), (2) und (3) in Bild 33 mit einem Anzugsdrehmoment von 13 Nm anziehen. Die Schrauben sind von unterschiedlicher Länge. Schraube (1) ist die kürzeste, Schraube (2) die längste und Schraube (3) liegt in der Länge zwischen Schraube (1) und (2).
- Den Radialdichtring vorsichtig mit einem passenden Dorn in das Lagerschild und über das Ende der Kurbelwelle schlagen, bis die Aussenseite bündig abschneidet. Dazu einen guten Schlagdorn verwenden, welcher auf der gesamten Dichtringfläche aufliegt, wie es Bild 34 zeigt.

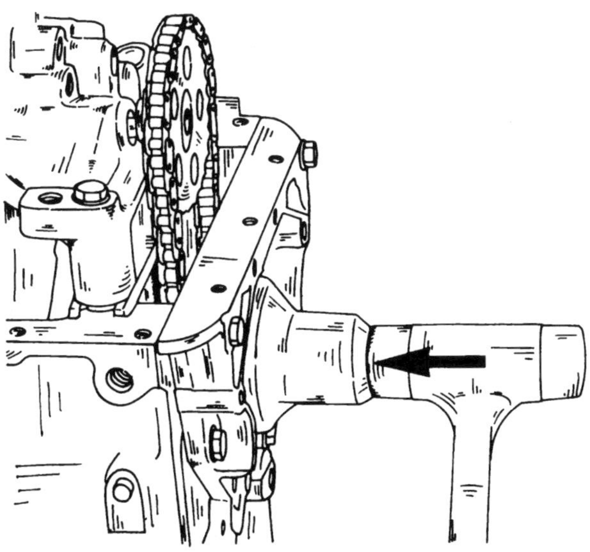

**Bild 34**
**Einschlagen des Öldichtringes an der Stirnseite des Motors**

- Die Ölwanne mit einer neuen Dichtung montieren. Die 23 Schrauben gleichmässig ringsherum mit einem Anzugsdrehmoment von 13 Nm anziehen.
- Das Schwungrad montieren. Neue Schrauben verwenden und diese vor dem Einsetzen mit flüssiger Gewindesicherung Loctite versehen. Das Schwungrad zum Anziehen der Schrauben mit dem Zahnsegment in Bild 15 blockieren und die Schrauben mit 50 Nm anziehen.
- Die Mitnehmerscheibe und die Kupplungsdruckplatte montieren und die Scheibe mit dem Zentrierdorn mittig ausrichten. Die Befestigungsschrauben einsetzen und gleichmässig ringsherum mit 22 Nm anziehen.

Zylinderkopfdichtungen stehen in verschiedenen Stärken zur Verfügung und die einzubauende Stärke hängt davon ab, wie weit die Kolben über die Fläche des Zylinderblocks herausstehen. Um die Stärke der Zylinderkopfdichtung zu bestimmen, sind die Kolben der Reihe nach auf den oberen Totpunkt zu bringen, um den Überstand der Kolbenoberseiten über die Zylinderblockfläche auszumessen:

- Die Messuhr mit einem Magnetfuss auf die gut gereinigte Zylinderblockfläche aufsetzen und den Messstift neben der Aussenseite des Kolbens auf die Fläche drücken. Die Messuhr in dieser Stellung auf «Null» stellen (Bild 35).

**Bild 35**
**Messuhr auf der Fläche des Zylinderblocks auf «Null» stellen**

- Den Magnetfuss der Messuhr weiterhin auf der Zylinderblockfläche ruhen lassen, aber den Messstift soweit wie möglich auf der Mitte des Kolbens aufsetzen. Den angezeigten Wert der Messuhr ablesen (Bild 36) und aufschreiben.
- Die anderen Kolben in gleicher Weise ausmessen und jeweils den erhaltenen Wert aufschreiben.
- Das grösste Mass bestimmt die Stärke der Dichtung, jedoch darf der Unterschied zwischen zwei Kolben nicht mehr als 0,12 mm betragen.
- Ist der angezeigte Wert grösser als 0,77 mm, muss eine Dichtung mit einer Stärke von 1,61 mm eingebaut werden. Ist der Wert kleiner als 0,77 mm, muss eine Dichtung mit einer Stärke von 1,73 mm eingebaut werden.

**Bild 36**
**Messuhr verschieben, bis der Taststift auf der Kolbenbodenfläche aufsitzt. Der angezeigte Wert ist das Überstehmass des Kolbens.**

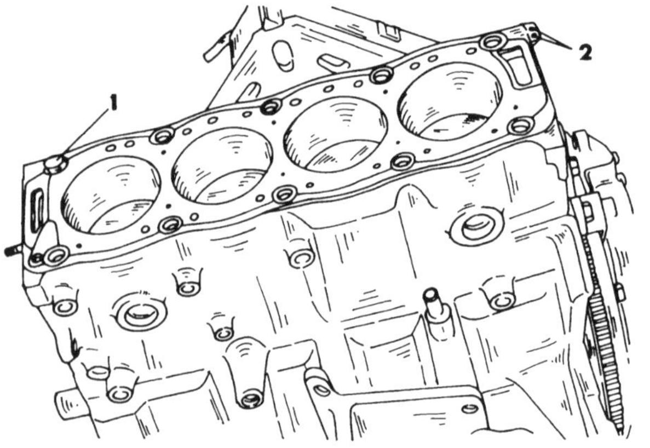


**Bild 37**
**Die Lage der Passhülse (1) im Zylinderkopf. Der Pfeil (2) weist auf die Löcher der Zylinderkopfdichtung (siehe Text).**

- Um zu kontrollieren, ob man die richtige Zylinderkopfdichtung erhalten hat, überprüft man die Anzahl der Kerben an der Pfeilstelle in Bild 37. Die dünnere Dichtung hat 2 Kerben, die stärkere Dichtung 3 Kerben.

Beim weiteren Zusammenbau folgendermassen vorgehen:

- Die Wasserpumpe mit neuer Dichtung montieren und die 5 Schrauben mit 12 Nm anziehen.
- Den Sitz der Passbüchse in der oberen Dichtfläche des Zylinderblocks prüfen.
- Eine neue Zylinderkopfdichtung entsprechend Bild 37 trocken auflegen.
- Den Zylinderkopf nach der Beschreibung im entsprechenden Kapitel einbauen. Die Zylinderkopfschrauben vorschriftsmässig anziehen.
- Das Ventilspiel einstellen (Kapitel 2.4.5).
- Wasserpumpe mit einer neuen Dichtung montieren und die Schrauben mit 15 Nm anziehen.
- Die beiden Thermoschalter in das Anschlussgehäuse für den Thermostaten einschrauben (15 Nm). Bild 38 zeigt die Lage der beiden Thermoschalter.
- Den Fühler (3) in Bild 38 mit Dichtungsmasse einschmieren und in den Wasserstutzen einschrauben. Mit einem Anzugsdrehmoment von 30 Nm anziehen.

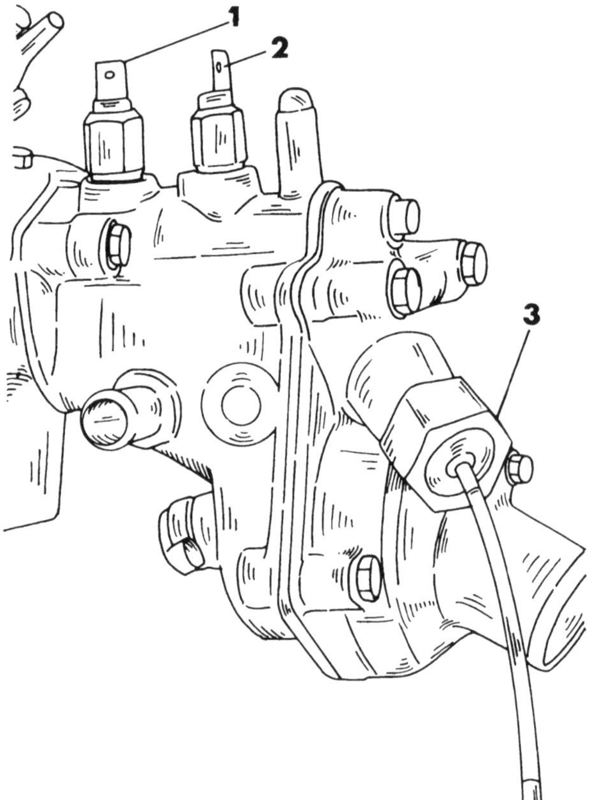


**Bild 38**
**Thermostatgehäuse mit den eingesetzten Thermoschaltern**

1 Thermoschalter, 105°C
2 Thermoschalter, 110°C
3 Fühler

- Den Thermostat mit zwei neuen Dichtungen und den Anschlussstutzen in das Thermostatgehäuse einbauen.
- Das komplette Thermostatgehäuse mit einer neuen Dichtung am Zylinderkopf montieren.

- Das für die Einstellung des Ventilspiels provisorisch montierte Nockenwellenzahnrad abnehmen, den Nockenwellendichtring mit einem passenden Dorn einschlagen.
- Das Nockenwellenrad montieren. Die Schraube mit einem Drehmoment von 35 Nm anziehen. Dabei das Nockenwellenrad in geeigneter Weise gegenhalten. Ein Dorn kann in einen Durchbruch des Nockenwellenrades eingesetzt werden, um es gegen Mitdrehen zu halten.
- Einspritzpumpe montieren.
- Die Kurbelwelle, die Nockenwelle und die Welle der Einspritzpumpe in Einstellung bringen. Dazu Bezug auf Bild 39 nehmen. Die Pfeile weisen auf die Stellung der Scheibenfedern.
- Das Nockenwellenrad durch Einsetzen der M8×40-Schraube an Stelle (1) in Bild 18 sperren. Das Nockenwellenrad steht jetzt auf der oberen Totpunktstellung.
- Das Antriebsrad der Einspritzpumpe durch Einsetzen der beiden M8×40-Schrauben (2) und (3) in Bild 18 sperren. Das Antriebsrad steht jetzt auf der Einspritzstellung für den ersten Zylinder.
- Die Kurbelwelle sperren, indem man einen 8-mm-Metallstab von der Rückseite des Zylinderblocks in das Schwungrad einschiebt. Die Kurbelwelle steht jetzt auf der oberen Totpunktstellung. Bild 40 zeigt, wo der Stab eingeschoben wird.

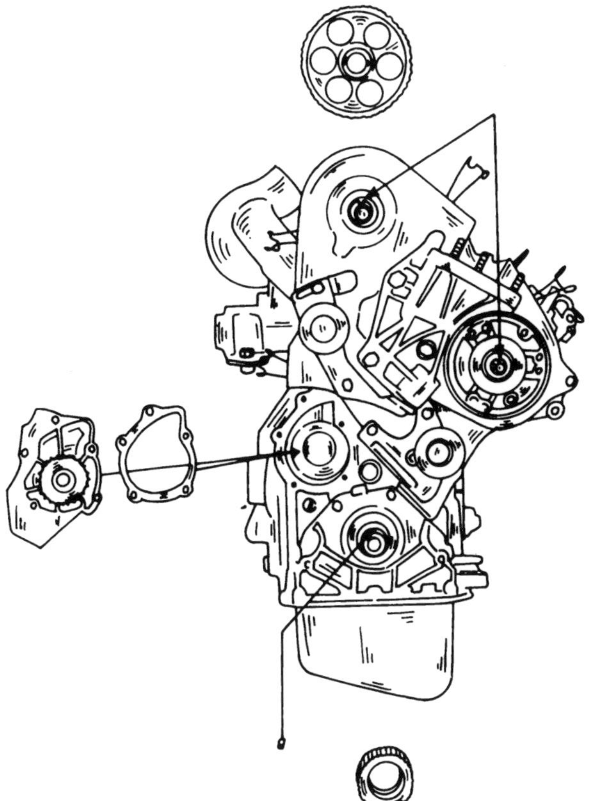

**Bild 39**
**Die Pfeile weisen auf die Stellung der Scheibenfedern zur Befestigung der Steuerräder, ehe diese montiert werden**

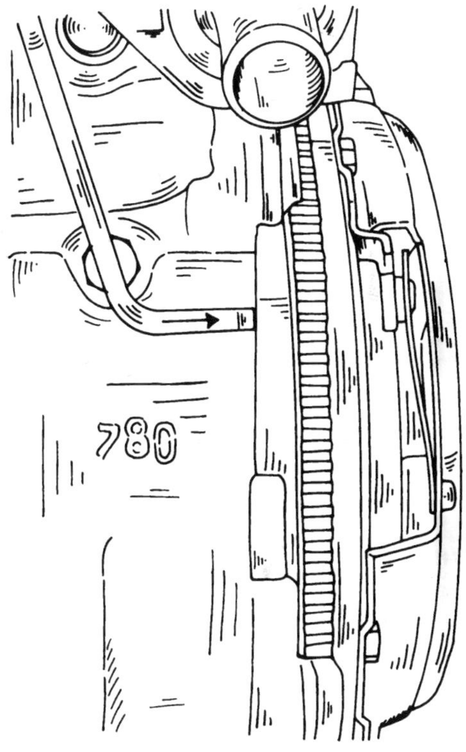


**Bild 40**
**Einsetzen des Metallstabes zur Sperrung der Kurbelwelle in der oberen Totpunktstellung**

- Das Antriebsrad der Einspritzpumpe aufstecken und die Schraube in der Mitte festziehen. Wiederum muss das Antriebsrad gegengehalten werden (Metalldorn durch einen der Durchbrüche einsetzen und gegen die Pumpe anlegen).
- Die Halteplatte des Pumpenantriebsrades anbringen und die beiden Schrauben mit 12 Nm anziehen.
- Kurbelwellensteuerrad auf das Ende der Kurbelwelle aufschlagen.
- Den Zahnriemen auflegen. Den Riemen zuerst über das Kurbelwellensteuerrad auflegen, dann über die feststehende Laufrolle, das Antriebsrad der Einspritzpumpe und dann über das Steuerrad der Nockenwelle legen. Den Zahnriemen stramm halten und auf der linken Seite über das Rad der Wasserpumpe und hinter die Spannrolle auflegen.
- Kontrollieren, dass der Keilriemen mit seinen Zähnen an allen verzahnten Rädern einwandfrei in Eingriff gekommen ist.
- Die Einspritzstellung der Einspritzpumpe einstel-

len, wie es im betreffenden Kapitel beschrieben ist.

- Die Keilriemenscheibe der Kurbelwelle montieren. Die Schraube mit 40 Nm anziehen. Den Motor dabei durch Sperren des Schwungrades gegenhalten (siehe Bild 15).
- Die Einspritzdüsen einschrauben und mit 22 Nm anziehen.
- Die Stromverbindungsschiene auf die vier Anschlussstifte der Vorglühkerzen aufstecken und die Muttern mit 4 Nm anziehen.
- Die Einspritzleitungen anschliessen und mit 22 Nm anziehen.
- Die beiden Schutzbleche für den Zahnriemen anbringen. Die Federspange in der Mitte mit einem starken Schraubenzieher eindrücken.
- Die in Bild 21 gezeigten Teile wieder montieren.
- Ölfilter montieren und mit einem Drehmoment von 14 Nm anziehen. Den Gummiring des Filters vorher gut mit Öl einschmieren.
- Alle weiteren Arbeiten in umgekehrter Reihenfolge durchführen.

## 2.4 Der Zylinderkopf

### 2.4.1 Ausbau

Der Zylinderkopf kann bei eingebautem Motor ausgebaut werden, jedoch soll darauf hingewiesen werden, dass man den Steuerriemen teilweise ausbauen muss. Eine Messuhr mit einem Magnetfuss muss zur Verfügung stehen, um die Stärke der Zylinderkopfdichtung zu ermitteln. Falls diese Voraussetzungen gegeben sind, folgendermassen vorgehen:

- Das Fahrzeug vorn mit hängenden Rädern aufbocken und das rechte Vorderrad ausbauen.
- Das Kühlwasser ablassen und die beiden Batterieklemmen abklemmen.
- Den Luftfilter ausbauen.
- Die Kraftstoffleitungen abschliessen.
- Beide Kühlwasserschläuche vom Thermostatgehäuse abschliessen.
- Alle Schläuche zwischen Zylinderkopf und Karosserie und Zylinderkopf und Zylinderblock in geeigneter Weise kennzeichnen und abschliessen.
- Den Gaszug aushängen.
- Die elektrischen Verbindungen zum Thermoschalter am Thermostatgehäuse und andere sichtbare Kabel abklemmen.
- Den Flansch des Auspuffrohres vom Krümmer abschliessen.
- Den Motor mit einer Seilschlinge aus den Motoraufhängungen heben, bis er unter Spannung steht.
- Den in Bild 40 gezeigten Fühlstab (8 mm Rundstab) in die Rückseite des Zylinderblocks einschieben, um die Kurbelwelle in Steuereinstellposition zu blockieren.
- Die mittlere Spange in der Zahnriemenabdekkung mit einem kräftigen Schraubenzieher nach unten drücken, die drei Sicherungsspangen entfernen und die beiden Schutzdeckel abnehmen.
- Die beiden Befestigungsmuttern (2) und (3) der Zahnriemenspannrolle in Bild 41 lösen, ein 3/8″-Vierkant in die Vierkantöffnung (1) der Halterung

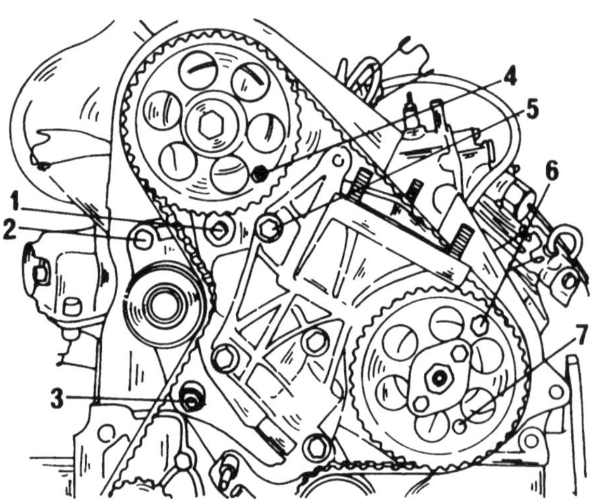


**Bild 41**
**Ansicht der Steuerseite des Motors**

1 Vierkantloch
2 Schraube des Riemenspanners
3 Schraube des Riemenspanners
4 Eingesetzter Steuerungssperrbolzen
5 Schraube der Motoraufhängung
6 Eingesetzter Steuerungsbolzen
7 Eingesetzter Steuerungsbolzen

einsetzen (Vierkant eines Steckschlüsselsatzes der angegebenen Grösse) und die Spannrolle gegen die Federspannung nach aussen drücken, bis der Zahnriemen locker ist. Die Schraube (2) danach wieder festziehen, um die Spannrolle zu sperren.

- Die M8×40-Schrauben an Stellen (4), (6) und (7) in die Bohrungen des Nockenwellenrades bzw. des Antriebsrades der Einspritzpumpe einschieben.
- Den Zahnriemen vom Steuerrad der Nockenwelle herunterheben.
- Die Befestigungsschraube des Nockenwellenra-

des lösen und das Steuerrad zusammen mit der eingesetzten Schraube von der Welle ziehen. Das Steuerrad dabei in geeigneter Weise gegenhalten.

- Die Befestigungsschraube der Motoraufhängung (5) in Bild 41 vom Zylinderkopf abschrauben.
- Den Zylinderkopfdeckel ausbauen.
- Einspritzleitungen abschrauben.
- Die Zylinderkopfschrauben in der umgekehrten Anzugsreihenfolge von Bild 42 lösen und die Schrauben herausziehen.
- Da der Zylinderkopf durch eine Passhülse geführt wird, könnte es schwierig werden den Kopf zu trennen, Peugeot-Werkstätten verwenden dazu zwei abgewinkelte Eisenstangen, welche wie in der unteren Ansicht von Bild 42 gezeigt in den Kopf eingesetzt werden. Die beiden Stangen zusammen anheben, wodurch der Kopf gelöst wird. Den Kopf danach seitwärts bewegen, um die Nockenwelle durch die Rückenplatte für das Steuerrad zu führen. Die Zentrierbüchse entweder aus dem Kopf oder Block herausziehen.
- Die Dichtflächen am Zylinderblock und am Motorblock mit Reinigungsmitteln für Dichtflächen behandeln. Die Dichtflächen dürfen keinesfalls mit einem harten Schaber oder mit Schleifpapier gereinigt werden. Ein Nachschleifen der Zylinderkopffläche ist nicht zulässig. Falls sich die Nockenwelle noch einwandfrei durchdrehen lässt, ist der Kopf nicht verzogen.

Nach dem Ausbau des Kopfes alle Nebenteile abmontieren und die Ventile in der üblichen Weise ausbauen, wie es im betreffenden Kapitel beschrieben ist.

### 2.4.2 Zerlegung

Es wird angenommen, dass bereits alle Nebenteile des Zylinderkopfes abmontiert wurden, d.h. der Kopf sieht jetzt wie in Bild 43 gezeigt aus.

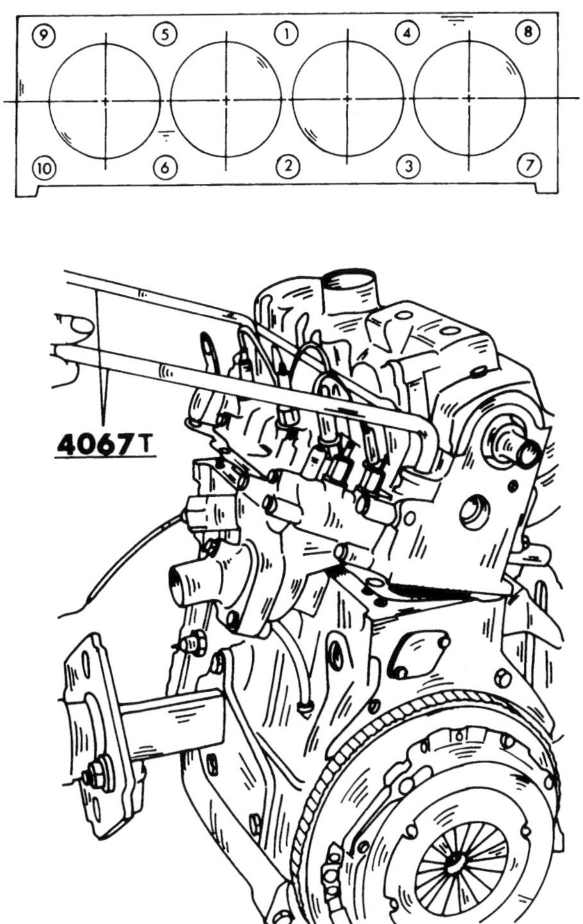


**Bild 42**
**Das obere Bild zeigt die Reihenfolge zum Anziehen der Zylinderkopfschrauben. Die Schrauben in umgekehrter Reihenfolge lösen. Im unteren Bild wird der Zylinderkopf vom Block getrennt.**

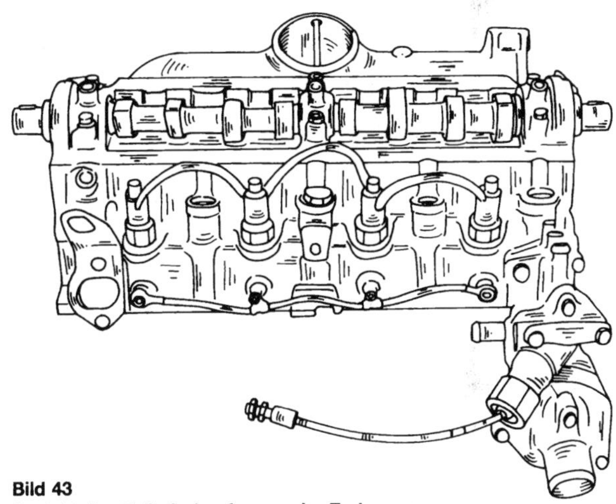

**Bild 43**
**Ansicht des Zylinderkopfes vor der Zerlegung**

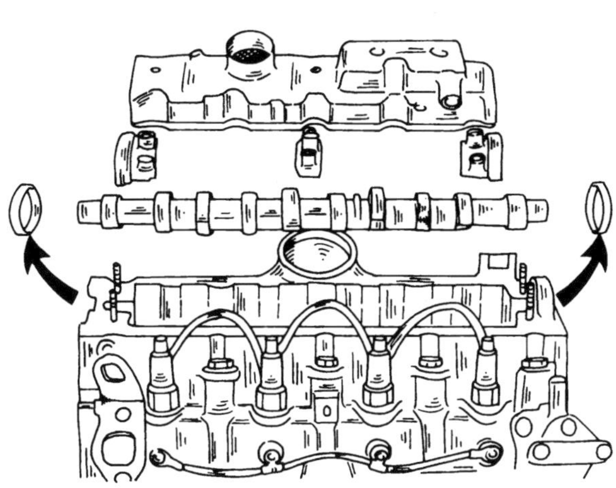

**Bild 44**
**Einzelheiten zum Zerlegen des Zylinderkopfes**

● Alle Nockenwellenlagerdeckel ausbauen und die Nockenwelle herausheben. Die beiden Öldichtringe vorn und hinten herausnehmen. Die Dichtringe müssen immer erneuert werden. Bild 44 zeigt die Arbeitsstufen bis zu diesem Montageabschnitt.

● Die Ventilstössel herausnehmen, eventuell mit Hilfe eines Saugnapfes, und geordnet ablegen. Die Ventileinstellscheiben mit den betreffenden Stösseln zusammenhalten.

● Die Ventilfedern mit Hilfe einer passenden Ventilfederzange zusammendrücken und die Keile, Federteller, Federn und Ventile ausbauen. Alle Teile in Einbaureihenfolge zusammenhalten. Bild 45 zeigt, wie der Ventilheber angesetzt wird.

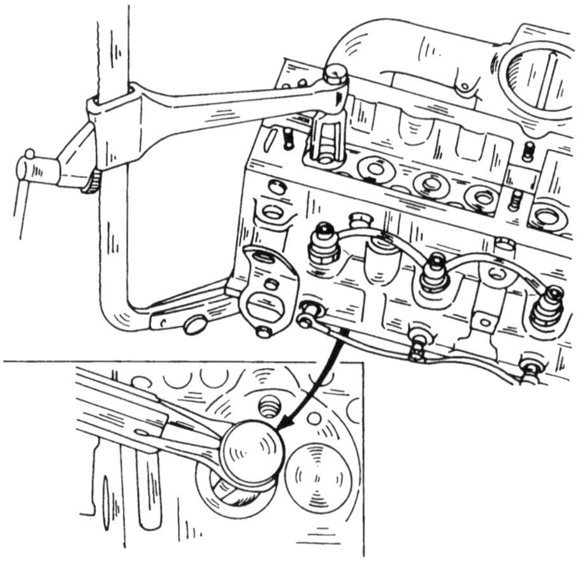

**Bild 45**
**Aus- oder Einbau der Ventile mit dem Ventilheber.**
**Nach Zusammendrücken der Feder können die Ventilkegelhälften herausgenommen werden.**

*2.4.2.1 Ventile*

Kleinere Beschädigungen der Ventiltellerflächen können durch Einschleifen der Ventile in die Sitze des Zylinderkopfes berichtigt werden, wie es in Kapitel 2.4.2.2 beschrieben wird.

● Ventile entsprechend den Angaben in der Mass- und Einstelltabelle ausmessen und alle nicht diesen Massen entsprechenden Ventile erneuern.

● Falls die Enden der Ventilschäfte Verschleiss aufweisen, können sie an einer Schleifmaschine glatt geschliffen werden, vorausgesetzt, dass man nicht mehr als 0,50 mm des Materials zur Korrektur entfernen muss.

● Die Teller der Ventile können in einer Ventilschleifmaschine nachgeschliffen werden, vorausgesetzt dass die Ventiltellerstärke nach dem Schleifen nicht kleiner als 0,5 wird.

● Die Ventilschäfte, und in diesem Zusammenhang die Innendurchmesser der Ventilführungen, kontrollieren. Falls Verschleiss stattgefunden hat, müssen die Ventilführungen vielleicht erneuert werden. In diesem Fall sollte man sich an eine Peugeot-Werkstatt wenden.

*2.4.2.2 Ventilsitze*

● Alle Ventilsitze auf Zeichen von Verschleiss oder Narbenbildung kontrollieren. Leichte Verschleisserscheinungen können mit einem 60°-Fräser im Falle der Einlassventile oder einem 45°-Fräser im Falle der Auslassventile entfernt werden. Falls der Sitz jedoch bereits zu weit eingelaufen ist, müssen die Ventilsitze neu gefräst werden.

● Die Ventilsitze müssen nachgefräst werden, wenn neue Ventilführungen eingezogen wurden.
  – Den Ventilsitzwinkel fräsen und danach mit einem Korrekturfräser die Oberkante des Sitzes leicht bearbeiten, um die Breite des Ventilsitzes zu verringern und auf eine Breite von 1,45 mm bei den Einlassventilen oder 1,8 mm bei den Auslassventilen zu bringen. Die Fräsarbeiten sind zu beenden, sobald der Sitz innerhalb der angegebenen Breite liegt.
  – Nach dem Nachfräsen kontrollieren, wie weit die Ventilteller unterhalb der Zylinderkopffläche liegen. Dazu eine Messuhr mit einem Magnetfuss auf die Zylinderkopffläche aufsetzen, den Taststift auf die Fläche setzen und die Messuhr in dieser Stellung auf «Null» setzen.
  – Den Magnetfuss verschieben und den Taststift auf die Oberseite der Ventilteller aufsetzen (Bild 46). Der angezeigte Wert ist das

**Bild 46**
**Ausmessen der eingebauten Ventile.**
**Den Taststift der Messuhr auf der Mitte der Ventilteller aufsetzen.**

wichtige Mass. Falls dieses bei den Einlassventilen nicht zwischen 0,5 und 1,0 mm und bei den Auslassventilen nicht zwischen 0,9 und 1,4 mm liegt, wurden die Ventilsitze zu tief in den Kopf gefräst; der Zylinderkopf muss erneuert werden. Bild 47 veranschaulicht die Messung.

- Die gleiche Messung an den Vorkammereinsätzen des Zylinderkopfes durchführen. Dazu den Taststift auf das Ende der Vorkammer aufsetzen. Der Vorkammereinsatz muss zwischen 0 und 0,3 mm herausstehen (siehe Bild 48).

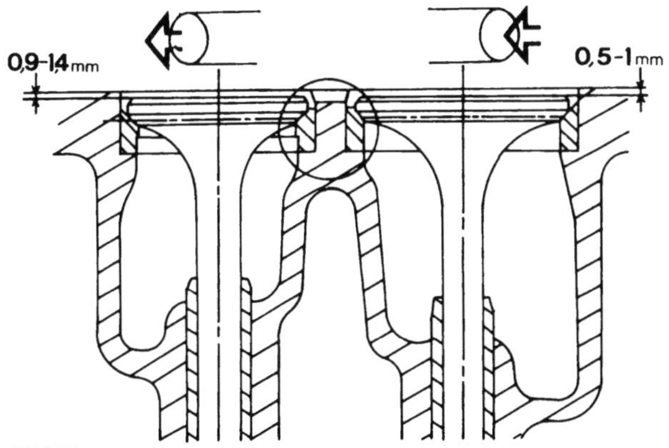


**Bild 47**
**Veranschaulichung des Abstandes zwischen der Oberseite der Zylinderkopffläche und der Ventiltellerfläche**

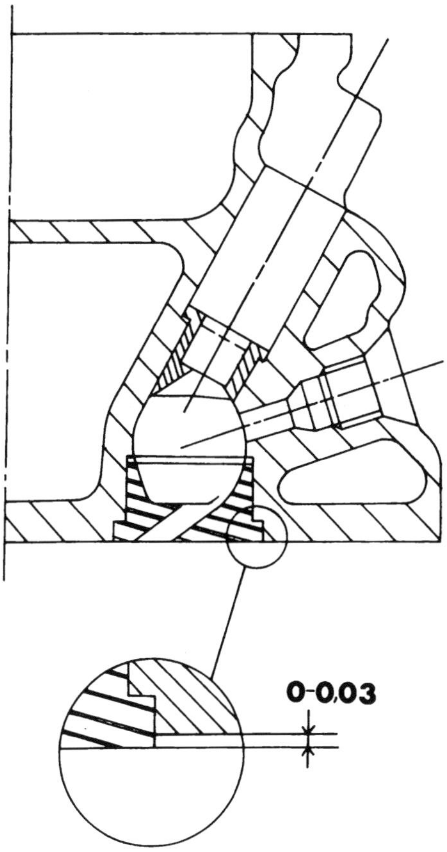


**Bild 48**
**Vorstehmass des Vorkammereinsatzes**

- Nachgearbeitete Ventilsitze einschleifen. Dazu die Ventilsitzfläche mit etwas Schleifpaste einschmieren und das Ventil in den entsprechenden Sitz einsetzen. Einen Sauger am Ventil anbringen und das Ventil hin- und herbewegen.
- Nach dem Einschleifen alle Teile gründlich von Schmutz und Schleifpaste reinigen und den Ventilsitz an Ventilteller und Sitzring kontrollieren. Ein ununterbrochener, matter Ring muss an beiden Teilen sichtbar sein und gibt die Breite des Ventilsitzes an.
- Mit einem Bleistift einige Striche auf dem Ring am Ventilteller anzeichnen. Die Striche sollten ungefähr in Abständen von 1 mm ringsherum eingezeichnet werden. Danach das Ventil vorsichtig in die Führung und den Sitz fallen lassen und das Ventil um 90° verdrehen, wobei jedoch ein gewisser Druck auf das Ventil auszuüben ist.
- Ventil wieder herausnehmen und kontrollieren, ob die Bleistiftstriche vom Sitzring entfernt wurden. Falls sich die Ventilsitzbreiten innerhalb der angegebenen Angaben befinden, kann der Kopf wieder eingebaut werden. Andernfalls die Ventilsitze nacharbeiten oder in schlimmen Fällen einen Austauschkopf einbauen. In diesem Fall alle Anbauteile vom alten Kopf abbauen und auf den neuen Kopf übertragen.

### *2.4.2.3 Ventilfedern*

Zuerst die Federn in der Länge ausmessen. Diese beträgt bei den inneren Federn 44,3 mm und bei den äusseren Federn 51,0 mm. Falls die Längen nicht stimmen, kann man sich die verbleibende Prüfung ersparen.

- Eine gebrauchte Feder mit einer neuen Feder vergleichen. Dazu beide Federn in einen Schraubstock einspannen und diesen langsam schliessen. Falls beide Federn um den gleichen Wert zusammengedrückt werden, ist dies eine sichere Anzeige, dass sie ungefähr die gleiche Spannung haben. Lässt sich die alte Feder jedoch weitaus kürzer als die neue Feder zusammendrücken, so ist dies ein Zeichen von Ermüdung und die Federn sollten im Satz erneuert werden.
- Die Federn der Reihe nach so auf eine glatte Fläche aufstellen (Glasplatte), dass sich die geschlossene Wicklung an der Unterseite befindet. Einen Stahlwinkel neben der Feder aufset-

zen. Den Spalt zwischen der Feder und dem Winkel an der Oberseite ausmessen, welcher nicht mehr als 2,0 mm betragen darf. Andernfalls ist die Feder verzogen.

*2.4.2.4 Ventilführungen*

Zum genauen Ausmessen der Ventilführungen und Ventilschäfte wird ein Mikrometer gebraucht. Falls der Unterschied zwischen den beiden Massen mehr als 0,10 mm beträgt, muss die betreffende Ventilführung (oder alle) erneuert werden. Falls kein Mikrometer vorhanden ist (Innenmikrometer für die Ventilführungsbohrungen) kann man das Laufspiel der Schäfte in den Führungen folgendermassen ermitteln:

- Die Ventilführungen reinigen, indem man einen in Benzin getränkten Lappen durch die Führungen hin- und herzieht. Ebenfalls die Ventilschäfte einwandfrei reinigen und danach der Reihe nach die Ventile in ihre entsprechenden Bohrungen einsetzen.
- Eine Messuhr mit einem geeigneten Halter an der Oberseite des Zylinderkopfes anbringen und das Ventil aus der Bohrung herausdrücken, bis das Ende des Ventilschaftes bündig mit der Ventilführung auf der anderen Seite des Zylinderkopfes abschneidet.
- Den Ventilteller an der Oberseite hin- und herbewegen und die Anzeige an der Messuhr ablesen. Falls diese mehr als ca. 1,0 bis 1,2 mm beträgt, muss die Ventilführung meistens erneuert werden.
- Den Allgemeinzustand des Zylinderkopfes überprüfen, ehe eine Ventilführung erneuert wird. Zylinderköpfe mit kleinen Rissen zwischen den Ventilsitzen können wieder verwendet und nachgeschliffen werden, vorausgesetzt dass die Risse nicht zu breit sind.
- Zum Erneuern einer Ventilführung die alte Führung mit einem passenden Dorn aus dem Zylinderkopf herauspressen. Der Zylinderkopf muss in heissem Wasser erhitzt werden, um die Führungen auszuschlagen. Vor dem Ausschlagen das Überstehmass der Führungen an der Oberseite des Zylinderkopfes ausmessen. Der zum Ausbau verwendete Dorn sollte einen Zapfen angedreht haben, welcher in die Innenseite der Führung passt.
- Wenn die Ventilführungen erneuert werden, erneuert man die Ventile ebenfalls. Die Ventilsitze müssen dann nachgeschliffen werden. Ventilführungen stehen in Übergrösse im Aussendurchmesser zur Verfügung (siehe Mass- und Einstelltabelle) und die Aufnahmebohrungen im Zylinderkopf sind entsprechend aufzubohren.
- Neue Führungen gut einölen und in den Zylinderkopf einpressen, bis das vorstehende Mass dem vor dem Ausbau erhaltenen Mass entspricht.
- Die Ventilführungen nach dem Einpressen auf einen Durchmesser von 8,02 mm bis 0,022 mm aufreiben. Zum Aufreiben eine verstellbare Reibahle verwenden. Das vorschriftsmässige Laufspiel der Ventilschäfte wird dabei automatisch hergestellt.

> *Achtung:* Die Ventilsitze müssen nachgefräst werden, wenn die Ventilführung erneuert wurde (Kapitel 2.4.2.2).

*2.4.2.5 Zylinderkopf*

Die Dichtflächen von Zylinderkopf und Zylinderblock einwandfrei reinigen und die Zylinderkopffläche auf Verzug kontrollieren. Dazu ein Messlineal auf den Kopf auflegen und mit einer Fühlerlehre den Lichtspalt längs, quer und diagonal zur Zylinderkopffläche ermitteln, wie es in Bild 49 gezeigt ist. Falls sich

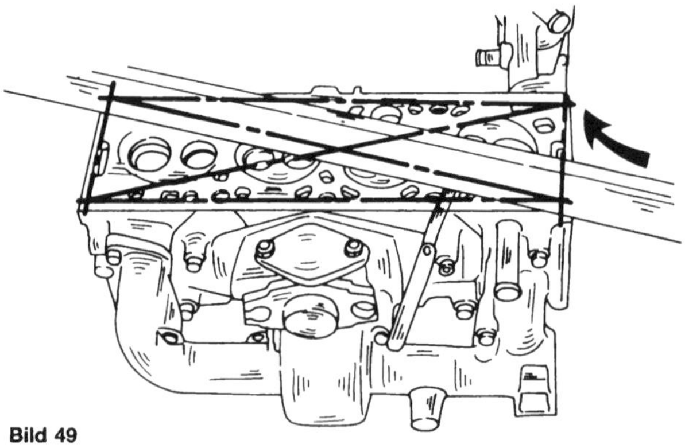

**Bild 49**
**Zylinderkopffläche in den gezeigten Richtungen auf Verzug kontrollieren**

eine Blattlehre von weniger als 0,03 mm Stärke einschieben lässt, kann man den Zylinderkopf wieder verwenden. Ist der Spalt an irgendeiner Stelle grösser, muss der Kopf erneuert werden, da man ihn nicht nachschleifen darf.

*2.4.2.6 Nockenwelle*

Die Nockenwelle mit den beiden Endlagerzapfen in Prismen einlegen oder zwischen die Spitzen einer Drehbank spannen und eine Messuhr am mittleren

Lagerzapfen ansetzen. Die Nockenwelle langsam durchdrehen und die Anzeige an der Messuhr ablesen. Falls die Anzeige mehr als 0,01 mm beträgt, ist die Welle verbogen und sollte erneuert werden.
Die Lagerzapfen auf sichtbare Schäden hin kontrollieren. Falls diese vorgefunden werden, kann man sich alle weiteren Arbeiten ersparen.
Durchmesser der Lagerzapfen ausmessen. Alle Lagerzapfen haben einen unterschiedlichen Durchmesser.

### 2.4.3 Zylinderkopf zusammenbauen

Der Zusammenbau des Zylinderkopfes erfolgt grundsätzlich in umgekehrter Reihenfolge zur Zerlegung.

- Alle Nebenteile des Zylinderkopfes vom alten auf den neuen Zylinderkopf umrüsten, falls ein neuer Zylinderkopf eingebaut wird.
- Alle Teile gründlich reinigen und alle gleitenden und sich drehenden Teile gut mit Motorenöl einschmieren.
- Die Ventile in ihre Führungen einsetzen. Falls die Ventilsitze nachgeschnitten wurden, müssen sie mit den entsprechenden Sitzen zusammengehalten werden. Das gleiche gilt für wieder verwendete Ventile, die man in die ursprünglichen Sitze einsetzen muss.
- Die Ventile zusammenbauen. Dazu den Federsitz auf den Zylinderkopf auflegen, die beiden Federn über jedes Ventil setzen und sie mit einem Ventilheber zusammendrücken, wie es in Bild 45 gezeigt wurde. Wenn das Ventilschaftende aus der Oberseite des Ventilfedertellers heraussteht, mit einer Spitzzange die beiden Ventilkegelhälften einsetzen. Den Ventilheber langsam zurücklassen und kontrollieren, ob die Kegelhälften gut gehalten werden.
- Mit einem Plastikhammer auf die Oberseite der Ventilschäfte schlagen. Nicht richtig sitzende Ventilkegelhälften fliegen dabei heraus. Zur Vorsicht einen Lappen über die Federnenden legen, damit die Teile nicht davonfliegen können.
- Die Ventilstössel in der ursprünglichen Anordnung einsetzen. Falls ein Stössel wieder etwas herausgezogen wird, muss er ganz ausgebaut werden, um die richtige Lage der Distanzscheibe zu prüfen, da sich die Scheibe verschieben kann, wenn ein Stössel bewegt wird.
- Lagerzapfen der Nockenwelle mit Motorenöl einschmieren und die Welle vorsichtig in den Zylinderkopf einlegen, ohne dabei mit den Nocken oder Lagerzapfen gegen die Lagersitze anzustossen.
- Die drei Lagerdeckel aufsetzen. Die Deckel sind mit Zahlen gezeichnet. Der Deckel mit der Nummer «3» kommt auf die Seite des Nockenwellensteuerrades. Die Deckelmuttern gleichmässig über Kreuz auf ein Anzugsdrehmoment von 18 Nm anziehen.
- Die beiden Dichtringe der Nockenwelle mit einem passenden Rohrstück einschlagen.
- Das Ventilspiel entsprechend der Beschreibung in Kapitel 2.4.5 einstellen.

### 2.4.4 Zylinderkopf einbauen

- Die Gewindebohrungen für die Zylinderkopfschrauben gründlich reinigen. Die Bohrungen müssen fettfrei und trocken sein. Falls erforderlich, kann man die Gewindebohrungen mit einem M12×150-Gewindeschneider nachschneiden. Die Gewinde danach gut reinigen.
- Die Zentrierbüchse hinten an der in Bild 37 gezeigten Stelle in den Zylinderblock einschlagen.

Zylinderkopfdichtungen stehen in verschiedenen Stärken zur Verfügung und die einzubauende Stärke hängt davon ab, wie weit die Kolben über die Fläche des Zylinderblocks herausstehen. Um die Stärke der Zylinderkopfdichtung zu bestimmen, sind die Kolben der Reihe nach auf den oberen Totpunkt zu bringen, um den Überstand der Kolbenoberseiten über die Zylinderblockfläche auszumessen:

- Die Messuhr mit einem Magnetfuss auf die gut gereinigte Zylinderblockfläche aufsetzen und den Messstift neben der Aussenseite des Kolbens auf die Fläche drücken. Die Messuhr in dieser Stellung auf «Null» stellen (Bild 35).
- Den Magnetfuss der Messuhr weiterhin auf der Zylinderblockfläche ruhen lassen, aber den Messstift soweit wie möglich auf der Mitte des Kolbens aufsetzen. Den angezeigten Wert der Messuhr ablesen (Bild 36) und aufschreiben.
- Die anderen Kolben in gleicher Weise ausmessen und jeweils den erhaltenen Wert aufschreiben.
- Das grösste Mass bestimmt die Stärke der Dichtung, jedoch darf der Unterschied zwischen zwei Kolben nicht grösser als 0,12 mm betragen.
- Ist der angezeigte Wert grösser als 0,77 mm, muss eine Dichtung mit einer Stärke von

1,61 mm eingebaut werden. Ist der Wert kleiner als 0,77 mm, muss eine Dichtung mit einer Stärke von 1,73 mm eingebaut werden.

- Um zu kontrollieren, ob man die richtige Zylinderkopfdichtung erhalten hat, überprüft man die Anzahl der Löcher an der Pfeilstelle in Bild 37. Die dünnere Dichtung hat 2 Löcher, die stärkere Dichtung 3 Löcher. Manchmal ist es möglich, dass man eine Dichtung mit nur einem Loch beim Ausbau vorgefunden hat. Diese werden während der Produktion verwendet und müssen bei Erneuerung durch eine Dichtung mit zwei Löchern ersetzt werden.
- Den Zylinderkopf schräg aufsetzen, so dass man die Passhülse im Zylinderblock mit dem Loch im Kopf ausrichten kann. Danach den Kopf nach vorn herunterklappen. Bild 50 zeigt mit dem Pfeil wie man den Kopf aufsetzt.

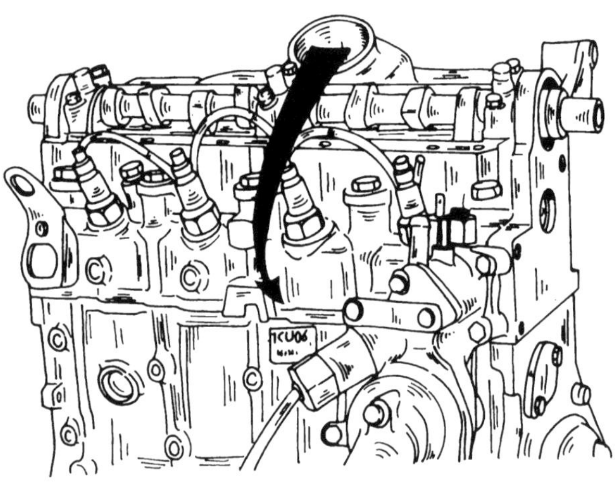

**Bild 50**
**Aufsetzen des Zylinderkopfes. Den Kopf in Pfeilrichtung senken, nachdem er mit der Passhülse auf der anderen Seite in Eingriff gebracht wurde.**

- Die Zylinderkopfschrauben mit eingetalgtem Gewinde einsetzen. Die Schrauben in Reihenfolge von Bild 42 auf ein Anzugsdrehmoment von 30 Nm anziehen. Danach in der gleichen Reihenfolge die Schrauben auf 60 Nm anziehen. Nachdem alle Schrauben angezogen wurden, jede Schraube in Anzugsreihenfolge um 90° (Viertelumdrehung) lockern und wieder mit 60 Nm anziehen.
- Das Ventilspiel einstellen (Kapitel 2.4.5).
- Das Nockenwellenrad montieren. Die Schraube mit einem Drehmoment von 35 Nm anziehen. Dabei das Nockenwellenrad in geeigneter Weise gegenhalten. Ein Dorn kann in einen Durchbruch des Nockenwellenrades eingesetzt werden, um es gegen Mitdrehen zu halten.
- Das Nockenwellenrad durch Einsetzen der M8×40-Schraube an Stelle (1) in Bild 18 sperren. Das Nockenwellenrad steht jetzt auf der oberen Steuerstellung.
- Die Schraube des Zahnriemenspanners und des Motoraufhängungsbügels einschrauben.
- Die linke Motorhebeöse montieren.
- Das Auspuffrohr am Auspuffkrümmer anschliessen.
- Alle Leitungen und Schläuche der Kühlanlage und der Kraftstoffanlage, sowie die elektrischen Kabel am Zylinderkopf anschliessen. Das Zugseil für den Schnelleerlauf an der Einspritzpumpe anschliessen.
- Kontrollieren, ob alle Teile, welche mit dem Zahnriemen in Verbindung kommen, frei von Öl oder Fett sind.
- Kontrollieren, ob die Zahnriemenspannrolle vollkommen nach aussen gedrückt ist, d. h. sie muss in dieser Stellung festgeschraubt sein.
- Der Motor muss immer noch angehoben sein. Die rechte Motoraufhängung darf noch nicht eingebaut sein.
- Das Antriebsrad der Einspritzpumpe durch Einsetzen der beiden M8×40-Schrauben (2) und (3) in Bild 18 sperren. Das Antriebsrad steht jetzt auf der Einspritzstellung für den ersten Zylinder.
- Die Kurbelwelle in der Einstellung sperren, indem man den Metallstab von der Rückseite in das Schwungrad einsetzt, wie es aus Bild 40 ersichtlich ist.
- Den Zahnriemen auflegen. Den Riemen zuerst über das Kurbelwellensteuerrad auflegen, dann über die feststehende Laufrolle, das Antriebsrad der Einspritzpumpe und dann über das Steuerrad der Nockenwelle legen. Den Zahnriemen stramm halten und auf der linken Seite über das Rad der Wasserpumpe und hinter die Spannrolle auflegen.
- Kontrollieren, dass der Keilriemen mit seinen Zähnen an allen verzahnten Rädern einwandfrei in Eingriff gekommen ist.
- Alle Bolzen zur Sperrung der Steuerung wieder herausziehen.
- Spannrolle zurücklassen und die Schraube (3) in Bild 53 festziehen.
- Die Kurbelwelle um mindestens zwei Umdrehungen in Vorwärtsrichtung drehen, um den Zahnriemen auszurichten.
- Die Schraube (3) wieder lockern. Der Riemenspanner springt dabei in die Spannstellung. In

dieser Stellung die beiden Schrauben (3) und (4) mit einem Anzugsdrehmoment von 18 Nm anziehen.

- Motor einige Male durchdrehen und die Steuerungsbolzen wieder einsetzen. Falls sie sich nicht einsetzen lassen, stimmt die Steuerungseinstellung nicht.
- Die beiden Schutzbleche für den Zahnriemen anbringen. Die Federspange in der Mitte mit einem starken Schraubenzieher eindrücken.
- Alle weiteren Arbeiten in umgekehrter Reihenfolge durchführen.

Nach dem Einbau den Motor anlassen und 10 Minuten lang mit einer Drehzahl von 3000/min laufen lassen. Motor abstellen und mindestens 3½ Stunden bei geöffneter Motorhaube stehen lassen. Nach Ablauf dieser Zeit den Deckel des Ausgleichsbehälters abschrauben (um sicherzugehen, dass die Anlage nicht mehr unter Druck steht) und der Reihe nach Schraube um Schraube in der in Bild 42 gezeigten Reihenfolge lockern und wieder mit einem Anzugsdrehmoment von 65 Nm anziehen. Das Nachziehen der Schrauben muss sofort nach dem Lockern erfolgen, d. h. nicht alle Schrauben lockern und dann erst wieder anziehen.

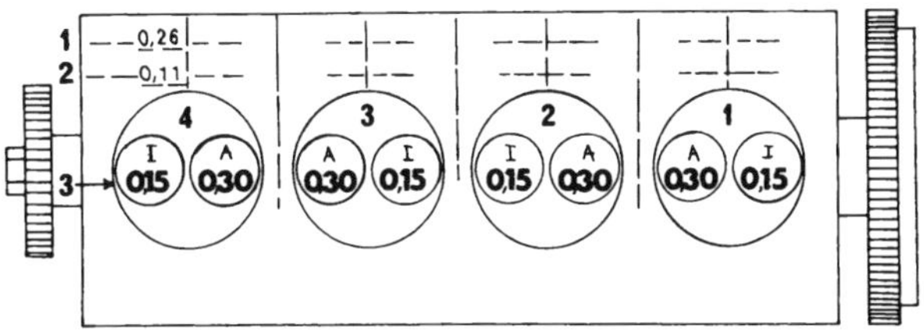


**Bild 51**
**Diagramm zur Einstellung der Ventilspiele**

Zeile 1 = Gemessenes Ventilspiel
Zeile 2 = Unterschied zwischen gemessenem Spiel und eigentlichem Spiel
Zeile 3 = Vorgeschriebenes Ventilspiel

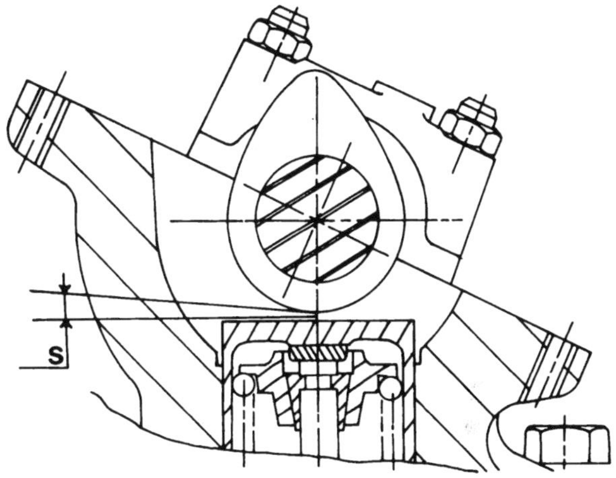


**Bild 52**
**Das Spiel (S) wird an der gezeigten Stelle gemessen**

### 2.4.5 Ventilspiele einstellen

Falls die Einstellung bei eingebautem Motor durchgeführt wird, wie dies bei einer allgemeinen Kontrolle des Ventilspiels der Fall ist, müssen die notwendigen Vorarbeiten getroffen werden, um an die Ventile zu kommen, d. h. man muss das Luftansaugrohr und den Zylinderkopfdeckel abmontieren.

- Das Fahrzeug vorn einseitig aufbocken.
- Eine Tabelle für die gemessenen Ventilspiele anfertigen, wie es in Bild 51 gezeigt ist, um die notwendigen Notizen zur Korrektur einzuschreiben.
- Den Motor durch Drehen des abgehobenen Vorderrades in Vorwärtsrichtung durchdrehen. Zum Messen des Ventilspiels muss der zum betreffenden Ventil gehörende Nocken nach oben gerichtet sein, d. h. das andere Ventil des gleichen Zylinders ist geöffnet. Das Spiel durch Einführen einer Fühlerlehre zwischen Nockenrücken und Ventilstössel messen, wie es in Bild 52 gezeigt ist.
- Den Wert in die Spalte 1 der Tabelle eintragen, in diesem Beispiel 0,26 mm.
- Den Motor um jeweils eine halbe Umdrehung in Vorwärtsrichtung weiterdrehen und das Spiel an allen Ventilen ausmessen und entsprechend des Beispiels in der Tabelle notieren. Der Sollwert beträgt an den Einlassventilen 0,15 mm, an den Auslassventilen 0,30 mm. Eine Toleranz von plus oder minus 0,08 mm ist zulässig. Falls der gemessene Wert nicht innerhalb des Sollbereiches liegt, muss das Spiel durch Einbau anderer Einstellscheiben zwischen Ventilstössel und Ventilschaft berichtigt werden. Bei zu grossem Spiel ist eine dickere Einstellscheibe nötig, bei zu kleinem Spiel eine dünnere.

Eine Einstellung der Ventilspiele ist ziemlich kompliziert und man sollte sich überlegen, ob man sie selbst durchführen sollte. Die Nockenwelle muss folgendermassen ausgebaut werden:

- Die beiden Steuerungsschutzdeckel ausbauen. Die Federspange in der Mitte der Deckel mit einem kräftigen Schraubenzieher heraushebeln.
- Kurbelwelle durchdrehen, bis das Steuerbolzenloch (1) in Bild 53 in der Mitte zwischen den beiden Löchern im Zylinderkopf steht.
- Die beiden Befestigungsschrauben der Zahnriemenspannrolle lösen («3» und «4» in Bild 53).

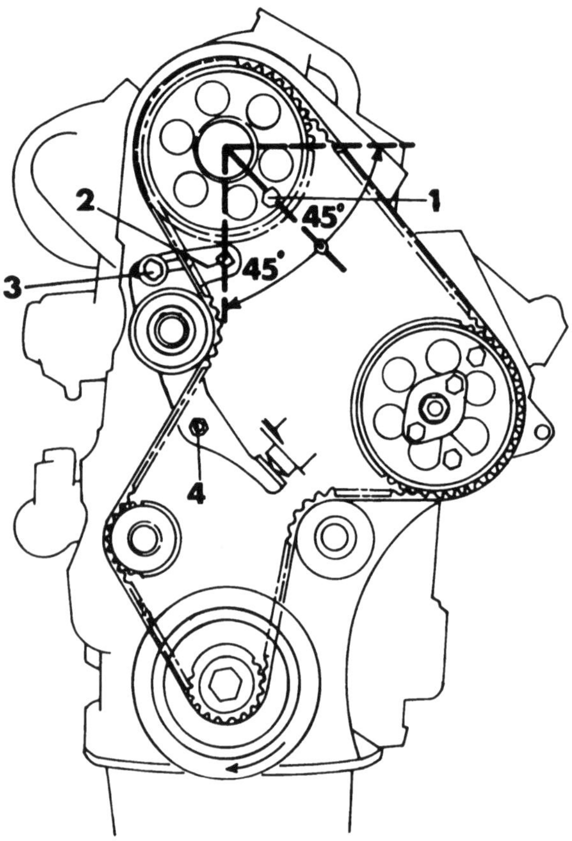


**Bild 53**
**Stellung des Nockenwellenrades zum Ausbau der Nockenwelle**

1 Stellung des Steuerungsbolzenloches
2 Vierkantöffnung
3 Befestigungsschraube
4 Befestigungsschraube

- Ein Vierkant von ⅜″ (Antrieb eines Steckschlüsselsatzes) in die Vierkantöffnung (2) in Bild 53 einsetzen und die Spannrolle nach aussen drükken, bis die Feder zusammengedrückt ist.
- Die Schraube (3) in dieser Stellung festziehen (während der Zahnriemenspanner unter Spannung gehalten wird).
- Den Zahnriemen vorsichtig vom Nockenwellensteuerrad abheben und zur Seite schieben.
- Riemenscheibe für die Unterdruckpumpe abschrauben und von der Nockenwelle abziehen.
- Die Deckel der Nockenwellenlagerung mit einem Körner an gegenüberliegenden Stellen kennzeichnen und die drei Deckel abschrauben.
- Die Nockenwelle heraustheben.
- Den ersten Ventilstössel und die darunterliegende Einstellscheibe herausnehmen (Bild 54), die Einstellscheibe reinigen und ihre Stärke messen. Die neue Scheibenstärke wird wie folgt ermittelt: Korrektur = gemessenes Spiel weniger Sollwert. Bild 55 zeigt am gegebenen Beispiel, wie die Kalkulierung vorgenommen wird.

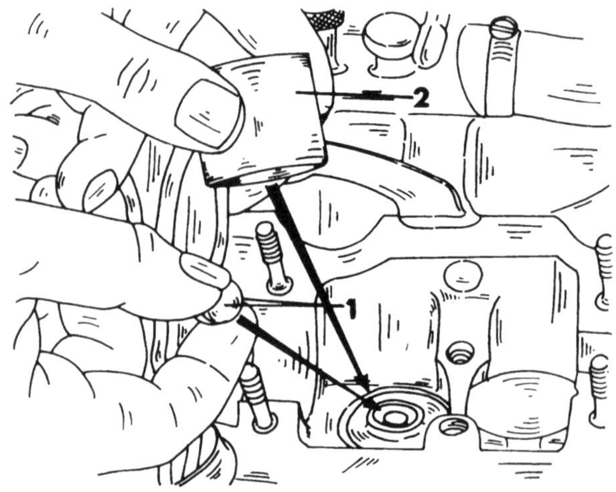


**Bild 54**
**Herausnehmen des Stössels (2) und der Einstellscheibe (1)**

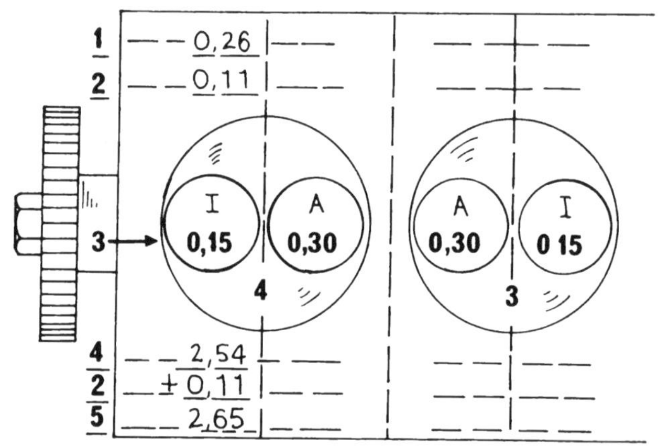


**Bild 55**
**Diagramm zur Einstellung der Ventilspiele**

Zeile 1 = Gemessenes Spiel
Zeile 2 = Unterschied zwischen gemessenem Spiel und eigentlichem Spiel
Zeile 3 = Vorgeschriebenes Ventilspiel
Zeile 4 = Stärke der ausgebauten Scheibe
Zeile 5 = Plus Unterschied von 0,11 mm
Zeile 6 = Stärke der erforderlichen Scheibe

Die Korrektur kann positiv oder negativ ausfallen. Bei positiver Korrektur muss eine stärkere Scheibe eingebaut werden; bei negativer Korrektur eine schwächere Scheibe. Als Sollwert nimmt man den Mittelwert des Toleranzbereiches.

Neue Scheibenstärke = gemessene Scheibenstärke + Korrektur.

Eine Einstellscheibe auswählen, deren Stärke so nahe wie möglich am ermittelten Wert liegt. Scheiben stehen in Stärken von 2,425 bis 3,55 mm, mit Abstufungen von jeweils 0,075 mm zur Verfügung. Falls eine neue Scheibe bezogen wird unbedingt angeben, dass es sich um einen Motor des Typs «XUD» handelt. Die Einstellscheiben vor dem Messen und Einbauen entfetten.

- In der gleichen Weise bei allen Ventilen vorgehen, deren Spiel korrigiert werden muss.
- Die Einstellscheiben vor dem Einbau ölen und in die Aufnahme im Federteller setzen.
- Die Ventilstössel einölen und einbauen. Nach dem Einsetzen dürfen die Stössel nicht wieder angehoben werden, da sich sonst die Einstellscheibe aus ihrem Sitz lösen kann. Falls ein Ventilstössel etwas angehoben wird, muss der Stössel ganz herausgehoben werden, um die Einstellscheibe wieder einzusetzen.
- Die Nockenwellenlager ölen und die Nockenwelle so einsetzen, dass der 4. und 6. Nocken (von Schwungradseite her gezählt) am betreffenden Ventilstössel anliegt.
- Den mittleren Nockenwellenlagerdeckel entsprechend der Kennzeichnung aufsetzen und die beiden Muttern abwechselnd festschrauben.
- Die Auflageflächen der beiden äusseren Lagerdeckel einwandfrei reinigen und mit «Loctite»-Dichtungsmasse einschmieren und die beiden Lagerdeckel entsprechend der Kennzeichnung aufsetzen. Alle Lagerdeckel jetzt gleichmässig mit einem Anzugsdrehmoment von 15 Nm anziehen.
- Die beiden Dichtringe der Nockenwelle einölen und mit Hilfe eines geeigneten Dorns vorsichtig einschlagen.
- Das Nockenwellensteuerrad montieren. Zum Anziehen der Schraube das Steuerrad in geeigneter Weise gegenhalten. Das Anzugsdrehmoment beträgt 35 Nm.
- Die Nockenwelle um mindestens zwei Umdrehungen in Vorwärtsrichtung drehen und das Spiel an allen Ventilen messen. Dazu eine Fühlerlehre wie in Bild 56 gezeigt einschieben. Das Ventilspiel nötigenfalls berichtigen, falls es immer noch nicht stimmen sollte.

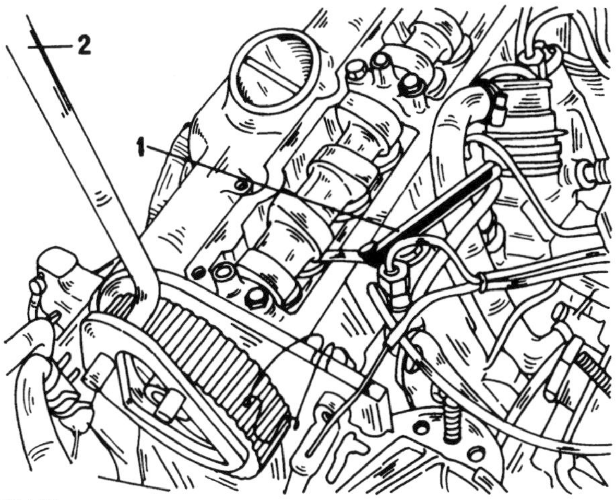


**Bild 56**
**Kontrolle des Ventilspiels mit der eingeschobenen Fühlerlehre (1). Die Nockenwelle kann mit einem Drehwerkzeug (2) durchgedreht werden.**

- Riemenscheibe der Unterdruckpumpe montieren und die Mutter mit 35 Nm anziehen.
- Die Nockenwelle so verdrehen, dass das Nokkenwellenrad wieder in die in Bild 52 gezeigte Lage kommt. Ebenfalls einen Steuerungsbolzen (M8-Schraube) in eines der Löcher des Antriebsrades der Einspritzpumpe einschieben und den Metallstab in den Zylinderblock und das Schwungrad einsetzen. Der Motor steht jetzt auf der genauen Stellung zum Auflegen des Zahnriemens.
- Den Zahnriemen auflegen. Die beiden Antriebsseiten des Zahnriemens stramm ziehen, damit die Zähne einwandfrei in das Steuerrad der Kurbelwelle eingreifen und den Riemen bis ungefähr zur Mitte über das Antriebsrad der Einspritzpumpe aufschieben. Danach die Antriebsseite des Riemens stramm halten und den Riemen über das Steuerrad der Nockenwelle und die Spannrolle des Riemens auflegen. Kontrollieren, dass die Riemenzähne einwandfrei eingegriffen haben.
- Alle Bolzen zur Sperrung der Steuerung wieder herausziehen.
- Spannrolle zurücklassen und die Schraube (3) in Bild 53 festziehen.
- Die Kurbelwelle um mindestens zwei Umdrehungen in Vorwärtsrichtung drehen, um den Zahnriemen auszurichten.
- Die Schraube (3) wieder lockern. Der Riemenspanner springt dabei in die Spannstellung. In dieser Stellung die beiden Schrauben (3) und (4) mit einem Anzugsdrehmoment von 18 Nm anziehen.
- Motor einige Male durchdrehen und die Steuerungsbolzen wieder einsetzen. Falls sie sich nicht einsetzen lassen, stimmt die Steuerungseinstellung nicht.
- Alle anderen Arbeiten in umgekehrter Reihenfolge wie beim Ausbau durchführen.

## 2.5 Kolben und Pleuelstangen

Die Kolben und Zylinderlaufbüchsen können nur bei ausgebautem Triebwerk und abgeflanschtem Getriebe erneuert werden.

Alle Kolben sind mit zwei Kompressionsringen und

einem Ölabstreifring versehen. Der obere Verdichtungsring ist an der Aussenfläche verchromt, während der zweite Kolben einen Trapezquerschnitt besitzt. Die Kolbenringe sind oben gezeichnet und die Kennzeichnung muss nach dem Einbau von oben sichtbar sein.

### 2.5.1 Kolben und Pleuelstangen trennen

Zum Trennen der Kolben von den Pleuelstangen sind keine Spezialwerkzeuge erforderlich. Die Kolbenbolzen werden mit Sicherungsringen in der Kolbenbohrung gehalten.

- Kolbenringe der Reihe nach mit einer Kolbenringzange abnehmen (Bild 27). Falls die Ringe wieder verwendet werden sollen, sind sie entsprechend zu zeichnen. Falls keine Kolbenringzange zur Verfügung steht, können Metallstreifen an gegenüberliegenden Stellen des Kolbens unter den Ring geschoben werden. Einen Streifen unbedingt unter das Ende des Ringes unterlegen, um Kratzer zu vermeiden.
- Sicherungsringe aus der Kolbenbolzenbohrung entfernen. Dazu entweder einen kleinen Schraubenzieher oder eine Seegeringzange benutzen.
- Einen abgesetzten Dorn in die Kolbenbolzenbohrung einsetzen und den Bolzen herausschlagen. Den Kolben dazu in einer Handfläche halten. Falls der Bolzen sehr fest sitzt, kann man ihn in warmem Wasser anwärmen.

### 2.5.2 Kolben und Pleuelstangen überprüfen

Alle Teile gründlich kontrollieren. Falls Teile Anzeichen von Fressern, Kratzern oder Verschleiss aufweisen, müssen sie erneuert werden.

- Der Reihe nach alle Kolbenringe von der Oberseite in die Bohrung einsetzen. Mit einem umgekehrten Kolben den Ring nach unten stossen, bis er ca. 15 mm von der Unterkante der Bohrung entfernt steht. Den Zylinderblock dazu auf eine Seite legen. Eine Fühlerlehre in den Spalt zwischen den beiden Ringenden einschieben, um das Kolbenringstossspiel auszumessen. Die höchstzulässigen Stossspiele lauten:
  Obere Kolbenringe = 0,20 mm
  Mittlere Kolbenringe = 0,15 mm
  Untere Kolbenringe = 0,10 mm
- Die Stossspiele können nicht eingestellt werden und die Kolbenringe sind nicht länger verwendungsfähig, falls sie zu gross erscheinen.
- Den Kolbendurchmesser im rechten Winkel zum Kolbenbolzen an der Unterkante des Kolbenmantels mit einem Mikrometer ausmessen. Zwei Kolbengrössen stehen zur Verfügung.
- Zum Prüfen des Kolbenlaufspiels den Durchmesser der Bohrung ausmessen. Bohrungen werden in Längs- und Querrichtung gemessen und in drei Tiefen der Bohrungen. Auf diese Weise werden der grösste und kleinste Durchmesser gefunden. Die Werte aufschreiben. Den Kolbendurchmesser jetzt von den Bohrungsdurchmessern abziehen. Der Unterschied ist das Laufspiel der Kolben, welches zwischen 0,062 und 0,078 mm liegen darf. Falls das Laufspiel grösser ist, müssen neue Kolben-Sätze eingebaut werden.
- Kolbenbolzen und -bohrungen auf Verschleiss oder Beschädigung kontrollieren. Die Bolzen müssen einen gleitenden Sitz (eingeölt) in den Kolben und Pleuelaugen haben.

### 2.5.3 Kolben und Pleuelstangen zusammenbauen

Es wird angenommen, dass die Teile entsprechend Kapitel 2.5.2 kontrolliert und überholt worden sind.

- Pleuelstangen in einem Pleuelprüfgerät auf Verdrehung oder Verbiegung kontrollieren. Dies sollte man am besten in einer Werkstatt durchführen lassen, da verbogene oder in sich selbst verdrehte Pleuelstangen keinen einwandfreien Lauf des Motors herstellen können.

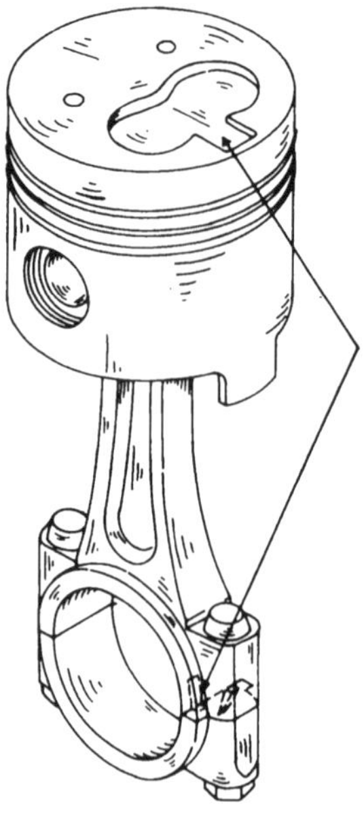

**Bild 57**
**Vorschriftsmässiger Zusammenbau von Kolben und Pleuelstange**

- Kolbenbolzen, Bohrung im Kolben und Pleuelaugenbohrung mit Motorenöl einschmieren und die Teile entsprechend Bild 57 zusammensetzen, d. h. der Ausschnitt in der Verbrennungskammer und die Nase für die Pleuellagerschale müssen auf der gleichen Seite liegen.
- Einen der Sicherungsringe in das Kolbenbolzenauge einsetzen. Kontrollieren, dass der Ring einwandfrei in der Rille sitzt.
- Pleuelstange in der Innenseite des Pleuels ausrichten und den Kolbenbolzen mit dem Daumen eindrücken, bis er am eingesetzten Bolzensicherungsring ansitzt.
- Den zweiten Kolbenbolzensicherungsring auf der anderen Seite des Kolbens einsetzen. Wiederum kontrollieren, dass er ringsherum einwandfrei sitzt.

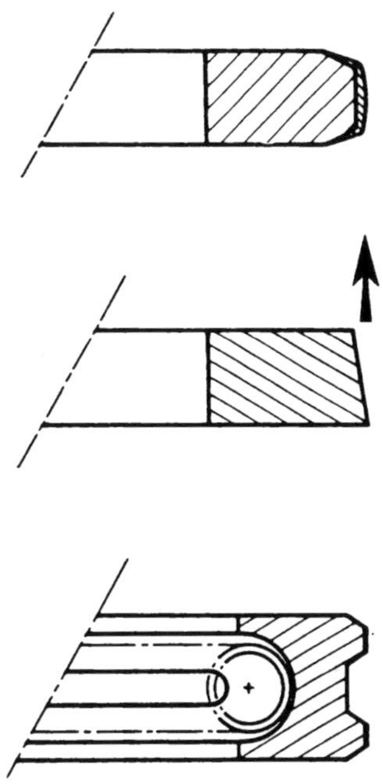

**Bild 58**
**Schnitt durch die Kolbenringe**

> *Hinweis:* Beim Zusammenbau der Kolben und Pleuelstangen und Verwendung von neuen Pleuellagerschalen können die Pleuelstangen beliebig am Kolben montiert werden. Falls die alten Lagerschalen wieder eingebaut werden, muss man diese entsprechend der Kennzeichnungen beim Zerlegen anordnen.

- Mit einer Ölkanne Öl in die Lagerstelle des Bolzens spritzen.
- Die verbleibenden Kolben in der gleichen Weise an den Pleuelstangen montieren.
- Der Reihe nach die Kolbenringe am Kolben anbringen. Die mittleren Ringe müssen mit der Markierung «Top» nach oben weisen. Vor dem Einsetzen jeden Ring nochmals kontrollieren, da man leicht Fehler machen kann. Eine Kolbenringzange sollte zum Aufsetzen der Kolbenringe verwendet werden, jedoch kann man drei dünne Metallstreifen (z. B. Blattfühlerlehren) um den Kolben legen und die Ringe über die Metallstreifen schieben. Die Streifen herausziehen, wenn der Ring in Höhe der betreffenden Nute ist. Die Ringe können leicht brechen und beim Einbau ist mit grösster Sorgfalt vorzugehen.
- Kolbenringe gut einölen und auf dem Aussenumfang des Kolbens verdrehen, um die Ringstösse vorschriftsmässig anzuordnen, wie es in Bild 59 gezeigt ist. Der Stoss des Expanderringes für den Ölabstreifring muss an der gezeigten Stelle im Bild sitzen. Die Stösse der beiden Seitenringe sind jeweils rechts und links anzuordnen.

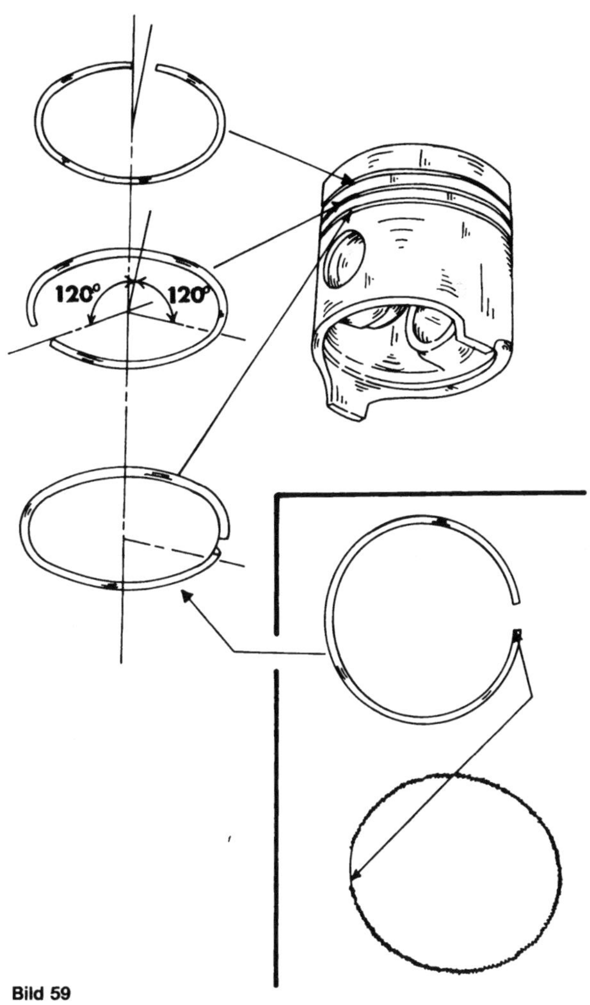


**Bild 59**
**Anordnung der Kolbenringstösse nach Einbau der Kolbenringe**

- Den Ringstoss des Trapezringes und des oberen Verdichtungsringes 120° versetzt vom Stoss des Expanderringes anordnen.
- Kolben mit Motorenöl einschmieren und zur Montage ablegen. Die Kolbenringe werden mit einem Kolbenringspannband in die Nuten gedrückt. Ein solches Band wird, wie in Bild 60 gezeigt, angelegt.

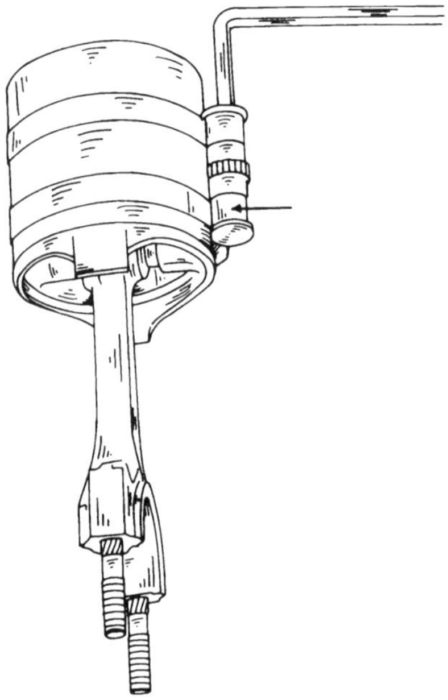

**Bild 60**
**Kolbenringe werden mit einem Spannband in die Nuten gedrückt, ehe die Kolben eingebaut werden**

## 2.6 Zylinderblock

Der Zylinderblock besteht aus dem Kurbelgehäuse und dem eigentlichen Zylinderblock.
Bei einer Ganzzerlegung den Zylinderblock einwandfrei reinigen und alle Fremdkörper aus Hohlräumen und Ölkanälen entfernen. Besonders auch darauf achten, dass Reinigungsflüssigkeiten vollkommen entfernt werden. Falls möglich mit Pressluft trockenblasen. Unbedingt darauf achten, dass kein Öl in den Bohrungen für die Zylinderkopfschrauben verbleiben.
Um das Laufspiel der Kolben auszumessen, ist Kapitel 2.5.2 durchzulesen.
Die Zylinderblockfläche wird in ähnlicher Weise wie beim Zylinderkopf beschrieben auf Verzug kontrolliert (Kapitel 2.4.2.5). Den Block in Längsrichtung, Querrichtung und Diagonalrichtung vermessen. Eine Fühlerlehre von mehr als 0,05 mm Stärke darf sich nicht einschieben lassen.

## 2.7 Kurbelwelle und Kurbelwellenlager

Der Ausbau der Kurbelwelle wurde bereits in Kapitel 2.2 beschrieben. Die Kurbelwelle läuft in fünf Lagern. Hauptlagerzapfen und Pleuellagerzapfen können einmal auf eine Untergrösse nachgeschliffen werden, d. h. die entsprechenden Lagerschalen stehen dafür zur Verfügung.
Das Axialspiel der Kurbelwelle wird durch die Anlaufhalbschalen an einem der Kurbelwellenlager reguliert.
Die Abdichtung der Kurbelwelle erfolgt an der Vorderseite und Rückseite durch einen Radialdichtring. Der vordere Dichtring sitzt in einem angeschraubten Flansch, der hintere Dichtring wird in das Kurbelgehäuse und den hinteren Hauptlagerdeckel eingeschlagen.

### 2.7.1 Axialspiel der Kurbelwelle ausmessen

Vor dem Ausbau der Kurbelwelle sollte das Axialspiel kontrolliert werden, um evtl. notwendige Übergrösse-Anlaufscheiben beim Einbau bereitzuhaben. Folgende Arbeiten durchführen:

- Messuhr an der Stirnfläche des Zylinderblocks anbringen, wie es in Bild 30 gezeigt ist, und die Welle mit einem Schraubenzieher in eine Richtung drücken. Die Messuhr auf Null stellen.
- Welle mit dem Schraubenzieher in die andere Richtung drücken und die Anzeige der Messuhr ablesen. Diese sollte zwischen 0,07 und 0,32 mm betragen. Den Wert aufschreiben.
- Messuhr wieder abmontieren.
- Kurbelwelle ausbauen, wie es in Kapitel 2.3 beschrieben wurde.

### 2.7.2 Überprüfung der Teile

- Kurbelwelle gründlich reinigen. Besonders auf die Sauberkeit der Ölbohrungen achten.
- Kurbelwelle sorgfältig auf Schäden kontrollieren und die Hauptlager- und Pleuellagerzapfen genau mit einem Mikrometer ausmessen. Die Kurbelwellenhauptlagerzapfen und Kurbelzapfen können einmal nachgeschliffen werden, so dass die Welle mit Untergrösse-Lagerschalen eingebaut werden kann.
- Kurbelwelle zwischen die Spitzen einer Drehbank einspannen oder die beiden äusseren Lagerzapfen in Prismen einlegen und mit einer Messuhr am mittleren Lagerzapfen auf Schlag

kontrollieren. Der Schlag darf nicht grösser als 0,02 mm sein. Andernfalls die Welle erneuern.

- Kurbelzapfen und Hauptlagerzapfen genau mit einem Mikrometer an verschiedenen Stellen ausmessen. Diese Messung ebenfalls entlang des Lagerzapfens vornehmen. Der Unterschied zwischen einer Messung in Richtung der Kurbelwange und im 90°-Winkel zur Kurbelwange weist auf Unrundheiten hin; der Unterschied zwischen der Messung an einem Ende des Lagerzapfens und dem anderen Ende weist auf Verjüngung hin. Beide Unterschiede dürfen nicht mehr als 0,007 mm betragen.

### 2.7.3 Einbau der Kurbelwelle

Der Einbau der Kurbelwelle ist im Zusammenhang mit dem Zusammenbau des Motors in Kapitel 2.3 beschrieben.

### 2.7.4 Hinteren Kurbelwellendichtring erneuern

Der Öldichtring auf der Schwungradseite kann bei ausgebautem Schwungrad erneuert werden. Dies könnte erforderlich sein, wenn die Kupplung auf Grund von Öldurchlass aus dem Kurbelgehäuse zu rutschen beginnt.
Mit einem Schraubenzieher den Öldichtring aus dem Kurbelgehäuse herausdrücken, ohne dabei das Kurbelgehäuse oder den Kurbelwellenflansch zu beschädigen.
Die Lauffläche auf der Kurbelwelle kontrollieren. Falls die Lauffläche durch den alten Ring angegriffen ist, kann der neue Dichtring etwas tiefer in das Kurbelgehäuse eingeschlagen werden.
Neuen Dichtring vorsichtig mit einem passenden Dorn in das Kurbelgehäuse einschlagen. Den Dichtring aussen mit Öl und an der Dichtlippe mit Mehrzweckfett einschmieren. Falls die Kurbelwelle in Ordnung ist, Dichtring einschlagen, bis er bündig abschneidet; andernfalls Dichtring in das Kurbelgehäuse schlagen, bis die Aussenfläche etwas unterhalb der Kurbelgehäusefläche steht. Kontrollieren, dass der Ring ringsherum gleichmässig eingeschlagen ist.

### 2.7.5 Vorderen Kurbelwellendichtring erneuern

Der vordere Dichtring befindet sich im Flansch vor der Ölpumpe und kann bei eingebautem Motor erneuert werden.
Zum Erneuern des Dichtringes bei ausgebautem Motor den Dichtring mit einem Schraubenzieher aus dem Dichtringflansch herausdrücken und einen neuen Dichtring einschlagen.

### 2.7.6 Schwungrad

Falls der Zahnkranz des Schwungrades beschädigt ist, muss man ebenfalls das Ritzel des Anlassers kontrollieren, da die Teile zusammen verschleissen. Die Schrauben des Schwungrades müssen immer erneuert werden. Beim Einbau des Schwungrades die Schraubengewinde mit «Loctite»-Gewindesicherungsmittel einschmieren. Die Schrauben gleichmässig über Kreuz auf ein Anzugsdrehmoment von 50 Nm anziehen.

## 2.8 Steuerantrieb

Der Steuerantrieb kann bei eingebautem Motor ausgebaut werden, falls entweder der Zahnriemen oder die Steuerräder erneuert werden müssen.
Der Zahnriemen muss teilweise ausgebaut werden, d. h. man hebt ihn vom Steuerrad der Nockenwelle, wenn die folgenden Arbeiten durchgeführt werden müssen:
Aus- und Einbau des Zylinderkopfes
Aus- und Einbau der Nockenwelle und Einstellen des Ventilspiels
Der Zahnriemen muss vollkommen ausgebaut werden, wenn die folgenden Arbeiten durchgeführt werden müssen:
Erneuerung des vorderen Kurbelwellendichtringes
Aus- und Einbau des Ölpumpenantriebs und der Ölpumpenkette
Aus- und Einbau der Wasserpumpe
Die folgenden Arbeiten sind entsprechend durchzuführen, je nachdem ob der Zahnriemen vollkommen oder nur teilweise ausgebaut werden muss:

- Motor mit einem Seil aus den Aufhängungen heben, bis diese unter Spannung stehen.
- Den Keilriemen der Lichtmaschine nach Lockern der Befestigung abnehmen.
- Die Federspange in der Mitte der Steuerriemenabdeckung mit einem kräftigen Schraubenzieher herausdrücken, die drei Sicherungsspangen entfernen und die Abdeckungen abnehmen. Das Gummiabstandsstück entfernen.
- Drei M 8×40-mm-Schrauben besorgen. Eine der Schrauben an Stelle (1) in Bild 18 in das Nocken-

wellenrad einsetzen und zwei der Schrauben an Stellen (2) und (3) in das Antriebsrad der Einspritzpumpe einsetzen. Dadurch wird der Steuermechanismus gesperrt.

- Einen Metallstab von der Rückseite des Kurbelgehäuses einschieben und mit dem Schwungrad in Eingriff bringen, wie es in Bild 40 gezeigt ist.
- Kurbelwellenriemenscheibe ausbauen und die untere Kunststoffabdeckung abschrauben. Die Schraube der Riemenscheibe ist fest angezogen und das Schwungrad muss dabei gut gegengehalten werden (siehe Bild 15).
- Die Schrauben (4) und (5) der Spannrolle für den Zahnriemen lockern, wie es in Bild 19 gezeigt ist, den Riemenspanner nach aussen drücken und die Schraube (5) wieder anziehen, damit der Riemenspanner in seiner Lage verbleibt.
- Den Zahnriemen vorsichtig nach vorn von den Steuerrädern herunterziehen (Bild 20).
- Falls erforderlich, das Steuerrad der Kurbelwelle abdrücken. Diese Arbeit ist nur erforderlich, wenn alle Steuerräder erneuert werden sollen.
- Unter Bezug auf Bild 24 das Steuerrad der Nockenwelle ausbauen. Ebenfalls das Steuerrad der Einspritzpumpe ausbauen (nur falls erforderlich).

Beim Einbau der Steuerungsteile folgendermassen vorgehen:

- Kontrollieren ob alle Teile, welche mit dem Zahnriemen in Verbindung kommen, frei von Öl oder Fett sind.
- Kontrollieren, ob die Zahnriemenspannrolle vollkommen nach aussen gedrückt ist, d.h. sie muss in dieser Stellung festgeschraubt sein.
- Das Nockenwellenrad montieren. Die Schraube mit einem Drehmoment von 35 Nm anziehen. Dabei das Nockenwellenrad in geeigneter Weise gegenhalten. Ein Dorn kann in einen Durchbruch des Nockenwellenrades eingesetzt werden, um es gegen Mitdrehen zu halten.
- Das Nockenwellenrad durch Einsetzen der M 8 × 40-Schraube an Stelle (1) in Bild 18 sperren. Das Nockenwellenrad steht jetzt auf der Steuerstellung.
- Die Schraube des Zahnriemenspanners und des Motoraufhängungsbügels einschrauben.
- Der Motor muss immer noch angehoben sein. Die rechte Motoraufhängung darf noch nicht eingebaut sein.
- Das Antriebsrad der Einspritzpumpe durch Einsetzen der beiden M 8 × 40-Schrauben (2) und (3) in Bild 18 sperren. Das Antriebsrad steht jetzt auf der Einspritzstellung für den ersten Zylinder.
- Die Kurbelwelle in der Einstellung sperren, indem man den Metallstab von der Rückseite in das Schwungrad einsetzt, wie es aus Bild 40 ersichtlich ist.
- Kurbelwellensteuerrad aufschlagen. Kontrollieren, dass die drei Keile für die Steuerräder in den mit den Pfeilen gezeigten Stellungen sitzen.
- Den Zahnriemen auflegen. Die beiden Antriebsseiten des Zahnriemens stramm ziehen, damit die Zähne einwandfrei in das Steuerrad der Kurbelwelle eingreifen und den Riemen bis ungefähr zur Mitte über das Antriebsrad der Einspritzpumpe aufschieben. Danach die Antriebsseite des Riemens stramm halten und den Riemen über das Steuerrad der Nockenwelle und die Spannrolle des Riemens auflegen. Kontrollieren, dass die Riemenzähne einwandfrei eingegriffen haben.
- Alle Bolzen zur Sperrung der Steuerung wieder herausziehen.
- Spannrolle zurücklassen und die Schraube (3) in Bild 53 festziehen.
- Die Kurbelwelle um mindestens zwei Umdrehungen in Vorwärtsrichtung drehen, um den Zahnriemen auszurichten.
- Die Schraube (3) wieder lockern. Der Riemenspanner springt dabei in die Spannstellung. In dieser Stellung die beiden Schrauben (3) und (4) mit einem Anzugsdrehmoment von 18 Nm anziehen.
- Motor einige Male durchdrehen und die Steuerungsbolzen wieder einsetzen. Falls sie sich nicht einsetzen lassen, stimmt die Steuerungseinstellung nicht.
- Die Gewinde der Schraube für die Riemenscheibe mit «Loctite»-Gewindesicherungsmittel einschmieren, die Riemenscheibe aufschlagen und die Schraube mit einem Anzugsdrehmoment von 40 Nm anziehen. Aus dieser Stellung die Schraube um weitere 60° anziehen. Die Kurbelwelle dabei gut gegen Mitdrehen gegenhalten.
- Alle anderen Arbeiten in umgekehrter Reihenfolge wie beim Ausbau durchführen.

# 3 Die Motorschmierung

Der Motor wird mit einer Druckumlaufschmierung durch eine Zahnradpumpe versorgt, die über eine Kette von der Kurbelwelle angetrieben wird.

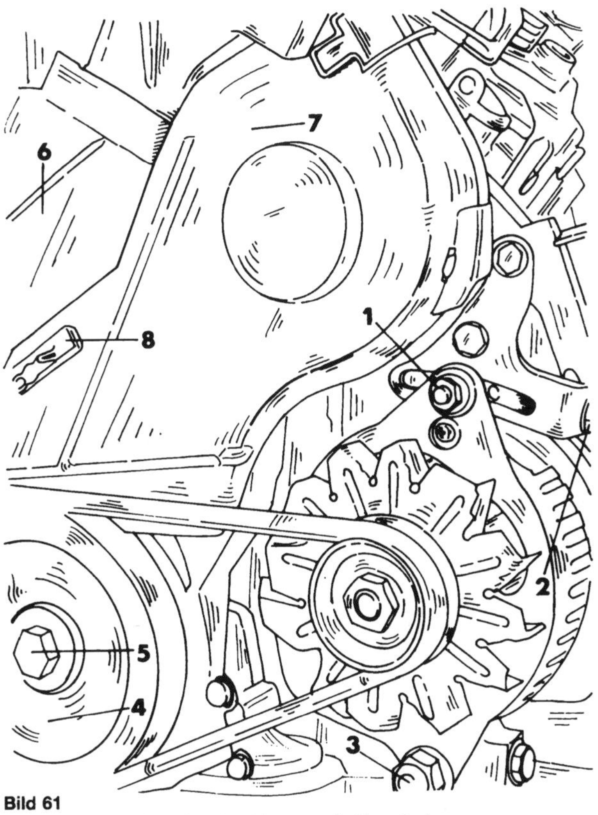


**Bild 61**
**Ansicht der Vorderseite des Motors mit Einzelheiten zum Aus- und Einbau der Steuerungsteile**

1 Schraube der Lichtmaschine
2 Einsteller für Keilriemen
3 Lichtmaschinenschraube
4 Kurbelwellenriemenscheibe
5 Riemenscheibenschraube
6 Zahnriemenschutz
7 Zahnriemenschutz
8 Sicherungsspange

## 3.1 Die Ölpumpe

### 3.1.1 Aus- und Einbau

Der Ausbau der Ölpumpe kann bei eingebautem Motor durchgeführt werden. Ausbau und Einbau bereiten keine Schwierigkeiten. Die Arbeiten sind im Rahmen der Motorzerlegung und des Zusammenbaues beschrieben (Kapitel 2.3 und 2.4). Um Zugang zu der Ölpumpe zu erhalten, muss die Ölwanne ausgebaut werden.

Zum Zerlegen der Pumpe den Deckel abschrauben und die Pumpe unter Bezug auf Bild 62 auseinandernehmen.

Die Zahnräder in der Pumpe und ebenfalls das Antriebsrad der Pumpe und auf der Kurbelwelle auf Verschleiss, Zahnausbruch oder andere sichtbare Schäden kontrollieren. Falls eines der Zahnräder an den Zähnen verschlissen ist, muss man ebenfalls das dazugehörige Zahnrad erneuern.

Der Einbau der Ölpumpe geschieht in umgekehrter Reihenfolge wie der Ausbau. Kapitel 2.4 gibt alle Einzelheiten darüber.

## 3.2 Der Ölfilter

Der Ölfilter befindet sich an der Seite des Motors. Der Ölfilter ist mit einem Ventil versehen, und nur ein Filter mit einem solchen Ventil darf verwendet werden.

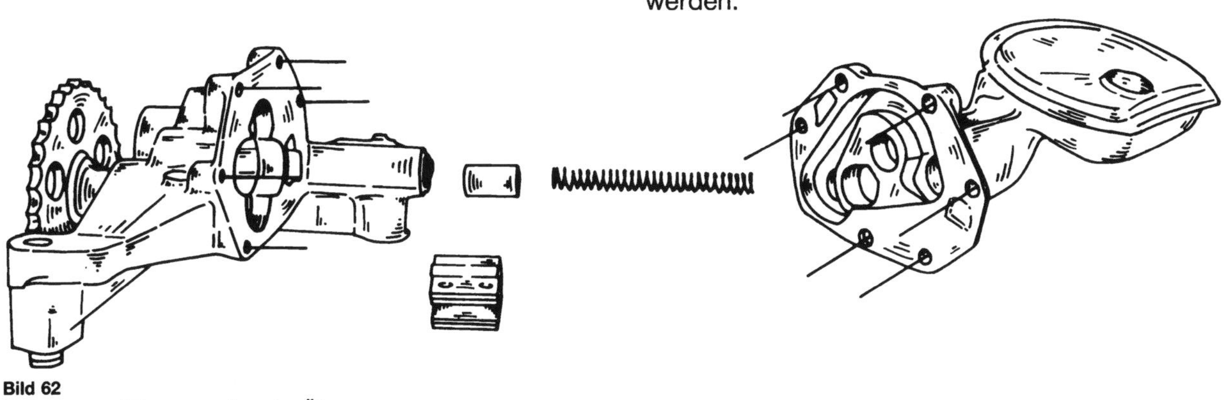

**Bild 62**
**Zerlegung und Zusammenbau der Ölpumpe**

Zum Ausbau des Filters ein Filterspannband verwenden. Andernfalls ein Stück Schmirgelleinwand um den Filter legen, mit der Schmirgelseite gegen den Filter, den Filter mit beiden Händen erfassen und abschrauben.
Den Dichtring eines neuen Filters einölen und den Filter anziehen, bis er soeben gegen den Zylinderblock ansitzt. Aus dieser Stellung den Filter von Hand um eine weitere Viertelumdrehung anziehen. Filter nochmals lösen und erneut anziehen, bis der Gummidichtring den Zylinderblock berührt. Aus dieser Stellung die Filterpatrone um eine halbe bis eine dreiviertel Umdrehung anziehen. Diesen Anweisungen ist unbedingt zu folgen.

## 3.3 Öldruck überprüfen

Falls ein geeignetes Anschlussstück zur Verfügung steht, welches man mit einem Manometer in die Bohrung für den Öldruckschalter einschrauben kann, lässt sich der Öldruck bei laufendem Motor kontrollieren. In diesem Fall folgendermassen vorgehen:

- Motor laufen lassen, bis eine Temperatur von 80°C erhalten wird, d.h. das Fernthermometer zeigt einen betriebswarmen Motor an.
- Ölstand in der Ölwanne kontrollieren und ggf. berichtigen.
- Motor 5 Minuten lang im Leerlauf laufen lassen, bis der Kühlungsventilator ausgeschaltet hat.
- Motor abstellen und den Öldruckschalter abklemmen und herausdrehen. Der Schalter befindet sich oberhalb des Ölfilters.
- Anschlussstück mit einer Kupferscheibe einschrauben und das Manometer anschliessen.
- Motor anlassen und im Leerlauf laufen lassen. Die Anzeige am Manometer sollte 2,0 bar betragen.
- Drehzahl auf 4000/min erhöhen und kontrollieren, ob der Öldruck auf 3,8 bis 5,0 bar ansteigt.

Die oben angegebenen Werte beziehen sich auf einen neuen Motor. Falls der Motor längere Zeit in Betrieb war, ist es möglich, dass der Öldruck im Leerlauf entsprechend abfällt.

- Manometer abschliessen und den Öldruckschalter mit der Kupferscheibe einschrauben. Den Schalter mit 20 Nm anziehen.

# 4 Die Kühlanlage

Das Kühlsystem führt die Wärme des Motors mittels Kühlflüssigkeit über einen Kühler und gegebenenfalls die Innenraumheizung ab. Zur Kühlung wird eine Kühlflüssigkeit mit Korrosionsschutz- bzw. Frostschutzmittel (handelsübliche Fabrikate) verwendet. Eine vom Zahnriemen der Steuerung über die Kurbelwelle angetriebene Wasserpumpe führt das Kühlwasser über die verschiedenen Schläuche und Kanäle. Zur Entgasung der Kühlflüssigkeit wird ein Entgasungsbehälter, der gleichzeitig einen Einfüllstutzen besitzt, verwendet. Der grossflächige Wasserkühler wird im Normalzustand vom Fahrtwind gekühlt und bei grösserer thermischer Belastung zusätzlich durch einen elektrisch betriebenen Ventilator belüftet. Der Ventilator befindet sich an der Stirnseite des Kühlers.

Der Ventilator wird durch einen Thermoschalter in der Unterseite des Kühlers aus- und eingeschaltet. Um rasch eine Betriebstemperatur von ca. 80°C zu erreichen, wird der Kühlkreislauf über einen Thermostat in einen kleineren und grösseren Kühlkreis aufgeteilt. Bild 63 zeigt die Auslegung der Kühlanlage.

## 4.1 Ablassen und Auffüllen der Kühlanlage

- Ablassstopfen im Zylinderblock herausdrehen.
- Den Stopfen aus der Unterseite des Kühlers herausschrauben. Das Frostschutzmittel in der Anlage kann durch Unterstellen eines Behälters

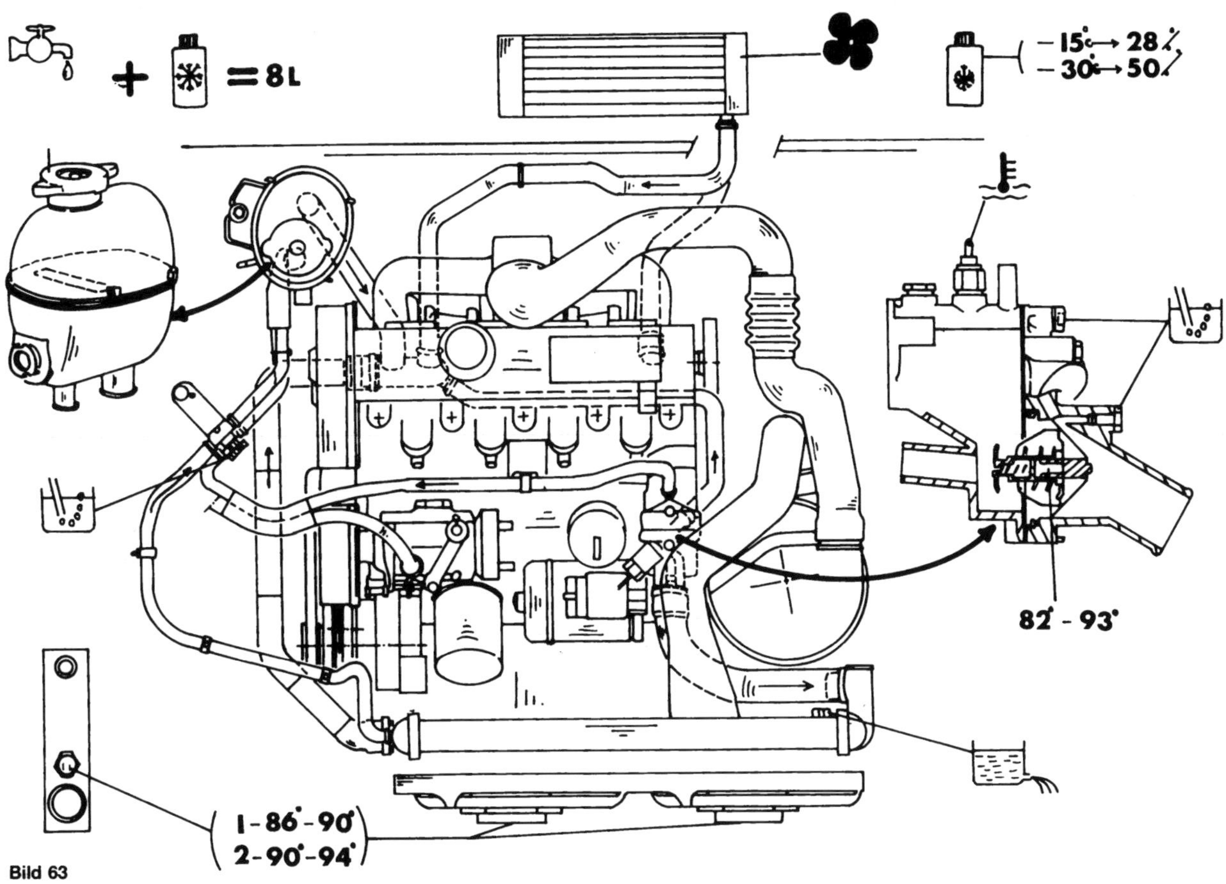


**Bild 63**
**Auslegung der Kühlanlage**

aufgefangen werden. Falls das Frostschutzmittel erneuert werden soll, einen der Wasserschläuche vom Motor abschliessen. Die Arbeiten jedoch im Freien durchführen.

- Falls das Frostschutzmittel lange in der Anlage war, diese durchspülen. Dazu den Verschluss des Kühlwasserbehälters abschrauben und einen Wasserschlauch in die Öffnung einhängen. Das Wasser durchlaufen lassen, bis es klar aus den Öffnungen für die Stopfen oder aus dem unteren Kühlerstutzen herausläuft.
- Frostschutzmittel entsprechend der zu erwartenden Temperaturen zusammenmischen. Eine Mischung von 35% Frostschutz und 65% Wasser eignet sich für normale Temperaturen unter Null (bis ca. −15°). 50% Frostschutz und 50% Wasser schützt die Kühlanlage bis auf −35°C. Beim Kauf des Frostschutzmittels muss man angeben, dass es sich um einen Motor mit Aluminiumzylinderblock und -zylinderkopf handelt.
- Die beiden Ablassstopfen wieder einschrauben oder den Kühlerschlauch anschliessen. Unbedingt eine gute Abdichtung herstellen.
- Die drei Entlüftungsschrauben in Bild 64 öffnen.

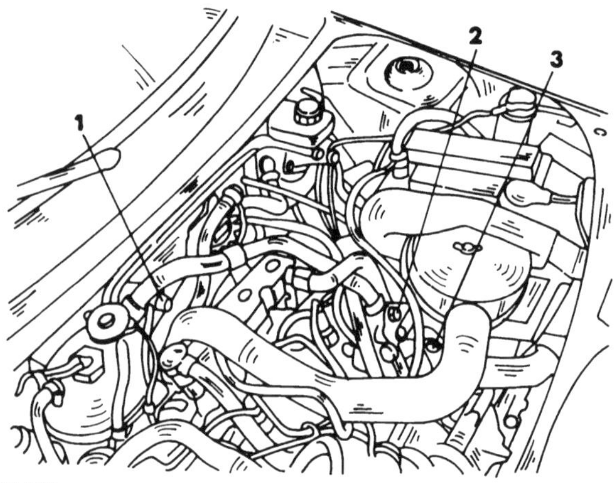


**Bild 64**
**Die Lage der Entlüftungsschrauben der Kühlanlage (1, 2, 3)**

- Kühlmittel durch die Öffnung im Kühlmitteldehngefäss einfüllen, bis blasenfreie Kühlflüssigkeit aus den Schrauben herausläuft. Das Dehngefäss bis zur Maximalmarkierung füllen (die obere, rote Marke am Dehngefäss).
- Motor anlassen und einige Sekunden laufen lassen. Falls erforderlich weitere Kühlflüssigkeit nachfüllen.
- Verschlussdeckel auf das Dehngefäss aufschrauben.
- Nochmals kontrollieren, dass die Ablassstellen und die Entlüftungsschraube geschlossen sind. Der Motor darf nicht bei gelockerter Entlüftungsschraube angelassen werden.
- Motor anlassen und abwarten, bis der Thermostat geöffnet hat, d. h. der Ventilator hat eingeschaltet. Den Motor jetzt noch 5 Minuten laufen lassen und wieder abstellen.
- Kontrollieren, dass der Kühlmittelstand in der Nähe der «Max»-Markierung oder etwas darüber steht. Andernfalls zusätzliches Kühlmittel durch das Dehngefäss einfüllen.

## 4.2 Kühler – Aus- und Einbau

- Minuskabel der Batterie abklemmen.
- Luftfilter ausbauen, um besser an die Anschlüsse heranzukommen.
- Kühlanlage ablassen, wie es in Kapitel 4.1 beschrieben ist.
- Die Traverse an der Oberseite des Kühlergitters und das Kühlergitter ausbauen.
- Die Befestigungsschrauben des Kühlers an der Traverse abschrauben.
- Das Dehngefäss ausbauen.
- Den Kühlungsventilator mit dem kompletten Rahmen vom Kühler abmontieren und den Kühlungsventilatorträger nach vorn abnehmen.
- Den oberen und unteren Kühlerschlauch abschliessen und vom Kühler abziehen. Ebenfalls die Entlüftungsleitung vom Kühleranschluss abziehen.
- Das elektrische Kabel vom Temperaturschalter an der Unterseite des Kühlers abklemmen und den Schalter herausdrehen, da es sein kann, dass er beim Herausheben des Kühlers im Wege ist.
- Den Kühler vorsichtig aus dem Motorraum herausheben, ohne dabei mit den Waben gegen andere Teile im Motorraum anzustossen.

Der Einbau des Kühlers geschieht in umgekehrter Reihenfolge wie der Ausbau. Den Ablassstopfen wieder einschrauben. Die Gewinde des Temperaturschalters mit Dichtungsmasse einschmieren und den Schalter in die Seite des Kühlers schrauben. Falls der Kühler erneuert wurde, müssen die Aufhängungsteile auf den neuen Kühler umgerüstet werden. Abschliessend die Kühlanlage auffüllen, wie es in Kapitel 4.1 beschrieben wurde. Den Motor anlassen und die Anlage auf Leckstellen kontrollieren. Dazu das Fahrzeug auf eine trockene Fläche fahren, so dass man irgendwelche vorhandenen Leckstellen durch Tropfen des Kühlmittels sofort feststellen kann.

## 4.3 Die Wasserpumpe – Aus- und Einbau

Die Wasserpumpe kann nicht repariert werden. Falls die Pumpe Leckstellen aufweist oder die Lager ausgeschlagen sind, muss man eine neue Pumpe einbauen. Die Wasserpumpe sitzt an der Steuerseite des Motorblocks und wird vom Zahnriemen der Motorsteuerung angetrieben. Die Wasserpumpe kann am eingebauten Motor ausgebaut werden. Dazu ist der Zahnriemen auszubauen, wie es beim Erneuern des Zahnriemens in Kapitel 2.8 beschrieben wurde.
Die Pumpe danach einfach vom Motor abschrauben. Bild 39 zeigt die Befestigung der Pumpe.
Beim Einbau der Pumpe immer die Dichtung erneuern.

## 4.4 Der Kühlungsventilator

Zur Prüfung des Kühlungsventilators ist die elektrische Zuleitung vom Thermoschalter abzuklemmen und mittels Überbrückungsschalter mit dem Bordnetz zu verbinden. Der Lüfter muss kräftig und ruhig laufen.

Die Kühlerverkleidung muss ausgebaut werden, um die Ventilatorflügel oder den Motor zu erneuern.

## 4.5 Der Thermostat

Der Thermostat befindet sich im Wasserstutzen an der in Bild 63 gezeigten Stelle (unterhalb des in Bild 38 gezeigten Deckels). Zum Ausbau die Kühlanlage ablassen (Kapitel 4.1) und den Schlauch vom Anschluss am Stutzen nach Lockern der Schlauchschelle abziehen. Den Thermostat herausnehmen. Zu beachten ist, dass der Dichtring immer erneuert werden muss. Ein Thermostat kann nicht repariert werden und ist im Schadensfalle zu erneuern. Eine einfache Prüfung lässt sich folgendermassen durchführen:

- Thermostat an einem Stück Draht in einen Behälter mit kaltem Wasser einhängen.
- Ein Thermometer in ähnlicher Weise einhängen.
- Wasser allmählich erhitzen und kontrollieren, ob sich der Thermostat bei der eingeschlagenen Temperatur zu öffnen beginnt (81°C). Bei 93°C muss der Thermostat vollkommen geöffnet sein.
- Der Thermostatstift muss bei dieser Kontrolle mindestens 7,5 mm aus dem Thermostat heraustreten. Falls der Thermostat diese Prüfungen nicht besteht, muss er erneuert werden.

Beim Einbau des Thermostats neue Dichtung verwenden. Die Schlauchschellen kontrollieren, ehe sie wieder am Schlauch festgezogen werden. Die Kühlanlage auffüllen (Kapitel 4.1).

# 5 Die Einspritzanlage

Ähnlich wie bei der Benzineinspritzung sind bei der Dieseleinspritzung Einspritzpumpe und Einspritzdüsen die wesentlichen Bestandteile. Die bei diesem Motor eingebaute Einspritzanlage ist entweder von Bosch oder Rotodiesel (CAV) hergestellt. Ab Baujahr 1984 wird eine neue Bosch-Einspritzpumpe eingebaut, durch welche sich die Einstellung des Leerlaufs geändert hat.

Eine Kraftstoffpumpe saugt den Dieselkraftstoff aus dem Tank an und drückt ihn über einen Kraftstoffilter mit einem geringen Überdruck in den Saugraum der Einspritzpumpe. Die Einspritzpumpe drückt dann den Kraftstoff über die Hochdruckleitungen zu den Einspritzdüsen. Man unterscheidet zwischen direkter und indirekter Einspritzung (Vorkammereinspritzung). Für diesen Dieselmotor wird die Vorkammereinspritzung verwendet.

Bei diesem Verfahren wird der Kraftstoff in eine im Zylinderkopf befindliche Vorkammer eingespritzt, die mit dem Hauptverbrennungsraum verbunden ist. Die Verbrennung des Kraftstoffs wird in dieser Vorkammer eingeleitet. Durch den hierbei entstehenden Druckanstieg werden die brennenden Kraftstoffteilchen in den Hauptverbrennungsraum gedrückt, in dem der Verbrennungsvorgang zu Ende geführt wird.

Die Einspritzpumpe ist eine Verteilereinspritzpumpe und wird von dem Zahnriemen aus angetrieben.

Zur Förderung des Kraftstoffs vom Tank zur Einspritzpumpe wird eine Kolbenpumpe verwendet. Der Antrieb dieser Pumpe erfolgt mechanisch.

## 5.1 Vorsichtsmassnahmen bei Arbeiten an der Einspritzanlage

Bei allen Reparaturen an der Einspritzanlage, ganz gleich, um welchen Umfang es sich handelt, ist die grösste Sauberkeit erforderlich. Die folgenden Punkte sind deshalb besonders zu beachten:

- Alle Arbeiten an der Einspritzanlage dürfen nur unter saubersten Verhältnissen durchgeführt werden. Arbeiten im Freien sollten nur an windfreien Tagen vorgenommen werden, um die Möglichkeit von Staubbildung zu vermeiden.
- Alle Anschluss-Überwurfmuttern müssen vor dem Lösen sauber mit einem Lappen abgewischt werden.
- Alle ausgebauten Teile auf einer sauberen Werkbank oder dergleichen ablegen und mit Papier oder einem Plastikbogen abdecken. Keine flusenden Lappen zum Abdecken verwenden.
- Alle geöffneten oder teilweise zerlegten Bauteile der Einspritzanlage müssen entsprechend abgedeckt oder in einer verschlossenen Schachtel aufbewahrt werden, falls die Reparatur nicht unmittelbar durchgeführt werden kann.
- Vor dem Einbau alle Teile auf grösste Reinlichkeit kontrollieren.
- Wenn Teile der Anlage geöffnet sind, keine Pressluft zum Abblasen irgendwelcher Teile des Motors benutzen.
- Fahrzeug, falls möglich, nicht wegschieben während Teile der Einspritzanlage ausgebaut sind.
- Darauf achten, dass Dieselkraftstoff nicht an die Kühlerschläuche gelangen kann. Falls dies der Fall ist, diese sofort reinigen. Durch Dieselkraftstoff verschmutzte und damit beschädigte Schläuche müssen immer erneuert werden.

## 5.2 Kraftstoffilter

Der Kraftstoffilter sollte alle 30 000 km erneuert werden, ist aber alle 12 Monate von Kondenswasser zu befreien. Der Filter befindet sich neben dem grossen Luftschlauch im Motorraum. Zum Entleeren des Kondenswassers die Schraube an der Unterseite des Filtergehäuses öffnen («B» in Bild 65 bzw. 66) und die Belüftungsschraube (A) öffnen. Bei einem

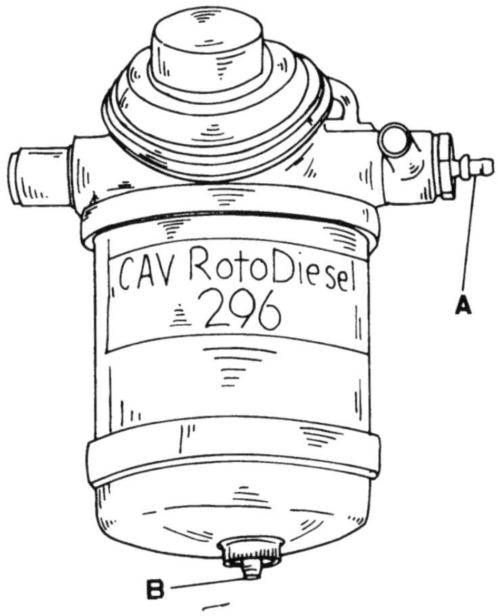


**Bild 65**
**Die Entlüftungsschraube (A) und die Ablassschraube (B) des Roto-Diesel-Filters**

**Bild 66**
**Die Entlüftungsschraube (A) und die Ablassschraube (B) des Bosch-Filters**

Roto-Diesel-Filter einen kleinen Schlauch auf den Anschluss der Schraube stecken und diesen in einen Behälter halten. Ungefähr 100 cm³ des Kraftstoffs mit dem Wasser ablaufen lassen. Die Schraube danach wieder schliessen.

Bei der Erneuerung des Filters folgendermassen vorgehen:

**Roto-Diesel** (unter Bezug auf Bild 67 a)

- Die Schraube (1) herausdrehen und den Filtereinsatz (4) nach unten abnehmen.

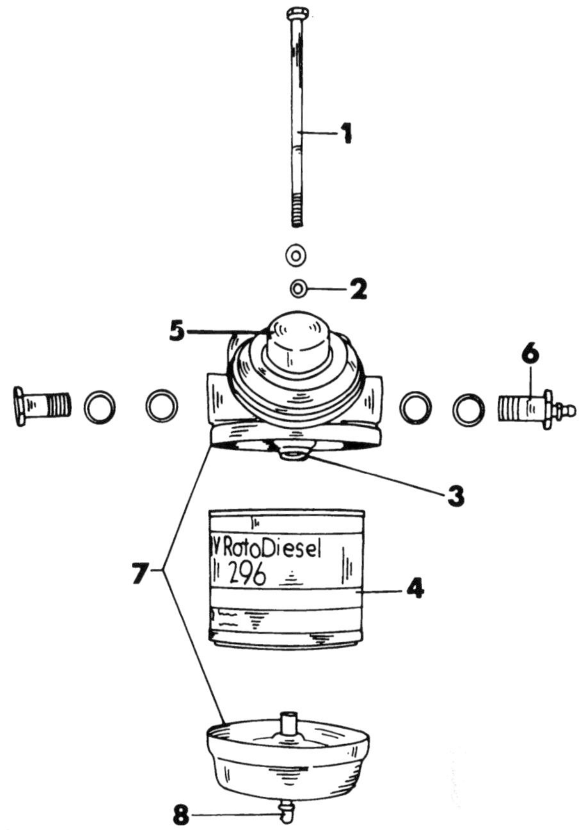


**Bild 67 a**
**Montagebild des Roto-Diesel-Kraftstoffilters**

1 Schraube
2 Dichtring
3 Dichtring
4 Filtereinsatz (Filterpatrone)
5 Kolben der Handpumpe
6 Entlüftungsschraube
7 Dichtringe
8 Ablassstopfen

- Das Unterteil des Filtergehäuses gründlich reinigen und einen neuen Filtereinsatz einbauen. Die beiden Dichtringe (7) sowie der Dichtring (3) müssen immer erneuert werden. Ebenfalls kontrollieren, dass der Dichtring (2) richtig unter dem Kopf der Schraube (1) sitzt.
- Einen Schlauch auf die Entlüftungsschraube (6) aufstecken, die Schraube öffnen und den Kolben (5) der Handpumpe betätigen, bis nur noch blasenfreier Kraftstoff aus dem Schlauchende herausläuft.
- Die Schraube (6) wieder anziehen.

**Bosch** (unter Bezug auf Bild 67 b):

- Die Schraube (7) von der Unterseite des Filters herausdrehen und das Filtergehäuse zusammen mit dem darin befindlichen Filter nach unten zu abnehmen. Die Innenseite des Filters einwandfrei reinigen.
- Den neuen Filtersatz (Filterpatrone) einsetzen. Die Dichtringe (3) und (4) müssen immer erneuert werden. Kontrollieren, dass der Dichtring (6) einwandfrei unter dem Kopf der Schraube (7) sitzt.

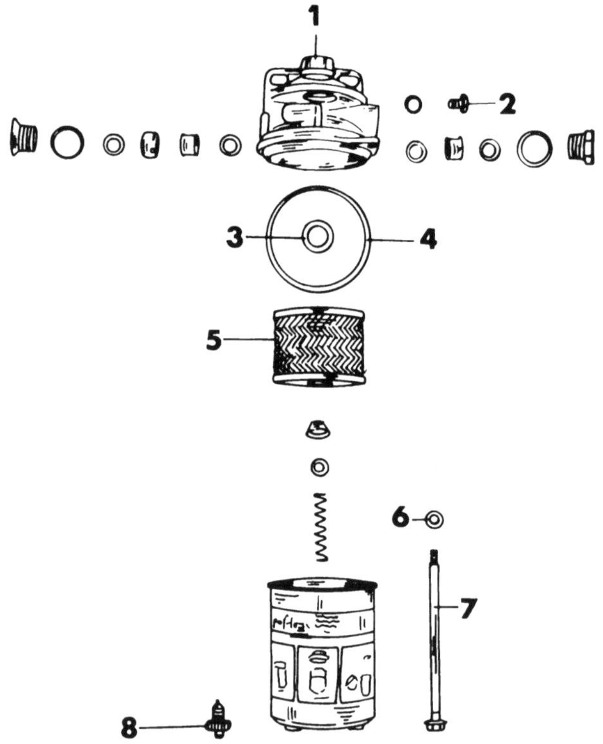


**Bild 67b**
**Montagebild des Bosch-Kraftstoffilters**

1 Kolben der Handpumpe
2 Entlüftungsschraube
3 Dichtring
4 Dichtring
5 Filtereinsatz (Filterpatrone)
6 Dichtring
7 Befestigungsschraube
8 Ablassstopfen

- Die Entlüftungsschraube (2) öffnen und den Kolben (1) der Handpumpe betätigen, bis blasenfreier Kraftstoff aus der Entlüftungsschraubenbohrung herausläuft. Die Schraube (2) wieder anziehen.

## 5.3 Einspritzpumpe

Zum Einstellen der Einspritzzeiten der Pumpe und auch zum Aus- und Einbau der Pumpe sind Spezialwerkzeuge erforderlich. Im allgemeinen wird davon abgeraten, dass man diese Arbeiten selbst durchführt. Die folgende Beschreibung setzt voraus, dass man sich diese Werkzeuge beschaffen kann. Sie gilt für Bosch- und CAV-Anlagen.

### 5.3.1 Aus- und Einbau

*5.3.1.1 Roto-Diesel-Pumpe (CAV)*

- Eines der Vorderräder anheben und einen Unterstellbock unter die Karosserie setzen.
- Batterie abklemmen.
- Die beiden Schutzdeckel für den Zahnriemen ausbauen. Dazu die Federspangen zurückdrükken und die Spange in der Mitte mit einem starken Schraubenzieher herausziehen.
- Zylinderkopfhaube ausbauen.
- Die Einspritzleitungen von den Einspritzdüsen und der Einspritzpumpe abschrauben (Überwurfmuttern) und die Leitungen herausnehmen. Kennzeichnen, wo die Leitungen angeschlossen sind.
- Kraftstoffvorlauf- und Rücklaufleitung von der Einspritzpumpe abschliessen.
- Alle Betätigungen von der Einspritzpumpe abschliessen. Darin inbegriffen das Kabel der elektrischen Abstellvorrichtung.
- Kühlanlage ablassen (Kapitel 4.1) und den oberen Wasserschlauch ausbauen.
- Kurbelwelle in Drehrichtung durchdrehen. Dazu einen Gang einlegen und das Rad durchdrehen, bis das Antriebsrad der Einspritzpumpe in der Steuerstellung steht.
- Zwei M8-Schrauben in die Bohrungen (2) und (3) in Bild 18 eindrehen. Die Kurbelwelle dazu eventuell hin- und herdrehen, um die Schrauben anzufädeln. Die Schrauben fingerfest vollkommen einschrauben.
- Antriebsrad der Einspritzpumpe in geeigneter Weise gegenhalten und die Mutter des Antriebsrades lösen.
- Die drei Muttern der Pumpenbefestigung und die hintere Halterung der Pumpe entfernen und die Pumpe herausziehen, während gleichzeitig die Mutter vollkommen von der Welle abgeschraubt wird.

Beim Einbau der Pumpe folgendermassen vorgehen:

- Den Abziehflansch von der Pumpe abmontieren.
- Die Pumpe einsetzen. Dazu muss sie entsprechend verdreht werden, um sie mit dem Antriebsrad in Eingriff zu bringen. Dabei kontrollieren, dass der Keil in der Welle vorschriftsmässig in die Keilnute des Antriebsrades kommt. Erst dann die Pumpe vollkommen einschieben.
- Die Bundmutter des Pumpenantriebsrades fingerfest anziehen.
- Die drei Pumpenmuttern und die hintere Halterung fingerfest anziehen.
- Die Bundmutter des Pumpenantriebsrades mit 50 Nm anziehen.
- Den Abziehflansch mit den beiden Schrauben am Antriebsflansch befestigen.
- Die beiden eingesetzten Schrauben zum Sper-

ren des Pumpenrades herausdrehen. Die Kurbelwelle noch nicht durchdrehen.

- Einen Behälter unter die Einspritzpumpe untersetzen, um allen auslaufenden Kraftstoff aufzufangen, oder die Drehstromlichtmaschine gut abdecken (dicke Lappen auflegen, die ein Durchsickern des Kraftstoffs vermeiden).
- Die Inspektionsschraube (1) aus dem Zylinderkopf herausschrauben (Bild 68) und an deren Stelle den Einstellbolzen (4) in Bild 69 einschrauben.
- Die Stellung des Motors kontrollieren. Die Ventile des ersten Zylinders müssen wechseln, beide Ventile des vierten Zylinders müssen geschlossen sein, d. h. der letztgenannte Zylinder steht auf dem oberen Totpunkt im Zündzeitpunkt.
- Die Vorglühkerze entweder ausbauen oder lösen. Die Kerze des vierten Zylinders sitzt an Stelle (3) in Bild 68.
- Die Messuhr 8.1504 mit der Halterung 8.0117 am Zylinderkopf anschrauben, wie es aus Bild 69 ersichtlich ist.
- Den Stopfen (2) in Bild 68 herausdrehen. Die Halterung (2), den Einstellhebel (3) und den Einstellstift (4) entsprechend anbringen und die Messuhr (1) mit Hilfe eines Spiegels auf Null setzen. Der Taststift der Messuhr muss wie in Bild 70 gezeigt mit dem Ende des Winkelhebels ausgerichtet sein. Bild 71 zeigt, wie die genannten Werkzeuge an der Einspritzpumpe, bzw. am Zylinderkopf montiert sind.

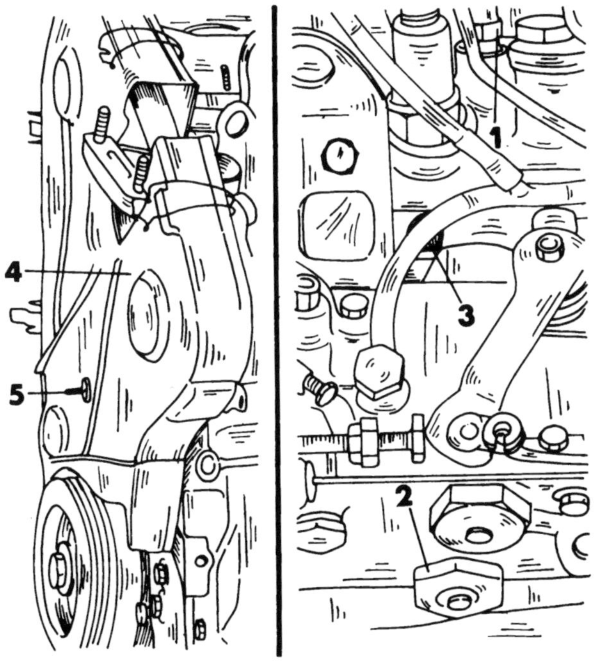


**Bild 68**
**Einzelheiten zur Einstellung der Einspritzsteuerung**

1 Inspektionsschraube
2 Stopfen
3 Vorglühkerze
4 Riemenschutzdeckel
5 Sicherungsspange

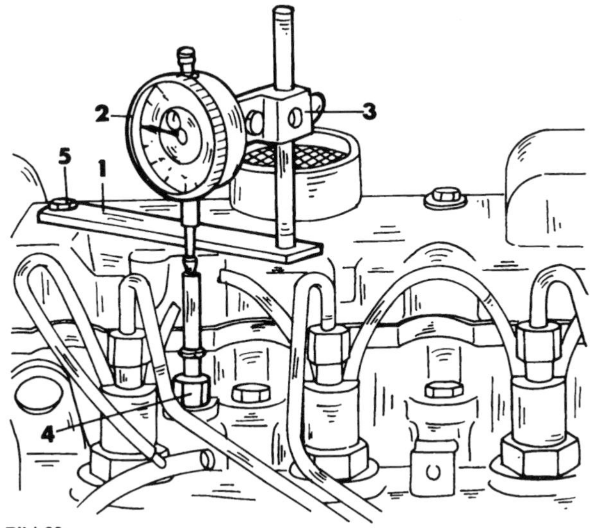


**Bild 69**
**Anordnung der Werkzeuge bei Einstellung der Roto-Diesel-Pumpe (CAV)**

1 Halterung für Messuhr
2 Messuhr
3 Messuhrhalterung
4 Einstellbolzen
5 Befestigungsschraube

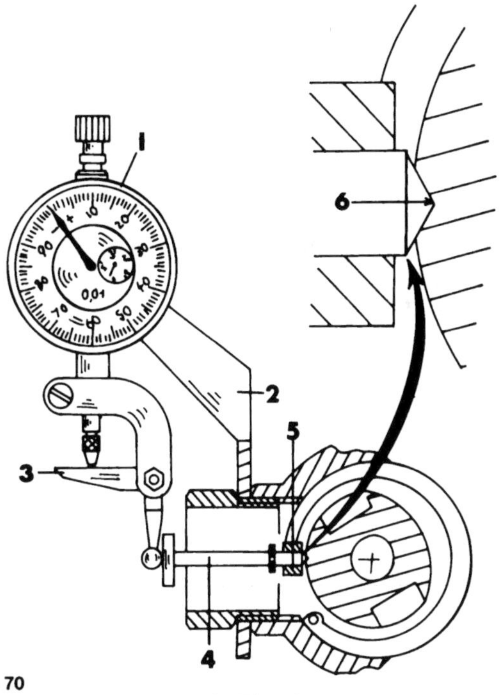


**Bild 70**
**Einzelheiten zum Einstellen der Einspritzsteuerung der Roto-Diesel-Einspritzpumpe (CAV)**

1 Messuhr
2 Messuhrhalterung
3 Winkelhebel
4 Einstellstift
5 Pumpensprengringbohrung
6 Grossansicht der Bohrung (5)

- Den Motor entgegengesetzt der Drehrichtung um eine Achtelumdrehung zurückdrehen. Danach in der normalen Drehrichtung zurückdrehen, bis die Spitze des Einstellstiftes (4), welche gegen den Pumpenrotor anliegt, in die Ausspa-

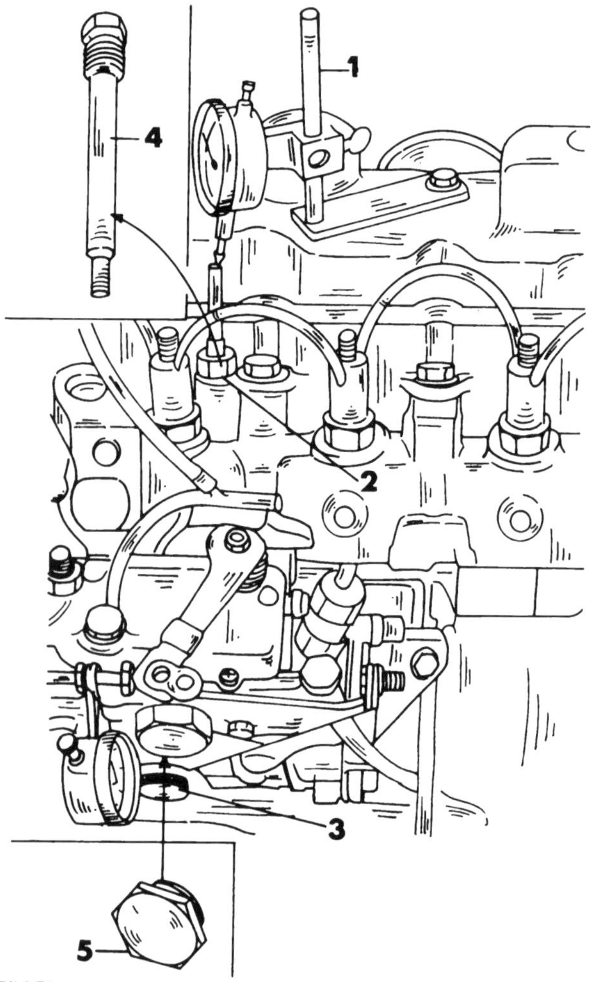


**Bild 71**
**Werkzeuge zum Einstellen der Roto-Diesel-Einspritzpumpe am Motor und an der Pumpe montiert**

1 In Bild 69 montierte Werkzeuge
2 Messstift (Einstellstift)
3 In Bild 70 montierte Werkzeuge
4 Ansicht des Messstifts
5 Herausgeschraubter Stopfen «2» in Bild 68

rung (6) eingreift und sich um 0,01 mm nach oben bewegt. In dieser Stellung des Pumpenrotors muss die am Motor angebrachte Messuhr einen Wert von 2,26 ± 0,06 mm vor dem oberen Totpunkt anzeigen. Falls dies nicht der Fall ist, muss die Pumpe eingestellt werden.

Beim Einstellen der Pumpe folgendermassen vorgehen:

- Den oberen Totpunkt des Kolbens im vierten Zylinder bestimmen, indem man die Kurbelwelle nach rechts und dann nach links dreht, bis der höchstmögliche Hub des Einstellstiftes (4) in Bild 69 erhalten wird.
- Die «Null»-Marke der Messuhr in eine Linie mit dem Zeiger bringen (Aussenring verdrehen).
- Motor in die Stellung für den Einspritzbeginn bringen, indem man die Kurbelwelle um eine Achtelumdrehung entgegengesetzt der normalen Drehrichtung verdreht, bis die Messuhrnadel 2,26 ± 0,06 mm anzeigt.
- Die Überwurfmuttern (1) der Einspritzleitungen lösen und die Befestigungen (2) und (3) lockern (Bild 72).

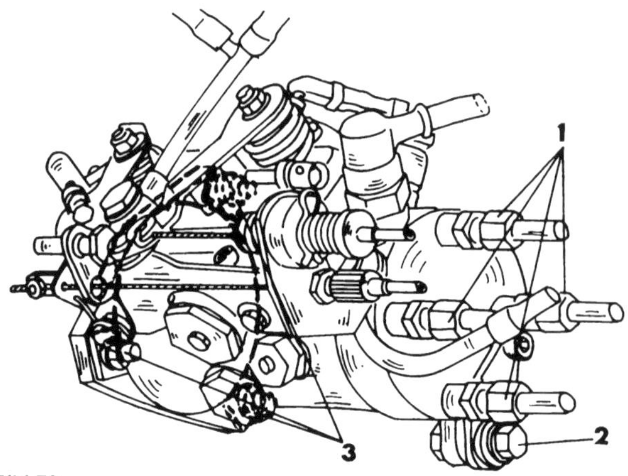


**Bild 72**
**Die Befestigung der Einspritzpumpe**

1 Einspritzleitungen 2+3 Befestigungen

- Pumpe auf den Einspritzpunkt bringen, d. h. der Einstellstift (6) in Bild 70 muss in die tiefste Stelle der Aussparung (6) eingreifen.
- Die «Null»-Marke der Mesuhr in eine Linie mit dem Zeiger bringen (Aussenring verdrehen).
- Pumpe langsam zur Aussenseite des Motors verdrehen und danach zurückdrehen, bis der Einstellstift wieder in die Aussparung eingreift (Nadel wieder auf Null) und um weitere 0,01 mm ansteigt.
- In dieser Pumpenstellung die beiden Pumpenbefestigungen (2) und (3) anziehen.
- Einstellstift aus der Aussparung der Pumpe herausziehen und die Kurbelwelle um vier Umdrehungen der Messuhrnadel zurückdrehen. Danach die Kurbelwelle wieder vorwärtsdrehen, bis der Einstellstift wieder in die Aussparung einspringt. Die Anzeige der Messuhr muss jetzt 2,26 ± 0,06 mm betragen, d. h. die Einspritzeinstellung stimmt.
- Die Messuhren und Messuhrhalterungen abmontieren.
- Den Einstellstift (4) in Bild 69 und (4) in Bild 70 entfernen.
- Die Stopfen in den Zylinderkopf und die Pumpe einschrauben (Bild 68).
- Alle weiteren Arbeiten in umgekehrter Reihenfolge durchführen, ohne jedoch die Überwurfmuttern der Einspritzleitungen anzuziehen.
- Anlage entlüften, wie es beim Erneuern des Fil-

ters beschrieben wurde und danach den Anlasser betätigen, bis Kraftstoff aus den Überwurfmuttern ausläuft. Die Überwurfmuttern danach anziehen.

*5.3.1.2 Bosch-Pumpe*

Der Ausbau der Einspritzpumpe geschieht in gleicher Weise wie es oben beschrieben wurde, jedoch ist die Einstellung des Einspritzpunktes unterschiedlich. Diese erfolgt entsprechend der folgenden Beschreibung:

- Einen Behälter unter die Einspritzpumpe untersetzen, um allen auslaufenden Kraftstoff aufzufangen, oder die Drehstromlichtmaschine gut abdecken (dicke Lappen auflegen, die ein Durchsickern des Kraftstoffs vermeiden.
- Die Inspektionsschraube (1) aus dem Zylinderkopf herausschrauben (Bild 68) und an deren Stelle den Einstellbolzen (4) in Bild 69 einschrauben.
- Die Stellung des Motors kontrollieren. Die Ventile des ersten Zylinders müssen wechseln, beide Ventile des vierten Zylinders müssen geschlossen sein, d.h. der letztgenannte Zylinder steht auf dem oberen Totpunkt im Zündzeitpunkt.
- Die Vorglühkerze des vierten Zylinders entweder ausbauen oder lösen. Die Kerze des vierten Zylinders sitzt an Stelle (3) in Bild 68.
- Die Messuhr 8.1504 mit der Halterung 8.0117 am Zylinderkopf anschrauben, wie es aus Bild 69 ersichtlich ist.
- Die Einspritzleitungen der Zylinder 1 und 2 abschrauben (Überwurfmuttern lösen).
- Den Stopfen aus der Rückseite der Einspritzpumpe herausdrehen.
- Den Einstellstift mit der Messuhr anstelle des Stopfens in die Rückseite der Einspritzpumpe einschrauben. Messuhr mit der Halterung befestigen und den Messstift 1 mm unter Vorspannung setzen. Bild 73 zeigt, wie die Messwerkzeuge angeordnet werden.
- Den Motor entgegengesetzt der Drehrichtung um eine Achtelumdrehung zurückdrehen und die «Null»-Marke der Messuhr gegenüber der Nadel bringen (Aussenring verdrehen).
- Motor in der normalen Drehrichtung zurückdrehen, bis die Nadel der Messuhr einen Wert von 0,30 mm anzeigt. In dieser Stellung muss die am Motor angebrachte Messuhr einen Wert von 0,44 mm anzeigen. Falls dies nicht der Fall ist, muss die Pumpe eingestellt werden.

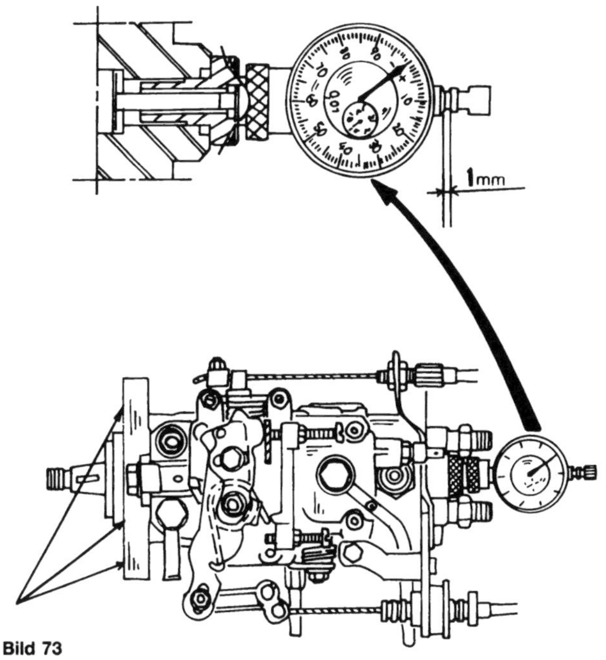


**Bild 73**
**Einstellen der Bosch-Einspritzpumpe.**
**Die Pfeile weisen auf die Befestigungsschrauben.**

Beim Einstellen der Pumpe folgendermassen vorgehen:

- Den oberen Totpunkt des Kolbens im vierten Zylinder bestimmen, indem man die Kurbelwelle nach rechts und dann nach links dreht, bis der höchstmögliche Hub des Einstellstiftes (4) in Bild 69 erhalten wird.
- Die «Null»-Marke der Messuhr in eine Linie mit dem Zeiger bringen (Aussenring verdrehen).
- Die Überwurfmuttern der Einspritzleitungen lösen und die Befestigungen an Vorderseite und Rückseite lockern.
- Pumpe langsam zur Aussenseite des Motors verdrehen.
- Kurbelwelle langsam um eine Achtelumdrehung entgegengesetzt der Drehrichtung drehen und die «Null»-Marke mit der Nadel der Messuhr ausrichten.
- Kurbelwelle langsam zurückdrehen, bis die in den Motor eingesetzte Nadel 0,44 mm anzeigt. Aus dieser Stellung die Pumpe um eine Messuhranzeige von 0,30 mm verdrehen.
- In dieser Pumpenstellung die beiden Pumpenbefestigungen anziehen.
- Kurbelwelle um eine Viertelumdrehung nach rückwärts drehen und danach in Drehrichtung zurückdrehen, bis der Pumpenkolben sich um 0,30 mm hebt. Die Anzeige der Messuhr im Motor muss jetzt $0{,}44 \pm 0{,}03$ mm vor oberem Totpunkt betragen, d.h. die Einspritzeinstellung stimmt.

- Die Messuhren und Messuhrhalterungen abmontieren.
- Den Einstellstift (4) in Bild 69 entfernen.
- Die Stopfen in den Zylinderkopf und die Pumpe einschrauben (Bild 68).
- Alle weiteren Arbeiten in umgekehrter Reihenfolge durchführen.
- Anlage entlüften, wie es beim Erneuern des Filters beschrieben wurde und danach den Anlasser betätigen. Die Anlage wird dabei automatisch entlüftet.

## 5.4 Düsenhalter und Einspritzdüsen

### 5.4.1 Aus- und Einbau

- Kraftstoffleitung abschrauben.
- Leckölleitungen vom Düsenhalter abziehen.
- Überwurfmutter der Einspritzleitung mit einem aufgesägten Ringschlüssel lockern. Ein Gabelschlüssel kann ebenfalls verwendet werden, jedoch darf man nicht an den Schlüsselflächen abrutschen.
- Den Düsenhalter herausdrehen (Steckschlüssel, 27 mm Schlüsselweite oder Spezialschlüssel 8.0149) und die Düsendichtung und das Düsenplättchen herausnehmen. Diese Teile beim Einbau immer erneuern.

Der Einbau erfolgt in umgekehrter Reihenfolge wie der Ausbau. Die Flammenschutzscheibe (2) in Bild 74 mit der gewölbten Fläche nach oben weisend einsetzen und eine neue Kupferscheibe (1) verwenden. Die Düsen mit einem Anzugsdrehmoment von 90 Nm anziehen, die Überwurfmuttern der Einspritzleitungen mit 20 Nm.

### 5.4.2 Reparatur von Einspritzdüsen

*5.4.2.1 Zerlegung einer Düse*

Zum Ausbau der Einspritzdüse muss der Düsenhalter zerlegt werden.

- Düsenhalter so in einen Schraubstock einspannen, dass die Leckölleitungsanschlüsse nicht beschädigt werden und die Überwurfmutter abschrauben.
- Düsenkörper mit Düsennadel herausnehmen sowie den Düsenhaltereinsatz, den Druckbolzen, die Druckfeder und das Stahlplättchen. Die Teile einer Einspritzdüse sind in Bild 75 gezeigt.

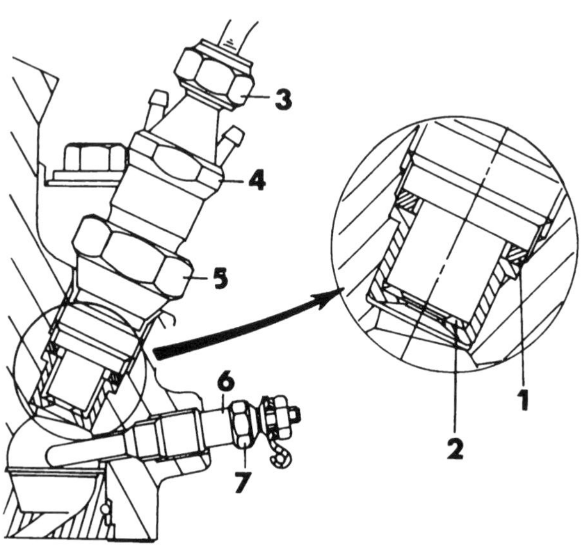


**Bild 74**
**Ansicht der eingebauten Einspritzdüse und Glühkerze**

1 Kupferscheibe
2 Flammenschutzscheibe
3 Überwurfmutter (20 Nm)
4 Einspritzdüse
5 Sechskant (90 Nm)
6 Glühkerze
7 Sechskant (22 Nm)

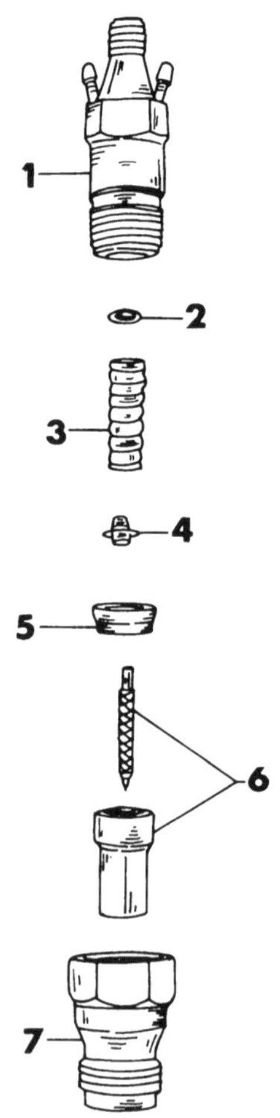


**Bild 75**
**Montagebild einer Einspritzdüse**

1 Oberteil der Düse
2 Einstellscheibe
3 Feder
4 Druckstift
5 Düsenhalter
6 Düsennadel und Düsenkörper
7 Unterteil der Düse

- Sämtliche Teile in Dieselkraftstoff legen, damit sich die Kohleablagerungen lösen.
- Darauf achten, dass eine Verwechslung der Einzelteile mit denen einer anderen Düse unmöglich ist.

*5.4.2.2 Düsenreinigung*

Zum Reinigen der Düsen dürfen auf keinen Fall Schmirgelleinen, Schaber oder ähnliche ungeeignete Werkzeuge verwendet werden. Ausser dem von Werkstätten verwendeten Reinigungsgerätesatz dürfen nur Hartholzstäbchen, Benzin oder Dieselkraftstoff verwendet werden. Die Düsennadel ist nur an ihrem Druckzapfen anzufassen, da die geläppte Fläche infolge feuchter oder schweissiger Fingerabdrücke korrodieren kann. Rückstände aussen an der Stirnseite des Düsenkörpers mit einer Messingdrahtbürste reinigen. Ebenso gereinigt werden können die Spitzen einer Düsennadel.

Eventuell den Düsenmund auf einem mit einer Rille für den Spritzzapfen versehenen in Dieselkraftstoff getauchten Hartholz abreiben. Mit dem Ringnutschaber aus dem Reinigungsgerät oder mit dem Hartholzstäbchen und Kraftstoff das Innere des Düsenkörpers reinigen. Den Nadelsitz im Düsenkörper mit der Reinigungsnadel und das Spritzloch mit dem Spezialreiniger von innen nach aussen vorsichtig säubern. Ist das Profil der Düsennadel verkokt, so ist die Nadel an ihrem Druckzapfen in das Futter einer Drehbank oder Bohrmaschine zu spannen und mit einem in Kraftstoff getauchten, kantigen Hartholzstab zu reinigen. Nach dem Reinigen sind die gebrauchten Düsen auf eingeschlagenen oder rauhen Nadelsitz und auf beschädigte Spritzzapfen zu untersuchen sowie der Düsenkörpersitz und das Spritzloch. Beschädigte Düsen müssen erneuert werden.

Nach der Sichtprüfung ist eine Gleitprüfung durchzuführen. Den Düsenkörper und die Düsennadel einzeln in gefilterten Dieselkraftstoff tauchen und die Düsennadel in den Düsenkörper einsetzen. Den Düsenkörper senkrecht halten und die Düsennadel ungefähr ein Drittel herausziehen. Die Nadel muss durch ihr Gewicht bis auf ihren Sitz zurückgleiten. Die Düsennadel ein Stück drehen und den Vorgang wiederholen. Gleitet die Nadel nicht zurück, muss die Düsennadel mit dem Düsenkörper erneuert werden.

Der Zusammenbau der Düse erfolgt in umgekehrter Reihenfolge wie das Zerlegen. Mit der Bosch-Düsen-Prüfvorrichtung EFEP 60H oder einer ähnlichen Abdrückpumpe kann man eine Strahl- und Schnarrprüfung durchführen lassen, sowie den Öffnungsdruck bzw. Abspritzdruck der Einspritzdüsen überprüfen lassen.

Zu beachten ist der Einbau von unterschiedlichen Einspritzdüsen bei Roto-Diesel- oder Bosch-Anlagen. Bei Bosch-Systemen werden Düsenhalter mit der Nummer KCA 17S42, bei der Roto-Diesel-Anlage Düsen mit der Nummer LCR 67307 verwendet. Die Düsen haben die Nummern RDNOSDC 6850 (Roto-Diesel) oder DNOSD 256 (Bosch).

*5.4.2.3 Düsenprüfung mit Düsenprüfgerät*

Nur sauberes Prüföl oder gefilterten Dieselkraftstoff benützen. Beim Prüfen der Düsen darf der Sprühstrahl nie auf die Hände kommen. Der Strahl dringt tief in die Haut oder die Hand ein und zerstört das Gewebe. Ausserdem besteht die Gefahr einer Blutvergiftung.

Einspritzdüse mit Düsenhalter am Gerät anschliessen. Bei den Prüfungen ist darauf zu achten, dass die vorgeschriebenen Hebel-Abwärtsbewegungen pro Sekunde genau eingehalten werden, da sonst leicht Fehldiagnosen in der Beurteilung der Düsen vorkommen können. Die Strahl- und Schnarrprüfung ist bei abgeschaltetem Manometer durchzuführen.

**Strahlprüfung**

Der Strahl sollte bei ca. zwei Hüben pro Sekunde möglichst abgeschlossen sein und gut abreissen.

**Schnarrprüfung**

Handhebel des Prüfgerätes langsam voll durchdrükken, ca. einen Hub pro Sekunde. Die Düse soll dabei gedämpft hörbar schnarren. Schnarrt die Düse nicht oder nur wenig, so ist sie zu reinigen und die Prüfung zu wiederholen. War die Schnarrprüfung nicht befriedigend, so ist die Düse etwa 10 Sekunden lang mit 2 bis 3 Vorhüben pro Sekunde durchzuspritzen. Der Strahl muss dabei geschlossen sein und mit einem hörbaren Pfeifen ausspritzen. Sollte das nicht der Fall sein, die Düse nochmals reinigen und die Prüfung wiederholen. Gegebenenfalls ist die Düse zu ersetzen.

**Prüfen des Öffnungs- und Abspritzdruckes**

Kontrollventil öffnen und den Handpumpenhebel langsam 1 Hub pro Sekunde herunterdrücken. Beim Beginn des Abspritzens der Düse den Öffnungsdruck ablesen. Die Düse muss dabei deutlich

schnarren. Durch geschliffene Stahlscheiben, die auf der Oberfläche zwischen der Druckfeder und dem Düsenhalter beigelegt werden, kann der Öffnungsdruck auf den richtigen Wert eingestellt werden.
Stahlplättchen («2», Bild 75) stehen in Stärken von 0,10 mm zur Verfügung. Der Unterschied einer Scheibenstärke von 0,10 mm ändert den Druck um 10 bar. Der Solldruck der Roto-Diesel-Düsen beträgt 115 ± 5 bar, der Druck der Bosch-Düsen 130 ± 5 bar.

**Einspritzdüse auf Dichtheit prüfen**
Den Pumpenhebel langsam nach unten bewegen, bis der Druck am Manometer gerade unterhalb des Abspritzdruckes anzeigt. Eine leichte Feuchtigkeit ist zulässig, aber Tropfenbildung oder Tropfen zeigen einen schlechten Sitz an. Ist durch sorgfältiges Reinigen der Sitzfläche am Düsenkörper und an der Düsennadel eine Undichtheit nicht zu beseitigen, dann ist die Düse zu erneuern.

## 5.5 Glühkerzen

Beim Einschalten der Zündung wird ein Glühzeitrelais unter Strom gesetzt. Das Relais schaltet den Strom zu den Glühkerzen. Die Kerzen erhalten eine Spannung von mindestens 11,5 Volt. Die Kerzen erwärmen sich innerhalb 10 Sekunden auf ca. 900°C, und können sich nach 30 Sekunden bis auf 1180°C erhitzen.
Das Vorglührelais bestimmt die Betriebszeit, d.h. die Glühzeit der Glühkerzen. Dieses Relais arbeitet durch einen Temperaturfühler, welcher die Aussentemperatur «erfühlt». Je tiefer die Temperatur ist, je länger «beauftragt» das Relais die Kerzen vorzuglühen. Dies kann zum Beispiel 25 Sekunden bei −30°C oder nur 2 Sekunden im Sommer betragen. Ist die Vorglühzeit erreicht, erlöscht die Warnleuchte im Armaturenbrett. Wird der Motor nicht sofort angelassen, schaltet sich der Strom zu den Kerzen durch eine Sicherheitsschaltung wieder ab. Erfolgt ein Anlassen nach dieser Zeit, schaltet sich die Vorglühanlage wieder zu.
Durch die hohen Temperaturen ist es schon mal möglich, dass eine Glühkerze durchbrennt. Ebenfalls ist es möglich, dass Kerzen durch Störungen an den Einspritzdüsen, falschen Einspritzzeiten oder zu niedrigen Einspritzdruck ausfallen. In diesem Fall können sie leicht ausgebaut und erneuert werden.

Die Kerzen tragen die Bezeichnung 0 100221118 und sind von Beru hergestellt.

### 5.5.1 Aus- und Einbau der Glühkerzen

Die Kerzen sitzen an den in Bild 76 gezeigten Stellen. Eine Stecknuss mit Verlängerung und Ratsche sollte zum Ausschrauben vorhanden sein.

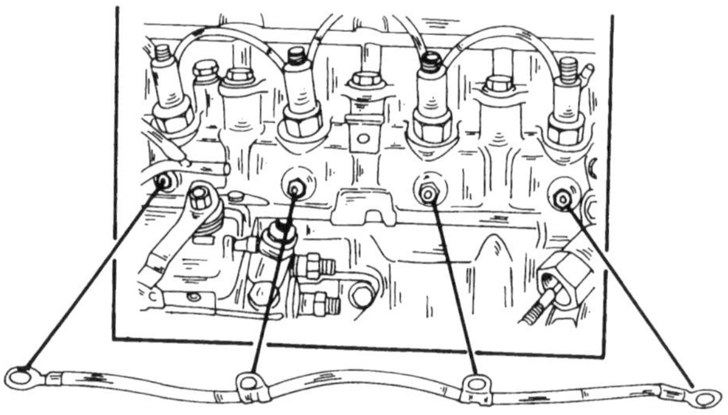

**Bild 76**
**Die Lage der Vorglühkerzen mit der Stromleitschiene**

Die Muttern von den Glühkerzen abschrauben. Die Glühkerzen danach herausdrehen.
Vor dem Einschrauben der Glühkerze ist das Gewinde mit graphiertem Fett einzustreichen. Der Einbau geschieht in umgekehrter Reihenfolge. Die Kerzen mit 30 Nm, die Mutter der Leitungsbefestigung mit 4 Nm anziehen.

## 5.6 Leerlaufeinstellung

Die Leerlaufeinstellung ist je nach eingebauter Einspritzpumpe unterschiedlich. Ausserdem können, je nach Baujahr, eine von zwei verschiedenen Bosch-Pumpen eingebaut sein:

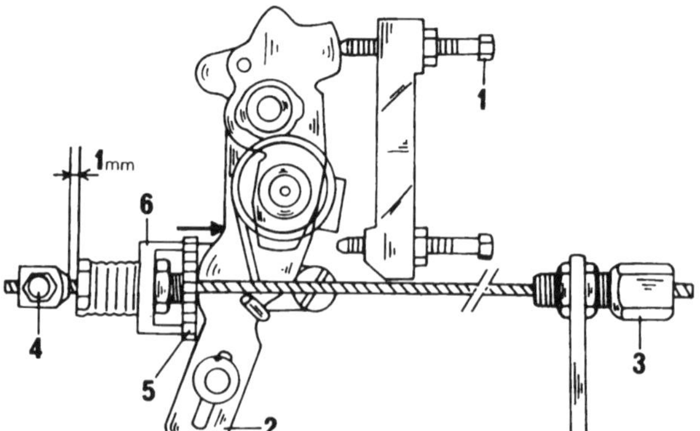


**Bild 77**
**Einzelheiten zur Leerlaufeinstellung bei eingebauter Bosch-Einspritzpumpe bis Januar 1984**

1 Leerlaufanschlagschraube
2 Drosselklappenhebel
3 Aussenseilanschlag, Schnelleerlauf
4 Seilklemmstück
5 Schraube
6 Kontermutter

### 5.6.1 Bosch bis Januar 1984

Unter Bezug auf Bild 77:
Der Motor muss warm sein und das automatische Schnelleerlaufsystem muss ausgeschaltet sein.

- Die Kontermutter lockern und die Anschlagschraube (1) am Drosselklappenhebel (2) lokkern, bis eine Leerlaufdrehzahl von 800+50/min erhalten wird.
- Kontermutter wieder festziehen.

### 5.6.2 Bosch-Pumpe ab Februar 1984

Unter Bezug auf Bild 78:

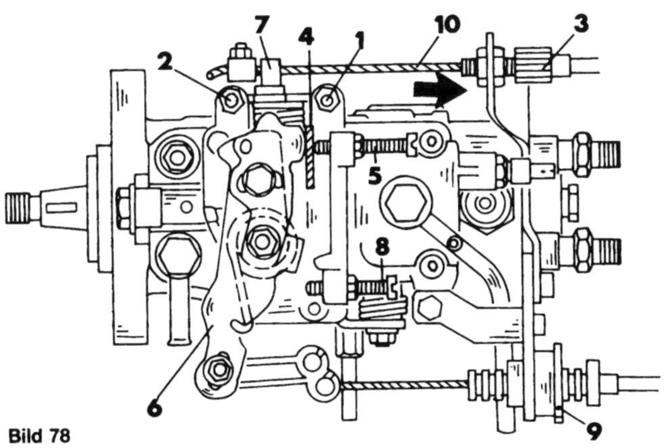


**Bild 78**
**Ansicht der Bosch-Einspritzpumpe ab Februar 1984**

1 Hebel
2 Schnelleerlaufanschlag
3 Seilversteller, Schnelleerlauf
4 Eingesetzte Scheibe, 1,0 mm
5 Einstellschraube
6 Drosselklappenhebel
7 Schnelleerlaufhebel
8 Anschlagschraube
9 Seilversteller, Gaszugseil
10 Betätigungsseilzug, Schnelleerlauf

Der Motor muss warm sein und das automatische Schnelleerlaufsystem muss ausgeschaltet sein. Ein maximales Spiel von 6 mm muss zwischen dem Hebel (7) und der Seilschelle vorhanden sein.

- Die Kontermutter lockern und die Anschlagschraube (1) einstellen, bis ein Leerlauf von 800+50/min erhalten wird.
- Die Kontermutter wieder anziehen.

### 5.6.3 Roto-Diesel-Pumpe

Der Motor muss warm sein und das Schnelleerlaufsystem muss ausgeschaltet sein. Beim Einstellen werden die Abstelldrehzahl und der Leerlauf zusammen eingestellt. Ein Stift mit einem Durchmesser von 3 mm und eine Unterlegscheibe von 3 mm Stärke werden zur einwandfreien Einstellung gebraucht.
Unter Bezug auf Bild 79:

- Die Unterlegscheibe (B) zwischen die Schraube (3) und den Hebel (4) einsetzen.
- Den Hebel (1) nach hinten ziehen und in dieser Stellung halten, während der Stift (A) durch das Loch im Hebel (2) eingeführt wird.
- Die Kontermutter (5) lockern und die Leerlaufdrehzahl auf 900 ± 50/min einstellen, indem man die Schraube (3) verstellt. Nach der Einstellung die Kontermutter wieder anziehen.

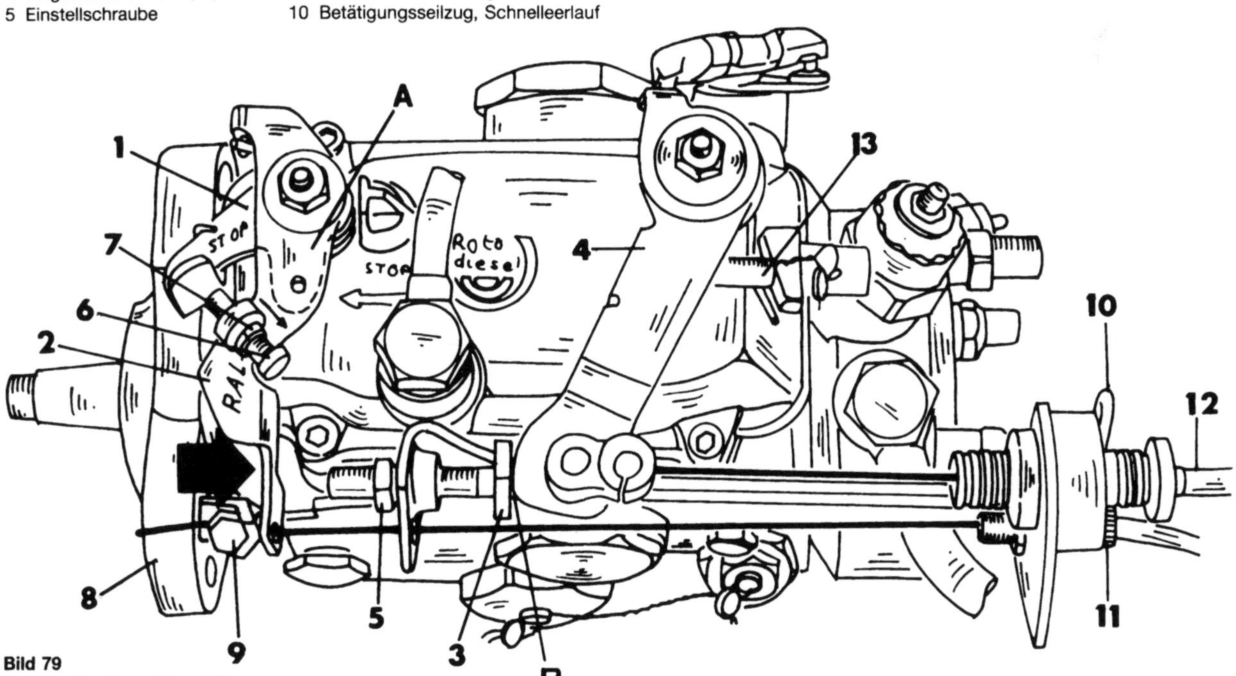


**Bild 79**
**Ansicht der Roto-Diesel-Pumpe**

1 Abstellhebel
2 Leerlaufhebel
3 Einstellschraube, Abstellungsverhinderung
4 Drosselklappenhebel
5 Kontermutter
6 Leerlaufeinstellschraube
7 Kontermutter, Leerlaufschraube
8 Betätigungsseil, Beschleunigung
9 Klemmschraube, Gasseilzug
10 Federspange
11 Seilzugverstellung
12 Gasbetätigungsseilzug
13 Hebelanschlag

- Den Stift herausziehen. Der Hebel (1) sollte wieder gegen seinen Anschlag zurückkehren.
- Die Unterlegscheibe (B) herausnehmen.
- Die Kontermutter (7) lockern und den Leerlauf durch Verstellen der Schraube (6) auf 800/min einstellen. Die Kontermutter wieder anziehen.
- Den Hebel (1) um 0,5 bis 1,0 mm vom Anschlag wegdrücken. Der Leerlauf sollte abfallen. Falls dies nicht der Fall ist, muss die Einstellung von vorn begonnen werden.
- Den automatischen Schnelleerlauf kontrollieren. Bei warmem, laufendem Motor den Hebel (2) gegen den Anschlag drücken. Die Drehzahl sollte sich um 200+50/min erhöhen.

## 5.7 Schnelleerlaufeinstellung

### 5.7.1 Bosch-Pumpe bis Januar 1984

Unter Bezug auf Bild 77:

- Den Versteller der Aussenhülle des Seilzuges (3) verstellen, bis das Seilklemmstück ein Freispiel von 1,0 mm erhält.
- Den Motor anlassen und auf die Schraube (5) drücken. Der Motor muss mit 200 ± 50/min schneller laufen. Falls dies nicht der Fall ist, die Kontermutter (6) lockern und die Schraube (5) entsprechend verstellen.

Wenn der Schnelleerlauf ausgeschaltet ist, d. h. der Motor läuft mit der normalen Leerlaufdrehzahl, darf der Hebel (2) nicht in Berührung mit der Schraube (5) stehen.

### 5.7.2 Bosch-Pumpe ab Februar 1984

Unter Bezug auf Bild 78:

- Die Kontermutter lockern und den Hebel (7) in die Schnelleerlaufrichtung gegen die Anschlagschraube (2) drücken, um einen Leerlauf von 950 ± 50/min zu erhalten.
- Falls erforderlich, den Versteller (3) der Seilaussenhülle verstellen, um den Leerlauf einzustellen.
- Eine Scheibe (4) der Stärke von 1,0 mm zwischen die Schraube (5) und den Hebel (6) einsetzen. Die Kontermutter der Schraube lockern und die Schraube (5) verstellen, bis der Motor mit 800 ± 50/min läuft.

### 5.7.3 Roto-Diesel-Pumpe

Unter Bezug auf Bild 79:

- Bei kaltem Motor kontrollieren, dass der Hebel (2) gegen den Anschlag anliegt, indem er in Pfeilrichtung gedrückt wird. Falls dies nicht der Fall ist, die Spannung des Seilzuges (8) verstellen, indem man die Klemmhülse (9) lockert und entsprechend verschiebt. Eventuelle Korrekturen am Seilversteller (11) vornehmen.
- Bei warmem Motor die Arbeitsweise des Thermostatfühlers im Wasserauslassstutzen kontrollieren («3», Bild 38). Das Seil sollte bei kaltem und warmem Motor einen Längenunterschied von 6,0 mm haben. Ist dies der Fall, arbeitet der Thermostatfühler einwandfrei.

# 6 Die Kupplung

Die Kupplung ist eine Einscheibentrockenkupplung mit einer Tellerfederdruckplatte. Die Betätigung der Kupplung erfolgt über ein Kupplungsseil.
Druckplatte und Tellerfeder können nicht zerlegt werden und sind bei Beschädigung zusammen zu erneuern.

## 6.1 Kupplung im eingebauten Zustand überprüfen

Ehe man eine Kupplung zwecks Erneuerung ausbaut, kann man die folgenden Arbeiten durchführen um festzustellen, wo der Fehler liegen könnte:

- Motor anlassen und im Leerlauf laufen lassen.
- Kupplungspedal durchtreten und ca. 3 Sekunden warten.
- Den Rückwärtsgang einlegen. Falls Kratzgeräusche vom Getriebe gehört werden können, kann man annehmen, dass die Kupplung oder die Mitnehmerscheibe erneuert werden müssen, da die Verbindung zwischen der Kupplung und dem Schwungrad unterbrochen ist.

Um eine Kupplung auf Durchrutschen zu kontrollieren:

- Das Fahrzeug fahren, bis Getriebe und Kupplung ihre Betriebstemperatur erhalten haben.
- Fahrzeug anhalten und die Handbremse fest anziehen.
- Dritten Gang einschalten.
- Kupplungspedal durchtreten, den Motor auf 3000 bis 4000/min beschleunigen und das Kupplungspedal plötzlich zurücklassen. Die Kupplung arbeitet einwandfrei, wenn der Motor sofort abstellt.

## 6.2 Kupplung ausbauen

Die Kupplung kann nach Ausbau des Getriebes ausgebaut werden. Andernfalls den Motor mit dem Getriebe ausbauen und das Getriebe vom Motor trennen. Danach folgendermassen vorgehen:

- Einbaulage der Kupplung im Verhältnis zum Schwungrad kennzeichnen. Dazu verwendet man einen Körner, mit welchem man in das Schwungrad und die Kupplung schlägt.
- Die sechs Schrauben der Kupplung gleichmässig über Kreuz lösen, bis der Federdruck entlastet ist. Das Schwungrad muss dazu in geeigneter Weise gegengehalten werden.
- Kupplung abnehmen und die Mitnehmerscheibe herausnehmen. Falls die Kupplung auf den Passstiften des Schwungrades hängt, kann man einen Schraubenzieher zum vorsichtigen Abdrücken benutzen. Sofort beachten, dass die längere Seite der Mitnehmerscheibennabe zur Getriebeseite, d.h. nach aussen weist. Wenn man sich dies bereits jetzt einprägt, hat man später keine Schwierigkeiten.
- Mit einem Lappen sofort die Innenseite des Schwungrades auswischen und die Reibfläche des Schwungrades überprüfen. Falls die Mitnehmerscheibe bis auf die Nietenköpfe abgenutzt ist, könnte es sein, dass sich die Niete in die Schwungradfläche oder die Kupplungsdruckplatte eingearbeitet haben.

Falls der Motor und das Getriebe getrennt werden müssen, sollte die Kupplung immer abgeschraubt werden, so dass man sie kontrollieren kann.

## 6.3 Kupplung überholen

Druckplatte und Deckel auf Beschädigung oder Verzug kontrollieren. Bei Schäden beide Teile im Satz erneuern.
Kontrollieren, ob die Federn der Mitnehmerscheibe noch einwandfrei sind und die Keilverzahnungen der Scheibe nicht übermässig ausgeschlagen sind. Da verölte Kupplungsbeläge nicht gereinigt werden können, ist die Mitnehmerscheibe in derartigen Fällen zu erneuern. Die Dämpferfedern der Mitnehmerscheiben haben nicht bei allen Motoren die gleiche Kennfarbe.
Kupplungsbeläge auf Wiederverwendbarkeit kon-

trollieren, indem man mit einer Tiefenlehre von der Oberfläche der Beläge bis auf die Oberseite der Nietenköpfe ausmisst. Falls das Mass weniger als 0,30 mm beträgt, muss die Scheibe erneuert werden. Die Scheibe ebenfalls erneuern, falls das Mass bald erreicht ist.
Um Mitnehmerscheiben auf Schlag zu kontrollieren, spannt man sie auf einen passenden Dorn oder einer Kupplungswelle zwischen die Spitzen einer Drehbank. Eine Messuhr mit einem geeigneten Halter neben der Scheibe so aufsetzen, dass der Messfinger gegen den Rand der Scheibe anliegt, und zwar an der Aussenkante der Scheibe (Bild 80). Die Scheibe langsam durchdrehen und die Anzeige der Messuhr ablesen. Falls die Anzeige grösser als 0,4 mm ist, kann man die Scheibe, falls erwünscht, vorsichtig mit einer Zange richten. Andernfalls die Scheibe erneuern.

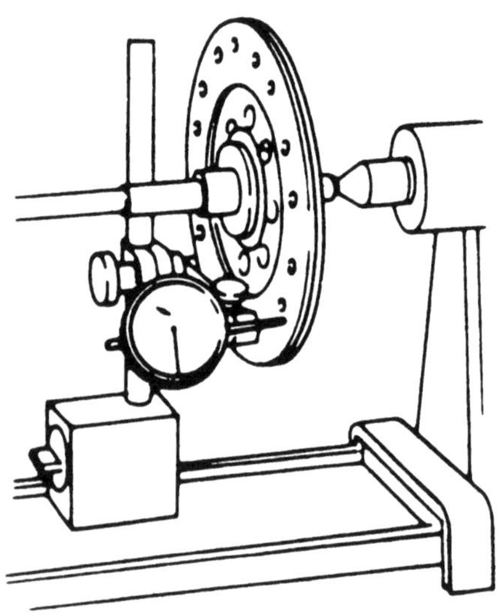

**Bild 80**
**Kontrolle einer Mitnehmerscheibe auf Schlag**

Die Gleitpassung der Mitnehmerscheibennabe auf den Keilverzahnungen der Kupplungswelle kontrollieren. Dazu die Scheibe aufstecken und an der Aussenkante zwischen Daumen und Zeigefinger erfassen. Die Scheibe im Drehsinn hin- und herbewegen. Falls ein Spiel von mehr als 0,4 mm festgestellt werden kann, liegt Verschleiss in den Keilverzahnungen vor. Die Ursache dafür ist meistens bei der Mitnehmerscheibe zu suchen.
Die inneren Enden der Tellerfeder auf Abnutzung hin kontrollieren. Falls tiefe Einlaufstellen festgestellt werden, muss man die komplette Kupplung erneuern.
Die Spitzen der Tellerfeder müssen alle innerhalb 0,5 mm auf der gleichen Höhe liegen. Verbogene Spitzen können wieder geradegebogen werden. Dazu wird normalerweise ein Spezialwerkzeug verwendet, jedoch kann man einen Stahlstreifen mit einem Schlitz versehen und die Enden biegen. Falls man Verschleissabnutzungen an den Spitzen feststellen kann, die bereits eine Tiefe von 0,3 mm erreicht haben, muss die Kupplung ebenfalls erneuert werden.
Das Messlineal über die Reibfläche der Druckplatte auflegen, wie es in Bild 81 gezeigt ist, und mit Fühlerlehren den Spalt abmessen. Falls der Spalt innen mehr als 0,3 mm beträgt, muss die Kupplung erneuert werden.

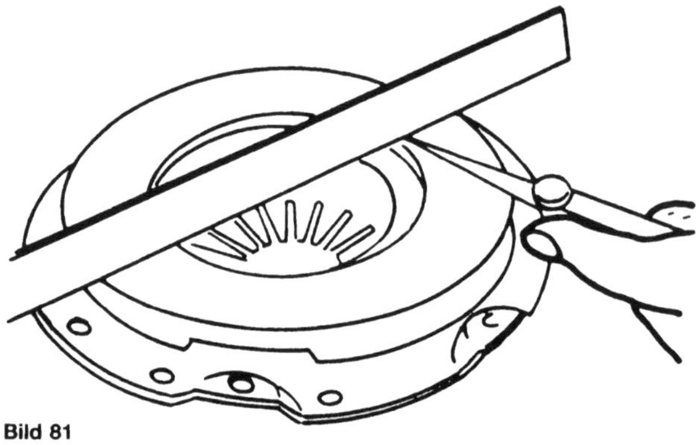

**Bild 81**
**Ausmessen der Kupplungsdruckplatte auf Verzug**

## 6.4 Kupplung einbauen

Der Einbau der Kupplung geschieht in umgekehrter Reihenfolge wie der Ausbau. Die folgenden Punkte sollten besonders beachtet werden:

- Falls die alte Kupplung wieder verwendet wird, die beim Ausbau eingezeichnete Markierung wieder ausfluchten. Eine neue Kupplung kann in beliebiger Weise angeschraubt werden.
- Ein Zentrierdorn wird zum Zentrieren der Mitnehmerscheibe verwendet. Dieser Dorn muss in die Verzahnung der Mitnehmerscheibe passen und einen Zapfen haben, der in die Führung der Kurbelwelle passt. Eine alte Kupplungswelle des Getriebes kann auch verwendet werden. Erfahrene Mechaniker sind auch in der Lage, die Mitnehmerscheibe nach Augenmass auszurichten.
- Die Kupplungsschrauben gleichmässig über Kreuz auf ein Anzugsdrehmoment von 25 Nm anziehen. Das Schwungrad muss dabei wieder gegengehalten werden.
- Getriebe wieder an den Motor anflanschen und das Triebwerk in das Fahrzeug einbauen (Kapitel 2.1.2) oder das Getriebe einbauen (Kapitel 7.1).

## 6.5 Erneuerung des Kupplungsausrücklagers

Ein herkömmliches Ausrücklager, d.h. ein Kugellager wird zum Aus- und Einrücken der Kupplung verwendet, welches nicht mit fettlösenden Flüssigkeiten ausgewaschen werden darf. Das Ausrücklager liegt ständig auf der Tellerfeder der Kupplung auf und dreht sich mit.

Zum Ausbau des Lagers muss das Getriebe aus dem Fahrzeug ausgebaut werden.

- Das Ausrücklager in der Innenseite des Kupplungsgehäuses lösen und nach der Vorderseite der Welle ziehen.
- Die Abdeckung für die Ausrückgabel aus dem Getriebe entfernen und die Gabel vom Kugelbolzen der Lagerung abdrücken.
- Ausrückgabel bis gegen das Getriebe ziehen und danach ankippen, bis sie zur Innenseite zu herausgezogen werden kann.
- Falls erforderlich, kann man den Kugelbolzen für die Ausrückgabel und die Abdichtung erneuern.

Der Einbau des Ausrücklagers und der Gabel werden in umgekehrter Reihenfolge durchgeführt. Folgende Punkte beachten:

- Die Kupplungswelle und die Gleitmuffe mit Molycote-Fett einschmieren.
- Den Kugelbolzen und die beiden Seiten der Ausrückgabel mit Mehrzweckfett einschmieren.

# 7 Das Getriebe

Ein Getriebe vom Typ BE 1/4 (Vierganggetriebe) oder BE 1/5 (Fünfganggetriebe) wird in den Peugeot 205 mit dem Dieselmotor eingebaut. Das Getriebe ist zusammen mit dem Differential im gleichen Gehäuse untergebracht.

## 7.1 Ausbau und Einbau des Getriebes

Das Getriebe kann getrennt, d.h. ohne Motor, aus dem Fahrzeug ausgebaut werden. Es wird von der Unterseite des Fahrzeuges her herausgehoben. Beim Ausbau des Getriebes folgendermassen vorgehen:

- Die Motorhaubenscharniere in geeigneter Weise am Motorhaubenblech anzeichnen (mit einem Bleistift). Die Haube abschrauben und an sicherer Stelle ablegen. Peugeot-Werkstätten setzen die Haube in senkrechte Stellung, jedoch ist ein Spezialwerkzeug dazu erforderlich.
- Die in Bild 82 gezeigten Teile ausbauen. Beim Ausbau des Kupplungsbetätigungshebels das

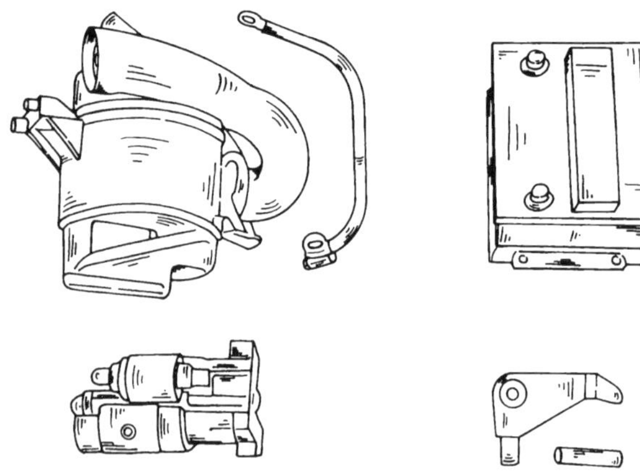

**Bild 82**
**Die gezeigten Teile zum Ausbau des Getriebes ausbauen**

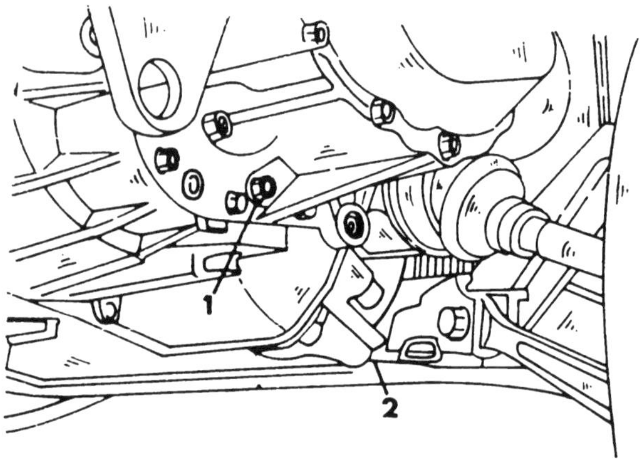


**Bild 83**
**Die beiden Ölablassstopfen (1) sind von der Unterseite des Getriebes auszuschrauben**

Kupplungsseil abschliessen, ohne die Einstellung zu verändern.

- Die drei Befestigungsschrauben des Anlassers an der Vorderseite lösen, die beiden Schrauben an der Rückseite entfernen und den Anlasser herausziehen, ohne die Kabel abzuklemmen.
- Vorderseite des Fahrzeuges auf Böcke setzen und zwei Unterstellböcke unter die Seiten der Karosserie untersetzen.
- Unter Bezug auf Bild 83 die beiden Ölablassstopfen herausdrehen. Das Öl in einen sauberen Behälter laufen lassen.
- Auf jeder Seite des Fahrzeuges die Klemmverbindung des Federbeins vom Aufhängungsarm lockern und entfernen.
- Vorderräder vollkommen nach rechts einschlagen und mit einem Reifenhebel, wie in Bild 84 gezeigt, den Querlenker nach unten drücken, bis der Schaft des Kugelgelenks aus dem Achsschenkel austritt.

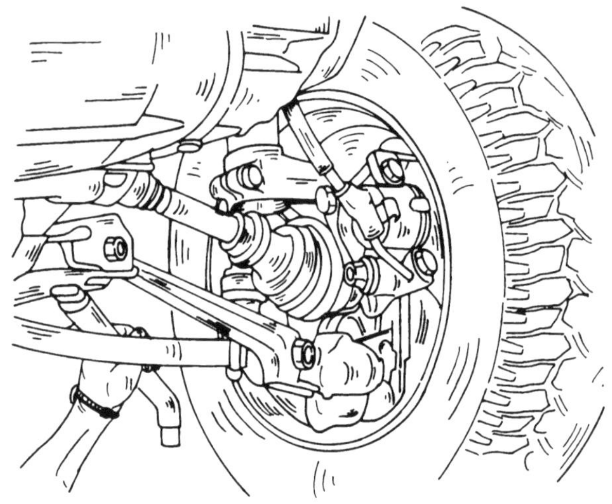

**Bild 84**
**Trennen des Aufhängungsarms vom Achsschenkel mit einem Reifenhebel**

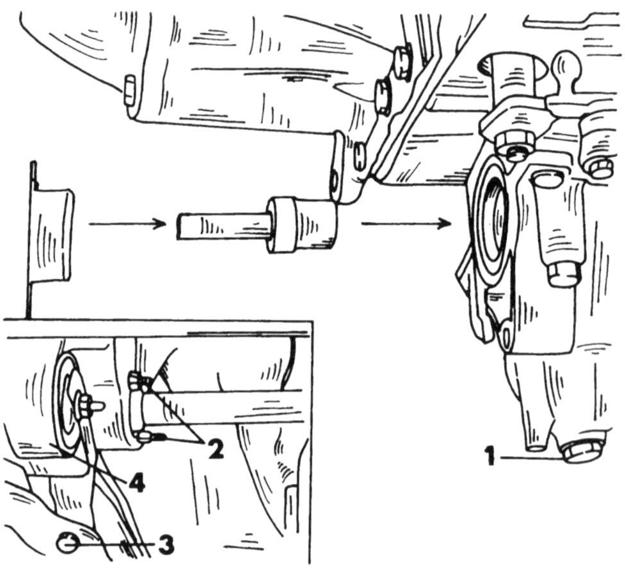


**Bild 85**
**Die gezeigten Spezialwerkzeuge nach Ausbau der Antriebswelle in das Seitenrad des Differentials einsetzen**

1 Schraube  2 Muttern  3 Schraube  4 Lagerung

- Die linke Antriebswelle aus dem Getriebe herausziehen, indem man das Rad nach aussen zieht.
- Die in Bild 85 gezeigten Werkzeuge in die Innenseite des Differentialseitenrades einschieben, damit diese nicht in die Innenseite des Getriebegehäuses fallen können.
- Vorderräder vollkommen nach rechts einschlagen und die gleichen Arbeiten auf der anderen Seite des Fahrzeuges durchführen. Die rechte Antriebswelle aus dem Getriebe herausziehen.
- Die hintere Befestigung der Drehmomentstütze entfernen, die vordere Befestigung lockern und

die Drehmomentstütze herunterhängen lassen.

- Die drei Schaltgestänge abschliessen.
- Den Motor mit einer geeigneten Seilschlinge und einem Kran aus den Aufhängungen heben, bis diese soeben unter Spannung stehen.
- Die linke Gummilagerung ausbauen.
- Den elektrischen Kabelstrang vom Getriebe abklemmen und so zur Seite legen, dass er sich nicht beim Herausheben des Getriebes verfangen kann.
- Tachometerspirale abschliessen.
- Den Motor etwas absenken, um an die unteren Schrauben des Batterieträgers zu kommen und die vier Schrauben herausdrehen.
- Den Motor weiterhin ablassen, dieses Mal soweit wie möglich, d.h. der Steuerdeckel sollte auf einer Seite soeben anschlagen. Während der Motor abgelassen wird, das Antriebsaggregat nach vorn ziehen, damit der Achsantrieb nicht gegen den Nebenrahmen anschlagen kann.
- Das untere Ende des Antriebsaggregats nach vorn halten, die Reaktionsstütze in die waagrechte Lage zurückbringen und die Befestigungsschraube in den Nebenrahmen einsetzen, wie es aus Bild 86 ersichtlich ist.
- Eine Hebeöse an der Oberseite des Getriebes anschrauben und mittels Seil an ein Hebezeug hängen. Falls kein Hebezeug zur Verfügung steht, kann man das Getriebe auch von unten herausheben, wozu eine zweite Person benötigt wird.
- Die vier Schrauben des Kupplungsgehäuses vom Zylinderblock entfernen. Ebenfalls den Deckel des Kupplungsgehäuses an der Unterseite abschrauben.
- Das Getriebe vom Zylinderblock abziehen und entweder am Hebezeug hängend nach unten ablassen oder das Getriebe von der Unterseite herausheben.

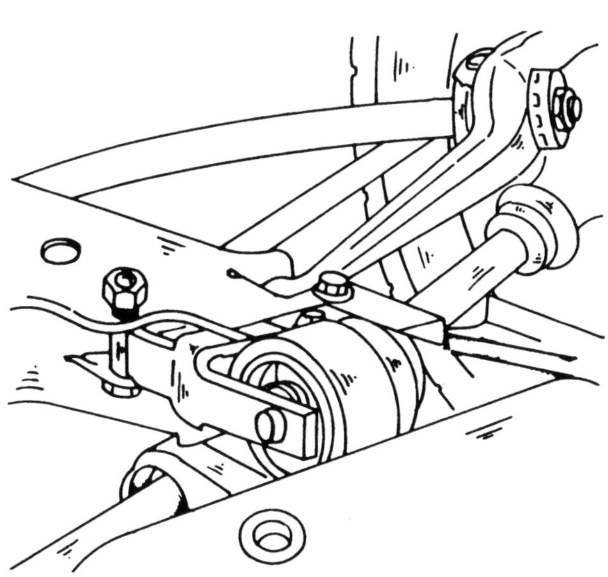

**Bild 86**
**Arbeitsstufe beim Ausbau des Getriebes**

Der Einbau geschieht in umgekehrter Reihenfolge wie der Ausbau unter Beachtung der folgenden Punkte:

- Beim Einbau die Dichtringe der Ölablassstopfen, alle selbstsichernden Muttern, Sicherungsscheiben und die Dichtringe der Differentialabtriebswellen erneuern.
- Nach Anschrauben des Kupplungsgehäuses an den Zylinderblock den Batterieträger montieren und das Triebwerk in die waagrechte Lage bringen.
- Die linke Gummilagerung montieren und die beiden äusseren Muttern mit 18 Nm und die mittlere Mutter mit 35 Nm anziehen. Den Motor danach wieder in seine Aufhängungen absenken.
- Drehmomentstütze montieren. Die Mutter in der Mitte mit 35 Nm, die Mutter an der Unterseite mit 45 Nm anziehen.
- Antriebswellen wieder montieren.
- Den Querlenker auf einer Seite mit einem Reifenhebel nach unten drücken, wie es in Bild 87 gezeigt ist, bis der Schaft des Kugelgelenks in einer Linie mit der Öffnung im Achsschenkel liegt. Den Schaft einführen und den Achsschenkel von einem Anschlag in den anderen bewegen, bis der Schaft vollkommen hineinrutscht.

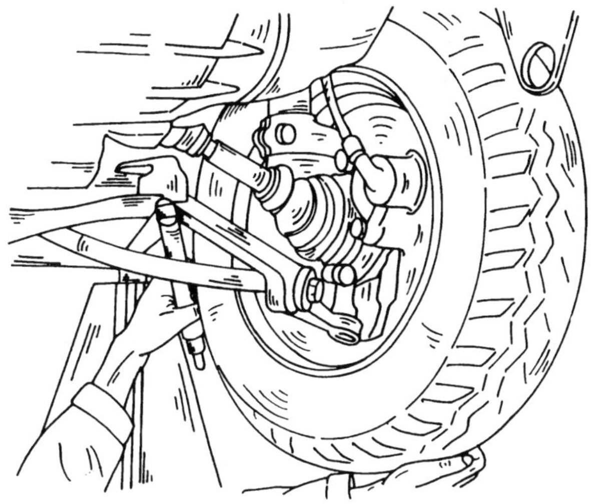

**Bild 87**
**Einbau des unteren Querlenkers in den Achsschenkel**

- Die gleiche Arbeit auf der anderen Seite des Fahrzeuges durchführen.

- Die Kugelgelenke mit neuen, selbstsichernden Muttern mit 35 Nm anziehen.
- Alle weiteren Arbeiten in umgekehrter Reihenfolge durchführen. Abschliessend das Getriebe nach Herausdrehen des Einfüllstopfens in Bild 88 mit 1,4 Liter Getriebeöl füllen und das Kupplungspedalspiel einstellen, bis der Pedalweg 140 mm beträgt.

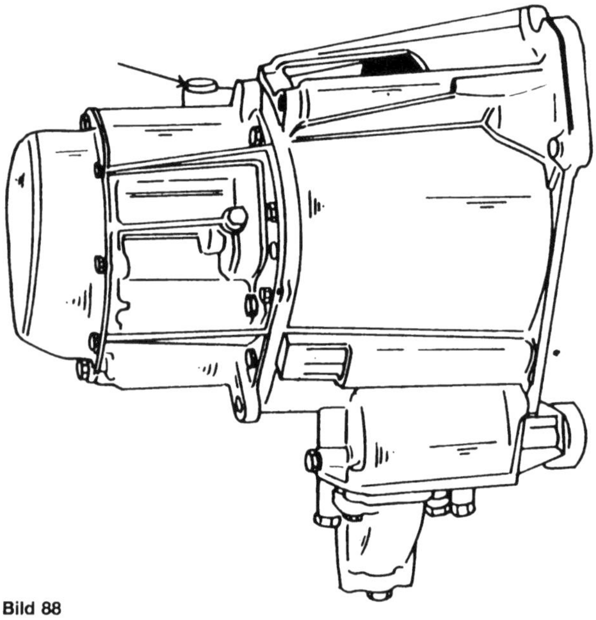

**Bild 88**
**Der Pfeil weist auf die Lage des Einfüllstopfens für das Getriebeöl**

## 7.2 Instandsetzung des Getriebes

### 7.2.1 Zerlegung des Getriebes

Abgesehen von einigen Lagerabziehern, welche durch Universalabzieher ersetzt werden und Einstellwerkzeug für den Achsantrieb wird wenig Spezialwerkzeug gebraucht, um das Getriebe zu überholen. Eine Tube «Loctite» muss zum Zusammenbau des Getriebes zur Verfügung stehen.

Der Achsantrieb befindet sich unter den Getriebewellen. Das Antriebsrad des Achsantriebs wird von einem Kegelrad am Ende der Abtriebswelle oder Sekundärwelle angetrieben. Bild 89 zeigt eine Schnittansicht des Getriebes mit der Lage der einzelnen Teile, beim Getriebetyp BE 1/5. Die Beschreibung bezieht sich auf die Zerlegung des Fünfganggetriebes. Die fehlenden Teile eines Vierganggetriebes wird man schnell feststellen. Bei der Zerlegung des Getriebes in der folgenden Reihenfolge vorgehen:

- Falls möglich, das Getriebe in einen Montagestand einspannen, damit man es in die richtige Lage zu jeder Zerlegungsarbeit drehen kann. Andernfalls das Getriebe auf einer sauberen Werkbank zerlegen.

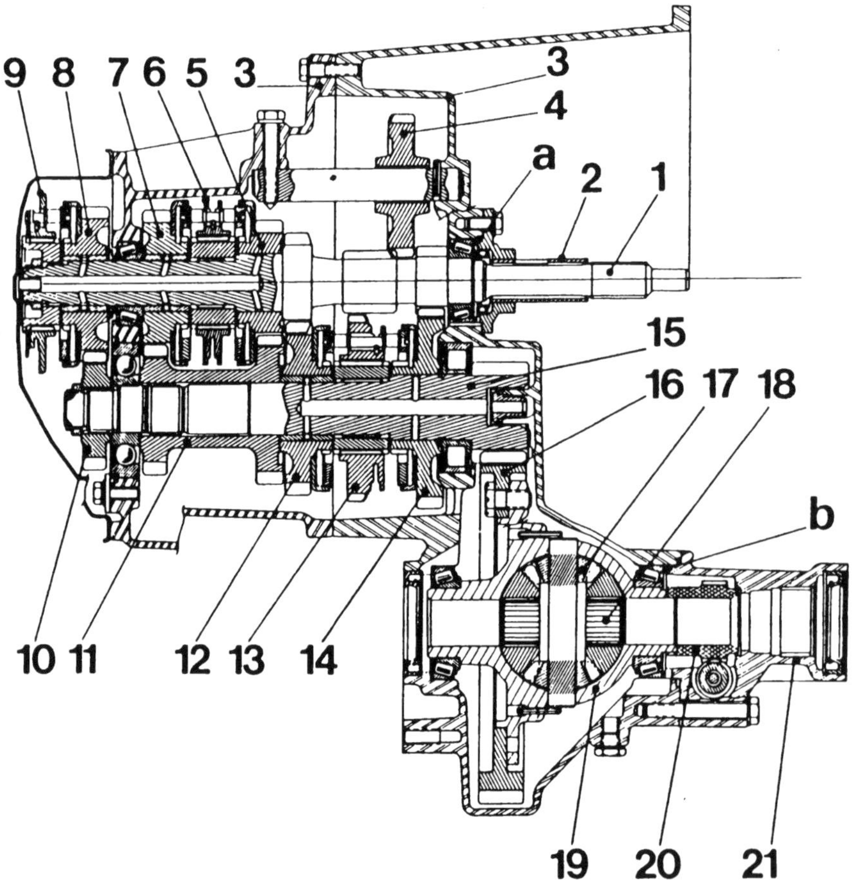


**Bild 89**
**Schnitt durch das Getriebe**

1 Antriebswelle
2 Führungsrohr, Kupplungslager
3 Getriebe- und Achsantriebsgehäuse
4 Rücklaufwelle
5 Gangrad, 3. Gang
6 Synchronkörper, 3./4. Gang
7 Gangrad, 4. Gang
8 Gangrad, 5. Gang
9 Synchronkörper, 5. Gang
10 Gangrad, 5. Gang
11 Gangräder, 3./4. Gang
12 Gangrad, 2. Gang
13 Synchronkörper, 1./2. Gang
14 Gangrad, 1. Gang
15 Abtriebswelle
16 Tellerrad
17 Differentialkegelräder
18 Differentialseitenräder
19 Differentialkorb
20 Tachometerantriebsrad
21 Anschlussgehäuse

- Den hinteren Deckel abschrauben.
- Mit einer Reissnadel das Verhältnis der Schiebemuffe und der Synchronnabe anzeichnen, wie es durch «a» in Bild 90 gezeigt ist.
- Den 5. Gang einschalten und den Stift (1) ausschlagen, welcher die Schaltgabel mit der Schaltschiene verbindet. Ein 5 mm-Durchschlag wird dazu gebraucht.
- 5. Gang eingeschaltet lassen und die Schaltgabel in die Leergangstellung zurückbringen, so dass die Schaltschiene durch die Gabel gleitet.
- Einen weiteren Gang einschalten, um das Getriebe zu blockieren.
- Mutter der Antriebswelle (2) mit einer 28 mm Stecknuss lösen.

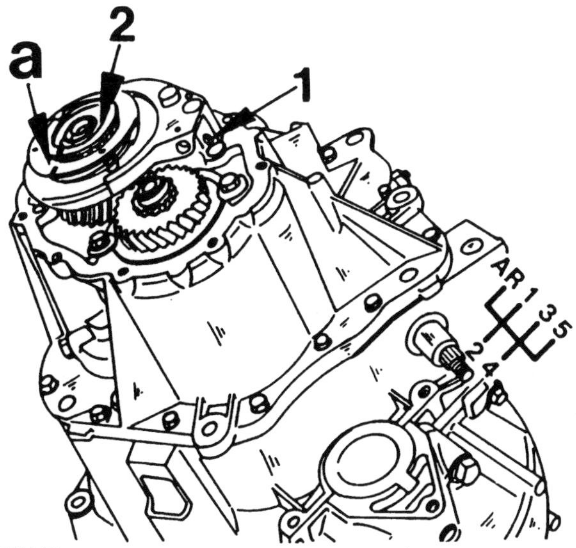


**Bild 90**
**Schiebemuffe und Synchronnabe an Stelle «a» zeichnen**

1 Sicherungsstift
2 Mutter der Antriebswelle

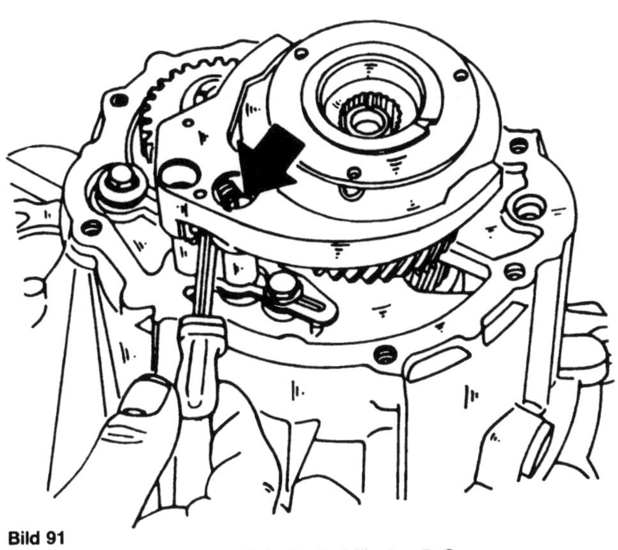

**Bild 91**
**Lage der Sperrkugel in der Schaltgabel für den 5. Gang**

- Synchronkörper, Schiebemuffe und Schaltgabel vom Getriebe herunterziehen. Dabei die Sperrkugel in der Schaltgabel in der in Bild 91 gezeigten Weise freimachen.
- Die Schiebemuffe und die Schaltnabe wieder ohne Schaltgabel aufstecken, den 5. Gang einschalten und die Mutter der anderen Welle lösen.
- Schiebemuffe des 5. Ganges, das Gangrad des 5. Ganges, die Büchse des Gangrades und die darunter befindliche Scheibe von der Welle ziehen.
- Unter Bezug auf Bild 92 die Schrauben (1) und (3) des hinteren Abtriebswellenlagers lösen und den Lagersicherungsring (2) mit einer Seegeringzange entfernen. Die Schraube der Sicherungsplatte für die Schaltschiene (4) entfernen und die Schraube für die Rücklaufwelle (5) ausschrauben.

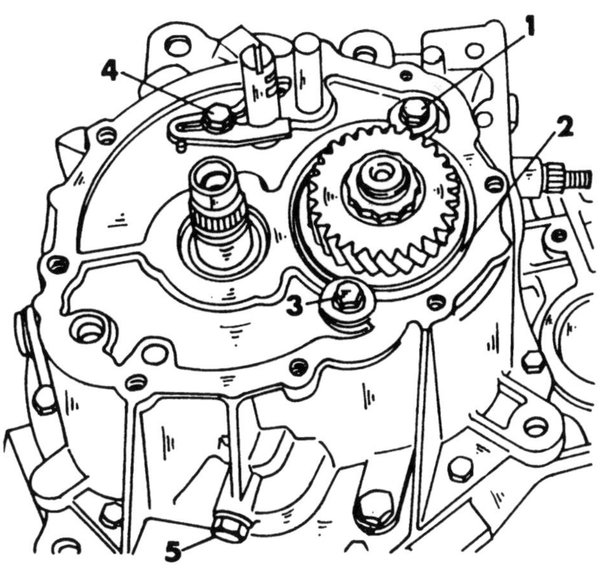


**Bild 92**
**Einzelheiten zum Zerlegen des Getriebes (siehe Text)**

1 Befestigungsschraube
2 Lagersprengring
3 Befestigungsschraube
4 Schraube für Sicherungswinkel
5 Schraube für Rücklaufwelle

- Die Befestigungsschrauben des Getriebegehäuses lösen.
- Das Getriebegehäuse mit einem Kunststoff- oder Plastikhammer abschlagen. Es sitzt auf Passstiften und kann nur nach Freigabe dieser abgehoben werden.
- Den Sprengring und die Scheibe an der Seite des Getriebes von der Gangwählwelle entfernen, die Welle nach innen schieben und den «O»-Dichtring abnehmen.
- Den Sicherungsstift aus dem Wählfinger und der Schaltsperre ausschlagen, wie es in Bild 93 ge-

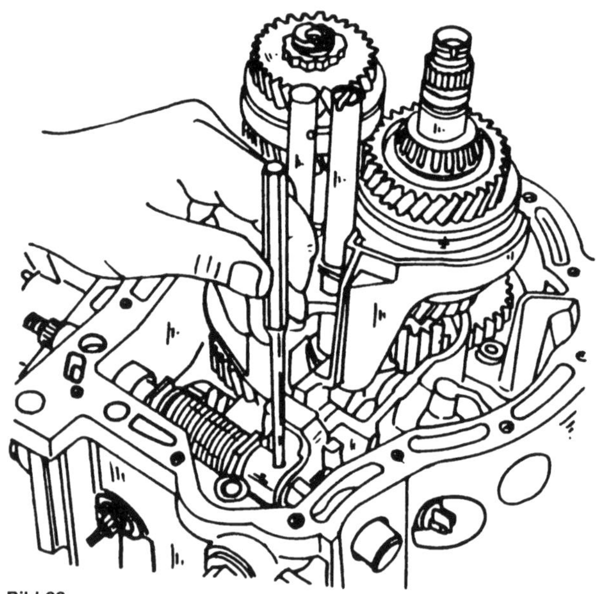

**Bild 93**
**Ausschlagen der Sicherungsstifte aus dem Wählfinger und der Schaltsperre**

**Bild 94**
**Ausbau der Getriebewellen**

zeigt ist. Dazu werden Durchschläge von 7,0 mm und 4,5 mm gebraucht.

- Schaltwelle nach aussen ziehen und der Reihe nach den Schaltfinger, die Schaltsperre, die Welle, die Feder und die Federsitze herunterziehen.
- Die Schraube in das Gewinde der Rücklaufwelle hineindrehen und mit deren Hilfe die Welle aus dem Gehäuse ziehen. Auf der anderen Seite des Gehäuses den Magneten herausnehmen.
- Die beiden Wellen, wie in Bild 94 gezeigt, erfassen und zusammen herausziehen.

Die nächsten Arbeiten unter Bezug auf Bild 95 durchführen:

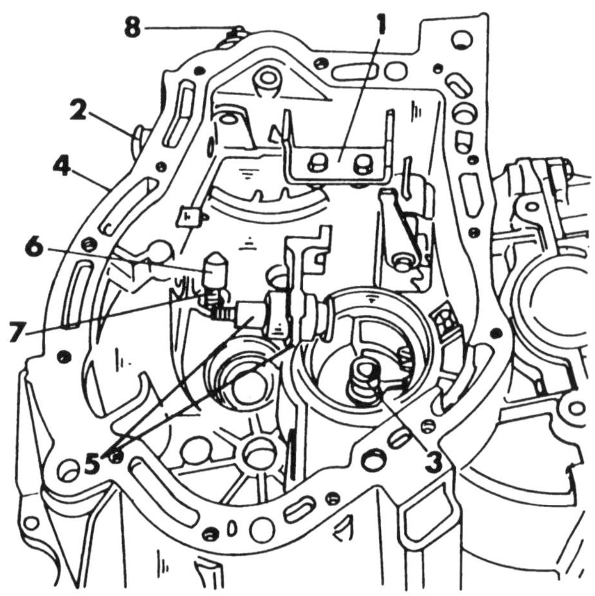


**Bild 95**
**Einzelheiten zum Zerlegen des Getriebes. Auf die Zahlen wird im Text verwiesen.**

- Den Federstützbügel (1) abschrauben, den Verschlussdeckel (2) entfernen und die Schaltwelle mit einem Durchschlag von nicht mehr als 14 mm Durchmesser herausschlagen.
- Die Schmierdüse (3) mit einem Werkzeug mit einem Haken am Ende herausziehen.
- Den Schalter für die Rückfahrleuchten (4) ausbauen.
- Die Schaltgabel und die Welle für den Rückwärtsgang (5) ausbauen und dabei den Sperrstift (6) und die Feder (7) abnehmen.
- Den Belüftungsstopfen (8) ausschrauben.
- Aus der Vorderseite des Getriebes das Führungsrohr für das Kupplungsausrücklager abschrauben und mit der Dichtung abnehmen. Die Ausgleichsscheibe und den äusseren Laufring des vorderen Antriebswellenlagers herausnehmen.
- Zum Zerlegen des Achsantriebs den Tachometerantrieb aus dem Gehäuse ausbauen und das Gehäuse abschrauben. Das Tachometerantriebsrad und die Ausgleichsscheibe herausnehmen.
- Das Achsantriebsgehäuse abschrauben. Falls die Differentiallager wieder eingebaut werden

sollen, müssen die äusseren Lagerlaufringe entsprechend ihrer Seitenzugehörigkeit gekennzeichnet werden.

Das Getriebe ist jetzt in seine Hauptbestandteile zerlegt und alle weiteren Angaben können wie folgend beschrieben durchgeführt werden.

### 7.2.2 Zerlegung der Antriebswelle

- Die Welle unter eine Presse setzen, mit Pressplatten unter dem Gangrad für den 3. Gang und die Welle durch das Lager und die anderen Teile pressen.
- Unter Bezug auf Bild 96 das Gangrad für den 4. Gang (2) mit der Büchse (1), den Synchronkörper (3) und das Gangrad für den 3. Gang (4) herunternehmen. Die Schiebemuffe und die Schaltnabe wie durch den Pfeil gekennzeichnet markieren und auseinandernehmen.
- Das Lager von der anderen Seite der Welle abpressen oder abziehen.

### 7.2.3 Zerlegung der Abtriebswelle

- Unter Bezug auf Bild 97 das Gangrad für den 5. Gang (1) und das Kugellager (2) mit einem Abzieher von der Welle herunterziehen.
- In Reihenfolge den Zahnradblock für den 3. und 4. Gang (3), das Gangrad des 2. Ganges (4) und dessen Büchse (5) von der Welle ziehen.
- Die Schiebemuffe und die Schaltnabe des Synchronkörpers, ähnlich wie in Bild 96 gezeigt, kennzeichnen und die Teile von der Welle ziehen, gefolgt vom Gangrad für den 1. Gang und den Halbscheiben zur Führung des Lagers. Das Lager unter einer Presse von der Welle drücken. Dabei das Gewinde der Welle nicht beschädigen.

### 7.2.4 Zerlegung des Differentials

Die Teile des Differentials sind in Bild 98 gezeigt.

- Das Tellerrad abschrauben.
- Den Sicherungsstift (3) ausschlagen und die Differentialachse austreiben.
- Die Differentialkegelräder (5) sowie die Seitenräder (2) herausnehmen, indem man sie entsprechend im Differentialkorb mit der Öffnung ausrichtet. Die Anlaufscheiben (4) herausnehmen.
- Falls erforderlich, die Differentiallager mit einem geeigneten Abzieher von den Lagerzapfen herunterziehen.

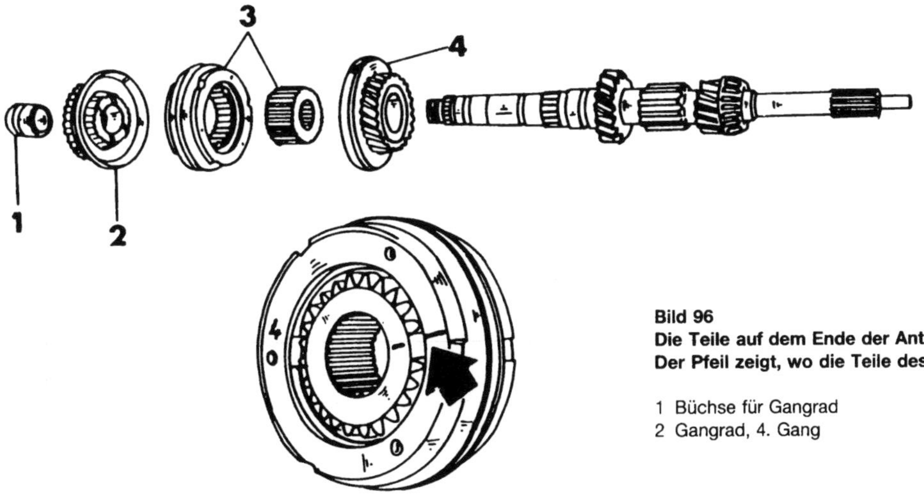


**Bild 96**
**Die Teile auf dem Ende der Antriebswelle.**
**Der Pfeil zeigt, wo die Teile des Synchronkörpers zu zeichnen sind.**

1 Büchse für Gangrad
2 Gangrad, 4. Gang
3 Synchronkörper
4 Gangrad, 3. Gang

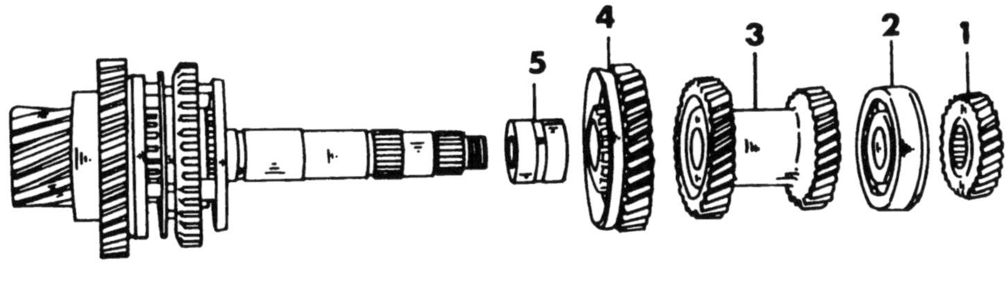


**Bild 97**
**Die Teile auf dem Ende der Abtriebswelle**

1 Gangrad, 5. Gang
2 Kugellager
3 Gangradblock, 3./4. Gang
4 Gangrad, 2. Gang
5 Büchse für Gangrad

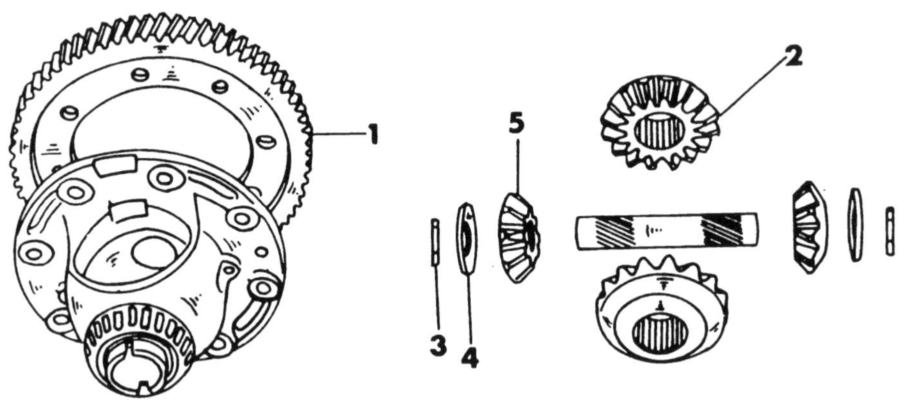


**Bild 98**
**Die Teile des Differentials**

1 Tellerrad
2 Ausgleichsseitenrad
3 Sicherungsstift
4 Anlaufscheibe
5 Ausgleichskegelrad

### 7.2.5 Zerlegung der Schaltgabeln und -schienen

Die Sperrkugeln befinden sich in den Schaltgabeln. Zum Ausbau die Schaltschienen in den Gabeln drehen, bis die Sperrasten aus den Kugeln herauskommen. Die Schaltschiene danach herausziehen. Die Teile der Schaltgabeln und -schienen sind in Bild 99 gezeigt.

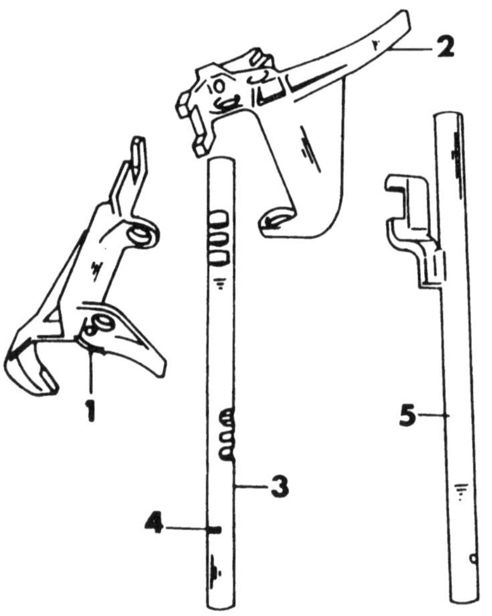


**Bild 99**
**Die Schaltgabeln und Schaltschienen**

1 Schaltgabel, 3./4. Gang
2 Schaltgabel, 1./2. Gang
3 Schaltschiene, 1. bis 4. Gang
4 Sperrkerbe, Arretierkugel
5 Schaltschiene, 5. Gang

## 7.3 Überprüfung der Getriebeteile

Das Getriebegehäuse gründlich reinigen. Die Überprüfung der Dichtflächen ist mittels einer Tuschierplatte vorzunehmen. Dabei ist darauf zu achten, dass die Dichtflächen nicht verkratzt oder beschädigt werden. Die max. zulässige Unebenheit der Dichtflächen beträgt 0,1 mm. Zum Ausmessen von Verzug ein Stahllineal mit Scharfkante verwenden und durch Einschieben von Blattfühlerlehren in der Mitte kontrollieren.

Alle Gangräder, Büchsen, Schaltschienen, Schaltgabeln usw. auf den üblichen Verschleiss kontrollieren und wie erforderlich neue Teile bestellen.

## 7.4 Getriebe zusammenbauen und einstellen

Je nachdem in welchem Umfang das Getriebe zerlegt wurde, werden die Zusammenbauarbeiten entsprechend der folgenden Untergliederungen durchgeführt.

### 7.4.1 Schaltmechanismus

Unter Bezug auf Bild 99:

- Die Schaltschiene für den 5. Gang (5) in die Schaltgabel für den 1./2. Gang (2) einschieben.
- Den Wählfingerschlitz der Schaltgabel für den 3./4. Gang (1) zwischen den der Schaltgabeln für den 1./2. Gang und 5. Gang einsetzen.
- Die Schaltschiene einschieben, wobei darauf zu achten ist, dass der Sperrschlitz von den Schaltgabeln wegweist.
- Den Schaltmechanismus in den Leergang schalten, d.h. alle Schlitze der Wählfinger müssen in einer Linie liegen.

### 7.4.2 Differential

Unter Bezug auf Bild 98:

- Die Lager auf die Lagerzapfen aufpressen. Dazu ein passendes Rohrstück verwenden.
- Das gut eingeölte Differentialseitenrad einlegen.
- Die beiden abgerundeten Anlaufscheiben gegen

die Seiten des Differentialgehäuses anlegen und die beiden Ausgleichskegelräder einsetzen. Die abgerundete Seite der Anlaufscheiben muss wie im Bild gezeigt ausgerichtet sein.

- Eines der Kegelräder mit den Bohrungen ausrichten, die Differentialachse einschlagen und danach das andere Kegelrad einlegen.
- Das zweite Differentialseitenrad über die Zähne der Kegelräder aufsetzen, die Räder in der Innenseite rollen bis die Differentialachse eingeschoben werden kann und die Achse mit dem Sicherungsstift befestigen.
- Das Tellerrad über das Differentialgehäuse setzen und die acht Schrauben eindrehen. Die Schrauben müssen immer erneuert werden. Das Differential mit Blechbacken in einen Schraubstock einspannen und die Schrauben gleichmässig über Kreuz mit einem Anzugsdrehmoment von 65 Nm anziehen.

### 7.4.3 Abtriebswelle

Beim Zusammenbau der Abtriebswelle Bezug auf Bild 100 nehmen.

- Alle Teile mit Motorenöl einschmieren, ehe sie zusammengebaut werden.

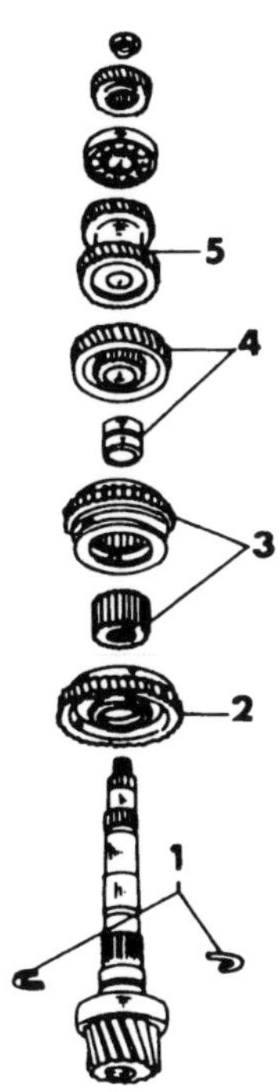


**Bild 100**
**Einzelheiten zum Zusammenbau der Abtriebswelle**

1 Halbscheiben
2 Gangrad, 1. Gang
3 Gangrad und Büchse, 2. Gang
4 Gangrad und Büchse, 2. Gang
5 Gangradblock, 3./4. Gang

- Lager unter einer Presse mit einem passenden Rohrstück auf die Welle pressen.
- Die Halbscheiben (1) über dem Lager anbringen und mit Fett ankleben.
- Das Gangrad des 1. Ganges aufschieben, ohne dabei die Halbscheiben zu verschieben.
- Die Schiebemuffe und die Schaltnabe (3) auf die Welle aufbringen, wobei die Kennzeichnungen gegenüberliegend auszurichten sind. Die Anschrägung an der Aussenseite der Zähne muss zum Gangrad des 1. Ganges weisen.
- Das Gangrad des 2. Ganges mit der Büchse (4) aufbringen, gefolgt vom Gangradblock für den 3. und 4. Gang (5).
- Welle unter eine Presse untersetzen und das Lager aufpressen. Die Rille für den Sprengring muss an die Aussenseite kommen.
- Das Gangrad für den 5. Gang entsprechend Bild 101 aufsetzen, d. h. der Bund am Gangrad (Pfeil) muss zum Lager weisen. Eine neue Mutter aufschrauben, aber noch nicht festziehen.

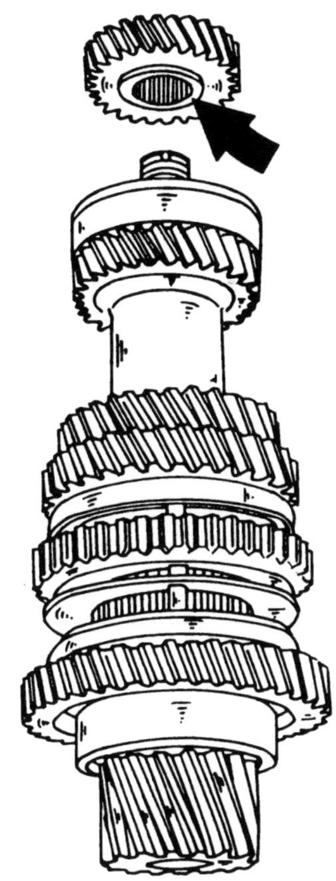

**Bild 101**
**Aufsetzen des Gangrades für den 5. Gang (siehe Text)**

### 7.4.4 Antriebswelle

- Abgezogene Lager müssen erneuert werden. Zum Aufpressen ein geeignetes Rohrstück ver-

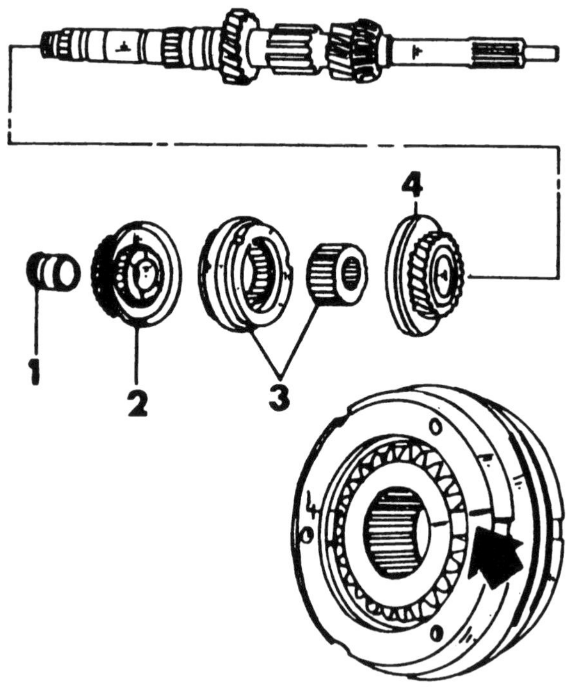


**Bild 102**
**Einzelheiten zum Zusammenbau der Antriebswelle**

1 Büchse
2 Gangrad, 4. Gang
3 Synchronkörperteile
4 Gangrad, 3. Gang

wenden. Den Druck nur auf dem inneren Lagerring ansetzen, damit die Lager nicht zerfallen. Den Lagerlaufring des hinteren Lagers in das Getriebegehäuse einschlagen.

- Das Gangrad des 3. Ganges (4) in Bild 102 auf die Welle schieben. Zu beachten ist, dass die Gangräder des 3. und 4. Ganges ähnlich aussehen und nicht verwechselt werden dürfen.
- Die Schiebemuffe und die Schaltnabe entsprechend den Kennzeichnungen (Pfeil, Bild 102) zusammensetzen und die Teile auf die Welle schieben. Die Markierungen an den Schaltriegeln müssen zum 3. Gangrad weisen und bündig mit dem Synchronkörper abschneiden.
- Das Gangrad des 4. Ganges (2) mit der Büchse (1) auf die Welle aufbringen.
- Das Lager über die zusammengebaute Welle pressen.

### 7.4.5 Zusammenbau des Achsantriebs

- Einen Passstift in die Fläche des Getriebegehäuses einschlagen und den Gangwählhebel montieren.
- Die Fläche des Antriebsgehäuses mit Dichtungsmasse einschmieren und das Differential in das Gehäuse heben.
- Das Halbgehäuse darüber setzen und das Anschlussgehäuse montieren, um die Flächen auszurichten. Die 10-mm- und 7-mm-Schrauben fingerfest anziehen und das Anschlussgehäuse wieder abnehmen.
- Den Öldichtring einschlagen und die Kappe über das Spezialwerkzeug zum Sperren des Differentialseitenrades setzen.

Die Vorspannung der Differentiallager wird jetzt folgendermassen eingestellt:

- Eine Ausgleichsscheibe von 2,2 mm Stärke auf den äusseren Laufring des Differentiallagers auflegen und das Anschlussgehäuse ohne «O»-Dichtring montieren.
- Das Tellerrad durchdrehen, während die Schrauben des Anschlussgehäuses fortschreitend angezogen werden, bis es soeben schwer ist, das Tellerrad durchzudrehen. Dadurch wird der richtige Sitz der äusseren Lagerlaufringe gewährleistet.
- Das Gehäuse wieder abschrauben und die Ausgleichsscheibe herausnehmen.
- Die erforderliche Scheibenstärke mit einer Tiefenlehre ermitteln. Dazu den Abstand von der Dichtfläche des Gehäuses zur Aussenfläche des Lagerlaufringes (Bild 103) und den Abstand vom

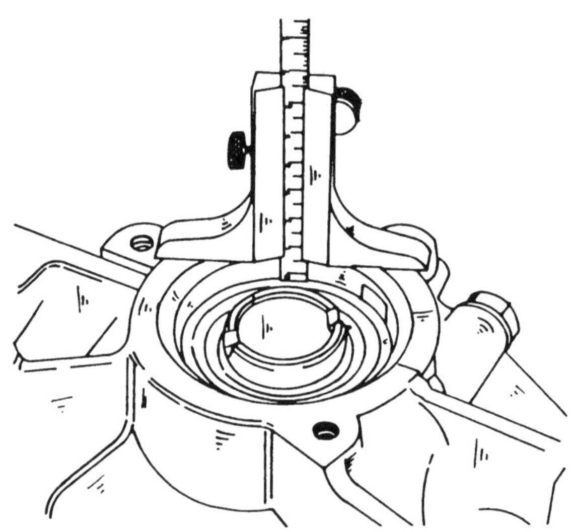

**Bild 103**
**Ausmessen des Getriebegehäuses bei der Einstellung der Lagervorspannung**

Vorsprung am Anschlussgehäuse zur Dichtfläche ausmessen. Zum Unterschied zwischen den beiden Massen eine Stärke von 0,10 mm hinzurechnen.

- Die Schrauben des Antriebsgehäuses festziehen. Die grösseren, 10-mm-Schrauben mit 40 Nm, die kleineren 7-mm-Schrauben mit 12,5 Nm.

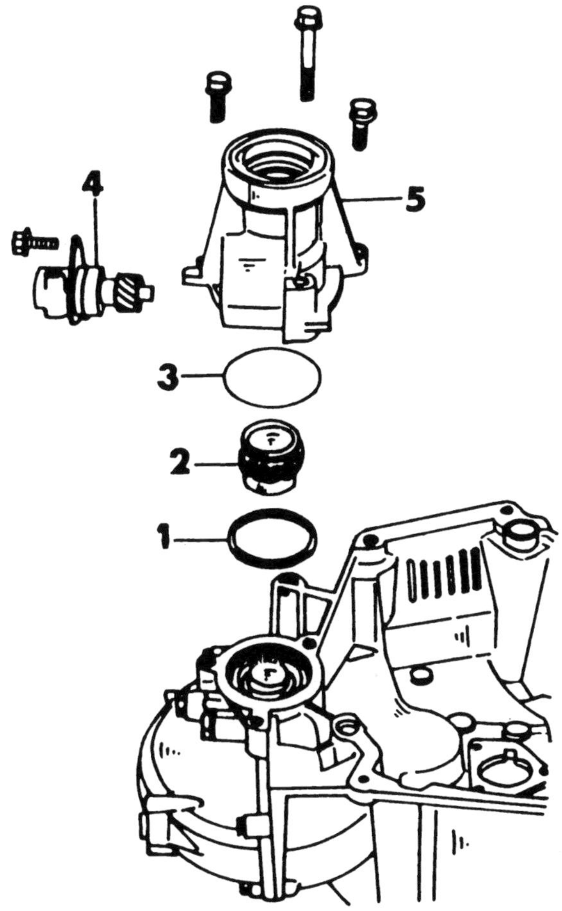


**Bild 104**
**Einzelheiten zum Zusammenbau des Achsantriebs**

1 Ausgleichsscheibe
2 Tachometerantriebsrad
3 «O»-Dichtring
4 Tachometerantrieb
5 Anschlussgehäuse

- Unter Bezug auf Bild 104 die Ausgleichsscheibe (1) einlegen, das Tachometerrad (2) darübersetzen und das Anschlussgehäuse (5) mit einem neuen «O»-Dichtring (3) aufsetzen. Die Schrauben mit einem Anzugsdrehmoment von 15 Nm anziehen.
- Tachometerantrieb (4) montieren und die Schraube mit 12,5 Nm anziehen.

### 7.4.6 Verbleibender Zusammenbau

- Den Öldichtring für die Gangschaltwelle montieren.
- Das Führungsrohr für das Kupplungsausrücklager ohne Papierdichtung montieren und ohne die Schrauben vollkommen anzuziehen.
- Die Distanzscheibe auflegen und den Lagerlaufring für das vordere Antriebswellenlager montieren.
- Den Federbügel anbringen und die Schrauben mit 15 Nm anziehen.
- Zwei Passstifte in die Dichtfläche einschlagen.
- Den Belüftungsstopfen und die Ölspritzdüse einbauen.
- Die Feder und den Sperrstift für den Rückwärtsgang einsetzen, den Stift nach innen drücken und die Spindel und die Welle einschieben. Die Mutter mit 20 Nm anziehen.
- Den Schalter der Rückfahrleuchte mit einer neuen Kupferscheibe einschrauben und mit 25 Nm anziehen.
- Die beiden Wellen miteinander in Eingriff bringen und zusammen mit den Schaltschienen in das Getriebegehäuse einsetzen.
- Die Rücklaufwelle und das Rücklaufrad montieren. Die Anschrägung der Zähne muss zur Rückseite des Getriebes weisen. Ebenfalls den Magnet einsetzen.
- Die Schaltwelle mit der Feder und den Scheiben in das Gehäuse einsetzen. Die Feder muss entsprechend zusammengedrückt werden.
- Die Schaltsperre und den Wählhebel mit der Schaltwelle in Eingriff bringen. Falls erforderlich, einen Dorn von nicht mehr als 14 mm Durchmesser zum Ausrichten benutzen. Den Deckel über das Ende der Schaltwelle setzen.
- Einen neuen «O»-Dichtring, eine Scheibe und den Sprengring an der Schaltwelle anbringen.
- Die Fläche des Kupplungsgehäuses mit Dichtungsmasse einschmieren und das Getriebegehäuse aufbringen. Die Schrauben mit 12,5 Nm anziehen.
- Unter Bezug auf Bild 84 die Sicherung in die Schaltwelle einsetzen und die Schraube (4) mit 15 Nm anziehen. Eine neue Scheibe auf die Schraube (5) auflegen, die Schraube eindrehen und mit 15 Nm anziehen. Den Lagersprengring (2) einfedern. Falls erforderlich, die Welle dazu etwas anheben. Unbedingt darauf achten, dass der Sprengring ringsherum sitzt. Das Lager mit den beiden Schrauben (1) und (3) befestigen und mit 15 Nm anziehen.
- Auf die herausstehende Welle die Scheibe, mit dem Bund zum Lager, die Büchse für das Gangrad des 5. Ganges, das Gangrad des 5. Ganges und den Synchronkörper aufstecken.
- Den 5. Gang und einen weiteren Gang einlegen und die Mutter der Abtriebswelle mit einem Drehmoment von 50 Nm anziehen. Die Mutter verstemmen, indem man den Bund der Mutter in die Rille der Welle einschlägt.
- Synchronkörper wieder abziehen und wieder mit der Schaltgabel montieren. Dabei die Sperrkugel

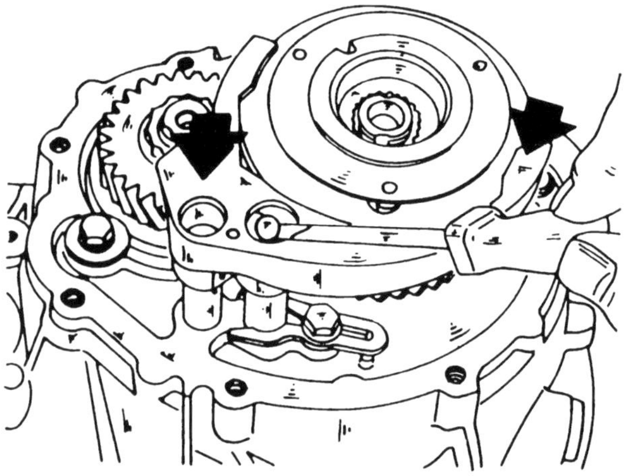

**Bild 105**
**Einschieben der Sperrfeder und Kugel mit einem Schraubenzieher, während der Synchronkörper in Pfeilrichtung aufgedrückt wird**

mit einem Schraubenzieher nach innen drücken, während der Synchronkörper aufgedrückt wird. Bild 105 zeigt diese Arbeit.

- Zwei Gänge einlegen und die Mutter der Abtriebswelle mit 50 Nm anziehen. Den Bund der Mutter danach in die Rille der Welle verstemmen.
- Die Schaltgabel für den 5. Gang mit einem Sicherungsstift an der Schaltschiene befestigen.
- Die Fläche des hinteren Deckels mit Dichtungsmasse einstreichen, die Schrauben eindrehen und mit einem Drehmoment von 12,5 Nm anziehen. Das Gewinde der Schrauben mit Gewindesicherungsmittel einstreichen.
- Das Führungsrohr für das Kupplungsausrücklager wieder ausbauen und die Lagervorspannung folgendermassen einstellen:
  - Eine Vorspannungsscheibe von 2,4 mm Stärke auf den äusseren Lagerlaufring legen.
  - Das Führungsrohr ohne Papierdichtung aufsetzen.
  - Die Antriebswelle langsam durchdrehen, während die Schrauben des Führungsrohres angezogen werden, bis die Welle soeben schwer zu drehen ist. Dadurch wird der richtige Sitz des äusseren Lagerlaufrings gewährleistet.
  - Führungsrohr wieder abschrauben und die Scheibe herausnehmen.
  - Mit einer Tiefenlehre das Mass von der Fläche des Getriebes bis zur Aussenfläche des Lageraussenringes ausmessen, wie es in Bild 106 gezeigt ist und in ähnlicher Weise den Abstand vom Bund des Führungsrohres bis zur Anlagefläche des Rohres ausmessen.

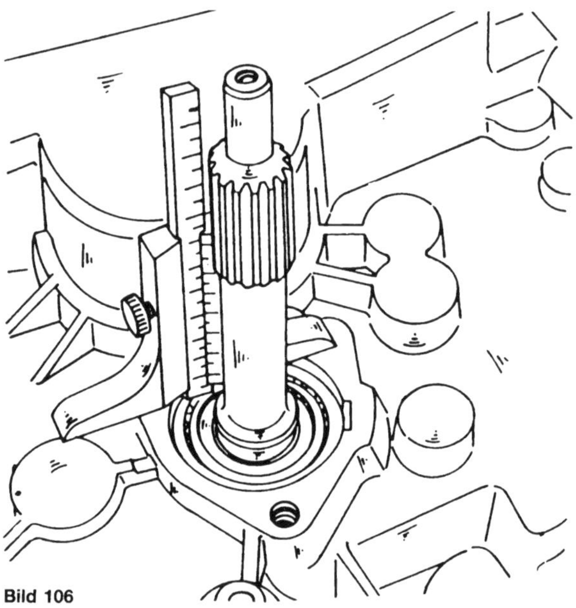

**Bild 106**
**Ausmessen des Abstandes von der Getriebefläche bis zur Oberfläche des äusseren Lagerlaufringes**

  - Den Unterschied zwischen den beiden Massen errechnen und einen Wert von 0,15 mm für die Vorspannung hinzurechnen. Dieser Wert schliesst ebenfalls die Stärke der Papierdichtung ein. Die gefundene Gesamtstärke ist die Stärke der Einstellscheibe.
- Einen neuen Dichtring in das Führungsrohr einschlagen.
- Die ausgemessene Einstellscheibe in das Getriebe einlegen, eine neue Papierdichtung auflegen und das Führungsrohr anschrauben. Das Drehmoment beträgt 12,5 Nm.

# 8 Die Antriebswellen

Die Antriebswellen haben auf der Getriebeseite ein sogenanntes Dreiachs-Gelenk, welches sich auf inneren Keilnuten verschieben kann und ein nichtgleitendes, homokinetisches Gleichlaufgelenk auf der Radseite. Die Mutter auf dem Ende der Antriebswellen ist mit sehr hohem Drehmoment angezogen und wird in ihrer Endstellung verstemmt.

## 8.1 Ausbau einer Gelenkwelle

Zum Ausbau einer Antriebswelle werden bestimmte Spezialwerkzeuge benötigt, in der Hauptsache das Haltewerkzeug für das Differentialseitenrad, um dieses in seiner Lage zu halten, nachdem man die Welle herausgezogen hat. Falls man das Seitenrad einfach in seiner Stellung lässt, kann es in das Getriebe fallen.

Beim Ausbau einer Antriebswelle folgendermassen vorgehen:

- Vorderseite des Fahrzeuges aufbocken und die beiden in Bild 107 gezeigten Ölablassstopfen herausdrehen. Das Öl in einen geeigneten Behälter ablaufen lassen.
- Fahrzeug wieder auf die Räder absenken und die Handbremse anziehen.

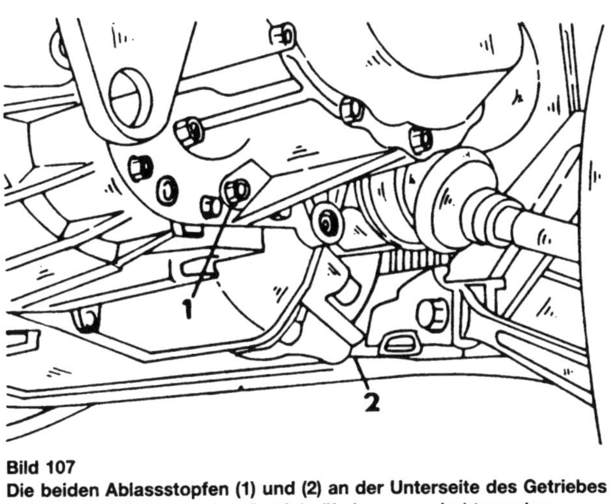


**Bild 107**
**Die beiden Ablassstopfen (1) und (2) an der Unterseite des Getriebes müssen zum Ablassen des Getriebeöls herausgedreht werden**

- Bei Fahrzeugen mit Radblenden diese entfernen und die Mutter der Antriebswelle lösen. Das Fahrzeug vorn anheben und auf Böcke setzen.
- Bei Fahrzeugen mit Aluminiumfelgen oder Stahlfelgen mit integralen Radblenden das Fahrzeug vorn aufbocken und das Rad auf der betreffenden Seite abnehmen. Die Radnabe in geeigneter Weise gegenhalten und die Achswellenmutter lösen. Zum Gegenhalten kann man eine Stahlstange zwischen zwei der Radbolzen einsetzen, jedoch müssen die Radmuttern aufgeschraubt werden, um das Gewinde nicht zu beschädigen.
- Auf beiden Seiten die Klemmschrauben des unteren Kugelgelenks vom Federbein lösen und mit einem Hebel, wie in Bild 108 gezeigt, den Querlenker nach unten drücken, bis der Kugelgelenkschaft aus dem Achsschenkel austritt.

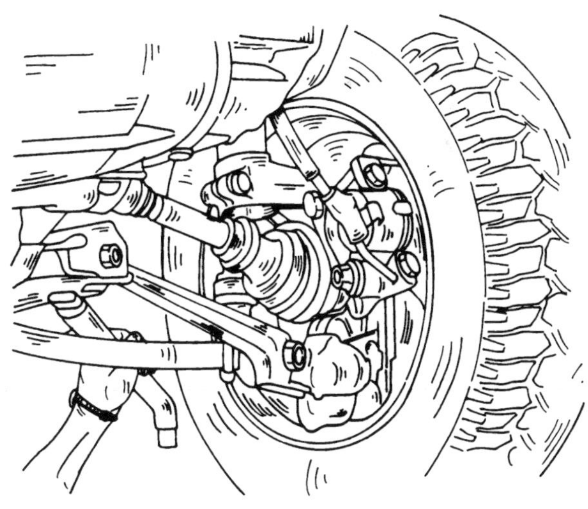

**Bild 108**
**Ausbau des Querlenkers von der Kugelgelenkverbindung mit einem Reifenhebel**

- Zum Ausbau der Welle auf der linken Seite den Achskopf vollkommen nach rechts einschlagen und den Achskopf nach aussen ziehen, bis die Antriebswelle aus der Lagerung frei ist.
- Antriebswelle nach einer Seite schieben und aus dem Getriebe herausziehen.

*Hinweis:* Niemals beide Antriebswellen zusammen ausbauen. Vor dem Ausbau der rechten Antriebswelle das Haltewerkzeug 8.0317 M und N einsetzen, wie es in Bild 109 gezeigt ist, um zu verhindern, dass das Seitenrad in das Getriebe fallen kann. Ausserdem niemals das Fahrzeug bei ausgebauter Antriebswelle verschieben, indem man die Räder wieder anschraubt.

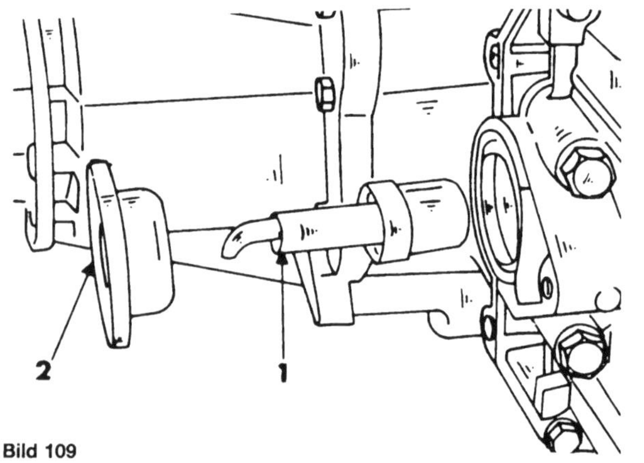


**Bild 109**
**Die gezeigten Spezialwerkzeuge (1) und (2) müssen in das Differential eingesetzt werden, damit das Ausgleichsseitenrad nicht in das Gehäuse fallen kann**

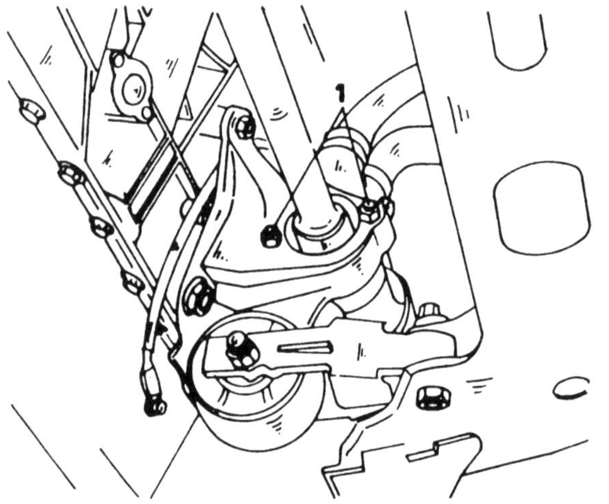


**Bild 110**
**Die beiden Muttern (1) halten die Lagerung der rechten Antriebswelle**

- Beim Ausbau der rechten Antriebswelle sind die folgenden Punkte zu beachten:
  - Unter Bezug auf Bild 110 die beiden Muttern (1) lockern, um das Lager des Lagergehäuses für die Antriebswelle zu lösen.
  - Die Exzenterschraubenköpfe um eine halbe Umdrehung aus ihrer Grundstellung verdrehen, indem man die selbstsichernden Muttern verdreht.
  - Lenkung nach links einschlagen.
  - Den Achskopf nach aussen ziehen, bis das Ende der Antriebswelle frei ist.
  - Die Antriebswelle aus dem Getriebe herausziehen und seitwärts durch das Lagergehäuse herausnehmen.

### 8.1.1 Einbau einer Antriebswelle

Die beiden Öldichtringe in den Seiten des Getriebes müssen immer erneuert werden, wenn man eine Antriebswelle ausgebaut hat. Die alten Ringe mit einem Schraubenzieher aushebeln, ohne dabei das Getriebegehäuse zu beschädigen.
Den Raum zwischen den beiden Lippen der Dichtringe mit Fett füllen und die Dichtringe einschlagen, ohne sie dabei zu beschädigen.
Die mit dem neuen Öldichtring mitgelieferte Schutzhülse auf das Antriebswellenlagerende aufschieben, ehe die rechte Antriebswelle eingebaut wird. Die Schutzhülse herausnehmen, nachdem die Schrauben (1) in Bild 110 festgezogen wurden.
Der verbleibende Einbau der Antriebswellen geschieht in umgekehrter Reihenfolge wie der Ausbau. Beim Anschliessen des Querlenkers an den Achsschenkeln diesen mit einem Reifenhebel nach unten drücken und den Schaft des Kugelbolzens mit der Aufnahme im Achsschenkel ausrichten. Den Schaft ansetzen und den Hebel langsam zurücklassen. Den Achsschenkel von links nach rechts einschlagen, bis der Schaft in die Aufnahme einspringt. Alle Anzugsdrehmomente sind der Tabelle am Ende des Buches zu entnehmen. Die Achswellenmuttern anziehen, wenn das Fahrzeug mit seinen Rädern auf dem Boden aufsteht.

## 8.2 Reparatur einer Antriebswelle

Falls eine Antriebswelle an den Gelenken ausgeschlagen ist, sollte man sie immer erneuern. Eingerissene Gummimanschetten bringen in den meisten Fällen das Eintreten von Schmutz mit sich, da man meistens einen Schaden in der Gummimanschette feststellt, wenn es bereits zu spät ist. Auch in diesem Fall wird strengstens geraten, eine neue Welle einzubauen. Ihre Peugeot-Werkstatt wird Sie beraten, ob die Welle erneuert werden muss, oder ob man die Gummimanschetten erneuern kann. In diesem Fall die Arbeiten in der Werkstatt durchführen lassen.

# 9 Die Lenkung

Der Peugeot 205 Diesel ist mit einer Zahnstangenlenkung ausgerüstet.

## 9.1 Das Lenkgetriebe

### 9.1.1 Ausbau

- Die Vorderseite des Fahrzeuges auf Böcke setzen. Die Vorderräder abschrauben.
- Von der Innenseite des Motorraums her die Mutter der Klemmschraube (2) in Bild 111 entfernen. Diese Klemmschraube hält die Lenkscheibe an der Lenkwelle.
- Die Muttern der beiden Kugelbolzen für die Spurstangengelenke entfernen und mit einem geeigneten Kugelbolzenabzieher, wie er in Bild 112 gezeigt ist, die Verbindungen auf beiden Seiten trennen.
- Die Befestigungsschrauben und Muttern (1) in Bild 113 entfernen und die Abstandsstücke abnehmen.

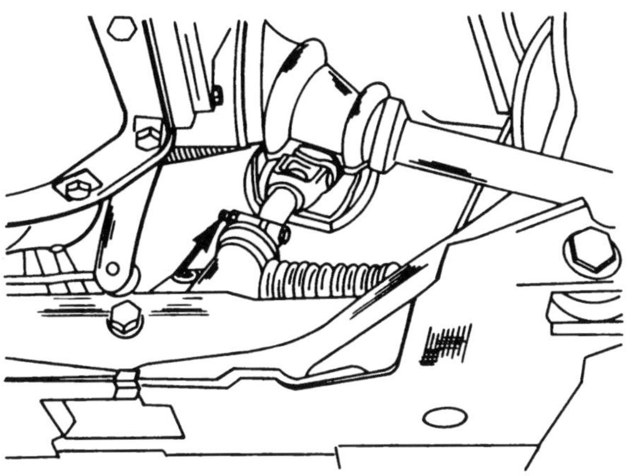

**Bild 111**
**Der Pfeil weist auf die Klemmschraube der Lenksäulenbefestigung**

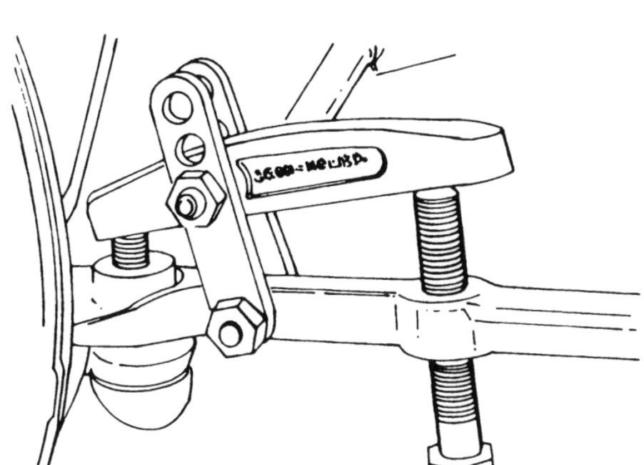

**Bild 112**
**Abdrücken eines Spurstangenkopfes mit dem Spezialabzieher**

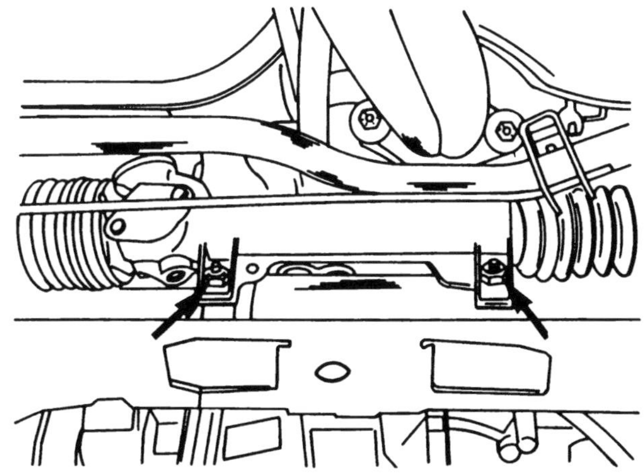

**Bild 113**
**Die Lage der beiden Befestigungsschrauben der Zahnstangenlenkung**

- Die Lenkung nach der Seite zu aus dem Fahrzeug herausziehen.

Falls die Spurstangenköpfe erneuert werden sollen, die Kontermuttern lockern und die Gelenke abschrauben. Dabei die genaue Anzahl der Umdrehungen zählen, welche zum vollkommenen Abschrauben erforderlich sind. Die Anzahl der Umdrehungen für jede Seite auf ein Stück Papier schreiben, damit das neue Gelenk um den gleichen Wert wieder auf die Spurstange geschraubt werden kann. Dadurch werden die Spurstangen auf die richtige Länge zum Einstellen der Vorspur gestellt.

### 9.1.2 Einbau

Der Einbau der Lenkung geschieht in umgekehrter Reihenfolge wie der Ausbau unter Beachtung der folgenden Punkte:

- Den Zustand der Lenkungsmanschetten kontrollieren und überprüfen, dass die Befestigungsspangen gut angelegt sind.
- Falls neue Spurstangenköpfe eingebaut werden,

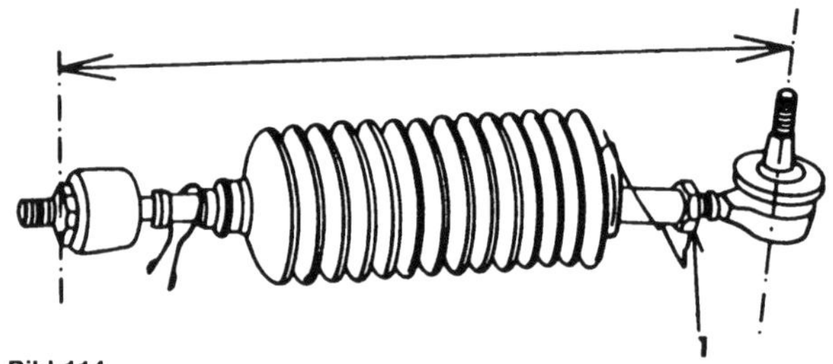


**Bild 114**
**Die Spurstangen auf die vorgeschriebene Länge von 356 mm einstellen**

1 Kontermutter

diese wie oben beschrieben wieder auf die Spurstangen schrauben. Nach dem Aufschrauben mit einem Messlineal das Mass «L» in Bild 114 ausmessen. Dieses Mass genau auf 365,0 mm bringen. Die Kontermutter in dieser Stellung anziehen.

- Die Lenkung in die Geradeausstellung bringen, wie es in Kapitel 9.3 beschrieben ist.
- Die Lenkung am vorderen Querträger ansetzen, aber gleichzeitig die Lenkwelle in den Flansch der Lenkscheibe einsetzen. Kontrollieren, dass die Lenkradspeiche richtig steht, wenn der Eingriff zustandegekommen ist. Falls dies nicht der Fall ist, muss die Lenkwelle um eine halbe Umdrehung verdreht werden.
- Die Abstandshülsen unterlegen und die beiden Schrauben einschieben.
- Neue selbstsichernde Muttern für die Schrauben verwenden und die Muttern abwechselnd auf ein Anzugsdrehmoment von 30 bis 40 Nm anziehen.
- Die Klemmschraube in die Lenkverbindungsscheibe einschlagen. Die Aussparung in der Welle muss dementsprechend ausgefluchtet sein. Eine neue selbstsichernde Mutter mit 12,5 bis 17,5 Nm anziehen.
- Die Spurstangenköpfe an den Lenkhebeln anschliessen. Die Kugelbolzen müssen frei von Fett oder Öl sein, um einen guten Sitz zu gewährleisten. Neue selbstsichernde Muttern mit 30 bis 40 Nm anziehen.
- Vorspur einstellen, wie es in Kapitel 9.6 beschrieben ist.

### 9.1.3 Reparatur der Lenkung

Die Lenkung sollte nicht zerlegt werden. Im Fall von Verschleiss oder Schäden sollte man eine neue Lenkung einbauen oder versuchen, eine Austauschlenkung zu beziehen. Obwohl es möglich ist, den Lenkungsdämpfer in der Innenseite der Zahnstange einzustellen, wird diese Arbeit nicht empfohlen, da eine spezielle Messuhr sowie ein besonders abgeänderter Deckel für den Lenkungsdämpfer erforderlich sind. Der Deckel muss zur Messung durchbohrt werden, so dass man ihn später nicht mehr verwenden kann.

## 9.2 Mittelstellung der Lenkung

Die Lenkung muss in die Mittelstellung gebracht werden, wenn man die Vorspur kontrollieren oder einstellen will. Dies ist ebenfalls bei allen Arbeiten erforderlich, bei denen die Lenkung in der Mittelstellung stehen muss.

- Lenkung vollkommen in einen Einschlag einschlagen und an der Oberseite der Lenkradfelge ein Stück Klebband umwickeln. Auf das Klebband mit einem Schreiber einen Markierungsstrich einzeichnen («A», Bild 115).

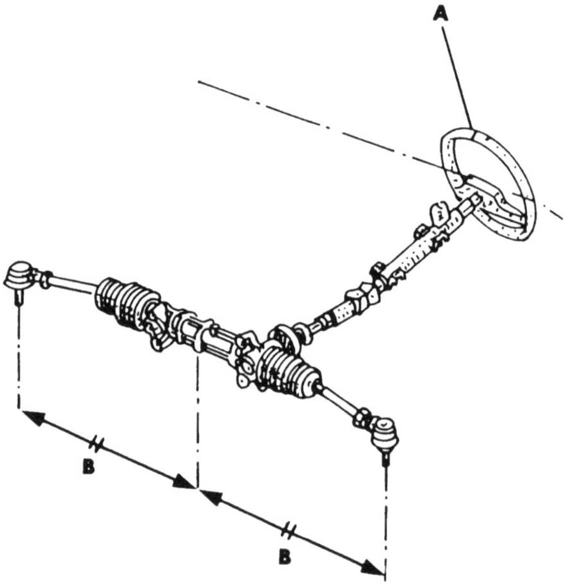


**Bild 115**
**Mittelstellung der Lenkung. Wenn die Lenkradmarkierung (A) in der Mitte steht, müssen beide Spurstangen die gleiche Länge (B) haben.**

- Aus der Anschlagstellung die Lenkung in den anderen Anschlag einschlagen und die genaue Anzahl der Umdrehungen zählen.
- Die gezählten Umdrehungen durch 2 teilen und das Lenkrad um genau diesen Wert zurückdrehen.
- Kontrollieren, dass die Räder genau in der Geradeausstellung stehen.
- Falls dies nicht der Fall ist, die Spurstange auf der Seite des ausser Linie stehenden Rades

verstellen, um das Rad in die Mittelstellung zu bringen.

- Stellung des Lenkrades kontrollieren. Falls es nicht in der Mittelstellung steht, das Lenkrad abmontieren und in der neuen Stellung wieder montieren.

## 9.3 Erneuerung der Lenkscheibe

Die Lenkscheibe kann ohne Ausbau der Lenkung erneuert werden, jedoch muss die Lenkung vom Querträger abgeschraubt werden, damit man sie zum Trennen der Lenkscheibe absenken kann.

- Das Schaltgestänge von der Lenkung trennen und die beiden Schrauben der Lenkung lösen.
- Die Lenkung nach unten absenken und die Klemmschraube aus der Verbindung am Lenkritzel herausschlagen.
- Mutter und Schraube der Lenkscheibe an der Lenkzwischenwelle entfernen und die Lenkscheibe abziehen.
- Der Einbau geschieht in umgekehrter Reihenfolge wie der Ausbau. Alle Muttern mit 15 Nm anziehen.

## 9.4 Erneuerung der Spurstangen

Obwohl die Spurstangen bei eingebauter Lenkung erneuert werden können, raten wir die Lenkung auszubauen, da man besser an die Befestigung heran kann.

- Die Lenkmanschette von der Spurstange und der Seite des Zahnstangengehäuses entfernen. Dazu die beiden Enden der Befestigungsspangen zusammendrücken, bis sie über die Kante gehoben werden können.
- Lenkungsmanschette auf der Spurstange nach aussen schieben.
- Anschlussstelle der Spurstange an der Zahnstange gründlich reinigen, um das Sicherungsblech zu finden.
- Lasche des Sicherungsbleches mit einem Meissel oder einem kräftigen Schraubenzieher zurückschlagen. Die Spurstange ist mit dem eigentlichen, inneren Kugelgelenk an der Zahnstange befestigt. Peugeot-Werkstätten verwenden ein Spezialwerkzeug zum Abschrauben des Kugelgelenks, jedoch kann man es mit einer Wasserpumpenzange oder einer Klemmzange versuchen. Das runde Kugelgelenkgehäuse ist ziemlich fest gebaut und das Schadenrisiko ist sehr niedrig.
- Spurstange abschrauben, sobald sie frei ist.
- Sicherungsblech und Unterlegscheibe abnehmen. Das Sicherungsblech muss immer erneuert werden.
- Zum Lösen des Spurstangengelenks an der Aussenseite die Kontermutter lockern und den Kopf abschrauben. Dabei die Umdrehungen zählen, die zum Abschrauben erforderlich sind.
- Das neue Spurstangengelenk mit der gleichen Anzahl Umdrehungen wieder aufdrehen.
- Neue Spurstange mit der Unterlegscheibe und dem Sicherungsblech an der Zahnstange anschrauben und das Kugelgelenkgehäuse mit einer Wasserpumpenzange oder einer Klemmzange so fest wie möglich anziehen.
- Lasche des Sicherungsbleches umschlagen, um das Kugelgelenkgehäuse zu sichern.
- Zahnstange mit Lenkfett einschmieren und die Lenkungsmanschetten anbringen.
- Spurstange am Lenkhebel befestigen. Eine neue selbstsichernde Mutter muss dazu verwendet werden. Das Anzugsdrehmoment der Mutter beträgt 40 Nm.
- Länge der Spurstange zwischen den in Bild 114 gezeigten Stellen ausmessen und die Länge verstellen, falls das Mass nicht 365 mm beträgt.

## 9.5 Vorderradgeometrie

Die Einstellung der Vorderräder muss kontrolliert werden, wenn das Fahrzeug sein Betriebsgewicht hat, d. h. unbeladen und mit Wasser, Öl und Kraftstoff gefüllt.

### 9.5.1 Nachlaufwinkel

Der Nachlaufwinkel kann nicht eingestellt werden. Der Winkel kann mit einem gewöhnlichen Messgerät entsprechend den Anweisungen des Herstellers ausgemessen werden. Der Nachlauf sollte 1° 40′ betragen. Eine Toleranz von 30′ nach beiden Seiten ist zulässig.

Falls die erhaltenen Werte ausserhalb der angegebenen Grenzen liegen, kann man annehmen, dass die Vorderradaufhängung verzogen ist. In diesem Fall den Vorderwagen ausmessen lassen.

### 9.5.2 Sturzwinkel

Den Sturzwinkel mit einem gewöhnlichen Messgerät entsprechend den Anweisungen des Geräteherstellers ausmessen. Der Unterschied zwischen den beiden Seiten darf nicht grösser als 30′ sein. Der Winkel muss 0° 30′ betragen. Eine Toleranz von 30′ nach beiden Seiten ist zulässig.
Der Nachlauf kann nicht eingestellt werden. Falls die erhaltenen Werte ausserhalb der Grenzen liegen, kann man annehmen, dass Verzug in der Vorderradaufhängung stattgefunden hat. In diesem Fall den Vorderwagen einwandfrei vermessen lassen.

### 9.5.3 Vorspur der Vorderräder

Die Vorspur der Vorderräder kann mit einem mechanischen Spurmessgerät ausgemessen werden. Die Vorderräder sind auf eine Vorspur von 3,0 mm eingestellt, d.h. die Räder stehen an der Vorderseite näher zusammen als an der Rückseite. Bei der Messung folgendermassen vorgehen:

- Reifendrücke kontrollieren und ggf. berichtigen.
- Fahrzeug auf einer ebenen Fläche abstellen und die Vorderräder in die Geradeausstellung bringen. Dies kann man anhand der Lenkradspeiche durchführen.
- Das Spurmessgerät an der Vorderseite der Räder ansetzen und die beiden Messstifte gegen die Kanten der Felgen anlegen und auf Null stellen. Dies muss in Nabenhöhe durchgeführt werden.
- Die Anlagestellen der Messstifte mit Kreide anzeichnen.
- Spurmass entfernen.
- Das Fahrzeug um eine halbe Umdrehung der Räder nach vorn schieben, d.h. bis die beiden Kreidezeichen jetzt an der Rückseite der Räder und wieder in Nabenhöhe stehen.
- Das Spurmass unter dem Wagen durchschieben und die Messstifte wieder gegen die Kanten der Felgen anlegen. Falls die Räder Vorspur haben, heisst das, dass man die Stifte herausziehen muss.
- Messstifte feststellen und die Anzeige ablesen. Das Mass sollte jetzt mindestens 3,0 mm grösser sein.
- Falls dies nicht der Fall ist, die Kontermuttern der beiden Spurstangen an den äusseren Kugelgelenken lockern und die beiden Spurstangen um den gleichen Wert verstellen. Die Verstellung nur in kleinen Stufen durchführen und jedes Mal nachmessen. Zu beachten ist, dass das sichtbare Gewinde zwischen dem Spurstangenkopf und der Fläche der Mutter auf beiden Seiten innerhalb 2,0 mm gleich sein muss (Bild 116).

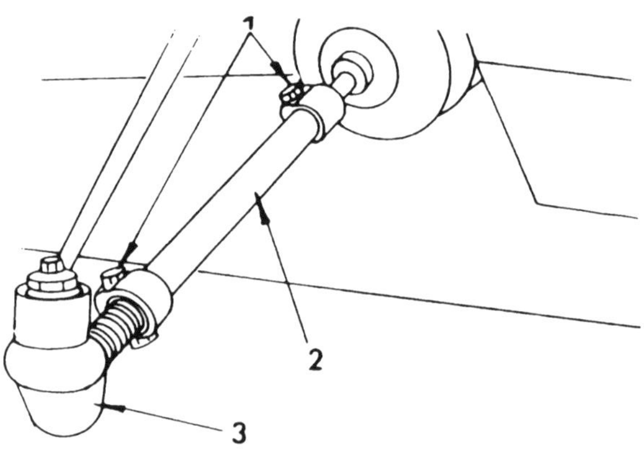


**Bild 116**
**Zur Einstellung der Vorspur**

1 Mutter 2 Spurstange 3 Kugelgelenk

- Abschliessend die beiden Kontermuttern mit einem Anzugsdrehmoment von 40 bis 50 Nm anziehen. Die Spurstange sollte dabei gegengehalten werden, damit sie sich nicht innerlich verdrehen kann.

# 10 Vorderradaufhängung

Die Vorderradaufhängung besteht aus zwei McPherson-Federbeinen mit integralen Stossdämpfern, welche sich innerhalb von Schraubenfedern befinden. Das untere Ende jedes Federbeins ist mit Hilfe einer Klemmschraube mit dem Achsschenkel verbunden. Der untere Querlenker wird mittels eines Kugelgelenks an der Unterseite des Achsschenkels befestigt. Die Befestigung des Kugelgelenks am Achsschenkel geschieht ebenfalls mit Hilfe einer Klemmschraube, d. h. der Achsschenkel hat einen Klemmschlitz, in welchen der Schaft des Traggelenks eingeschoben ist.

Die inneren Enden der Querlenker sind an der vorderen Quertraverse angeschraubt.

Ein Kurvenstabilisator ist zwischen die beiden Seiten der Radaufhängung eingesetzt und wird an der

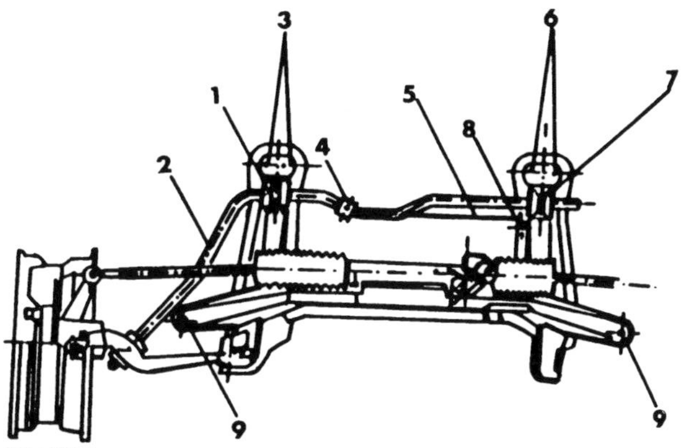


**Bild 117a**
**Schnitt durch die Vorderradaufhängung auf einer Seite**

1 Lagerung für Stabilisator
2 Stabilisator
3 Hilfsrahmen
4 Klemmschelle, Zugstange an Stabilisator
5 Zugstange für Stabilisator
6 Hilfsrahmen
7 Lagerung für Stabilisator
8 Befestigung der Zugstange
9 Befestigung des Nebenrahmens

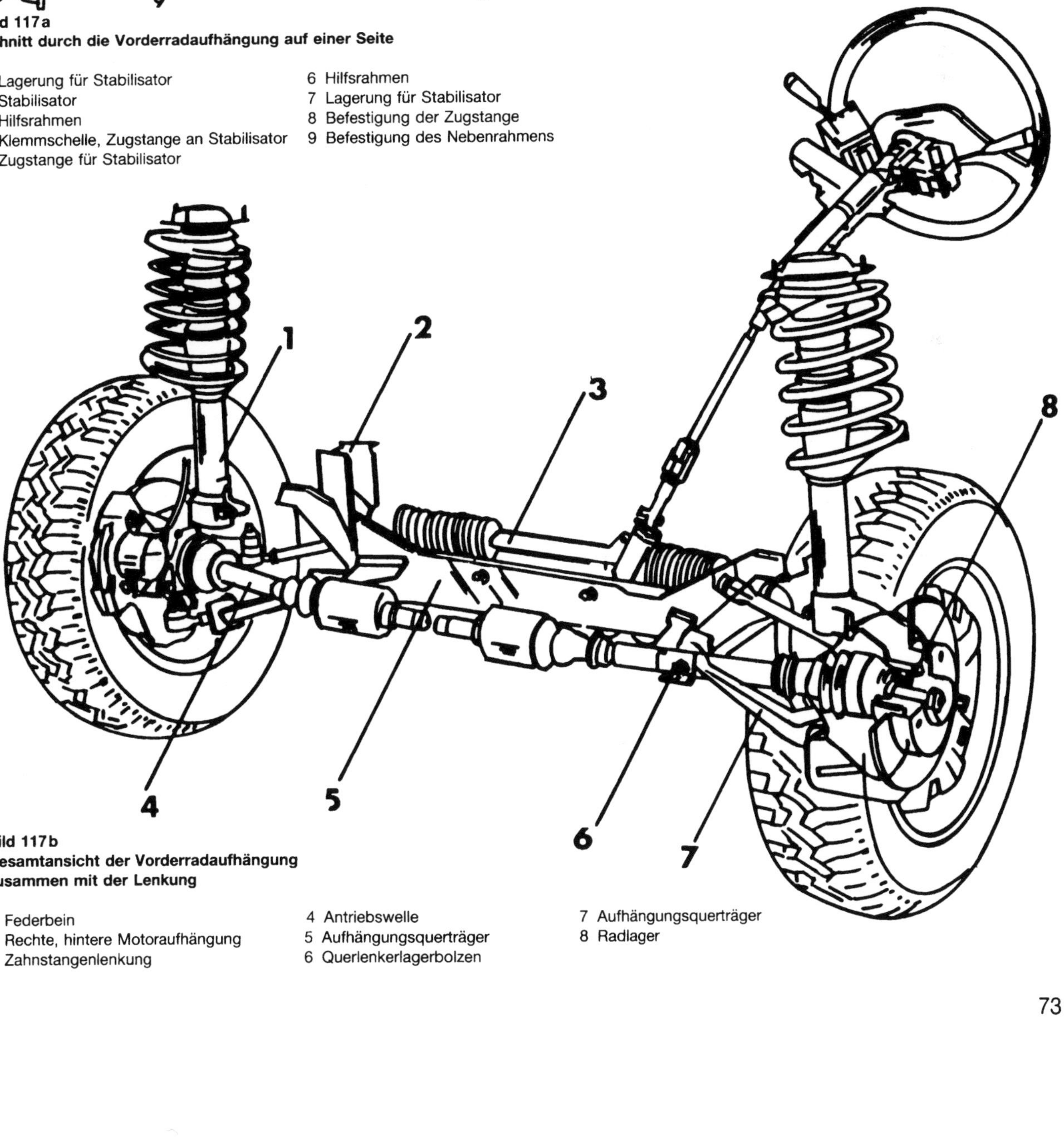


**Bild 117b**
**Gesamtansicht der Vorderradaufhängung zusammen mit der Lenkung**

1 Federbein
2 Rechte, hintere Motoraufhängung
3 Zahnstangenlenkung
4 Antriebswelle
5 Aufhängungsquerträger
6 Querlenkerlagerbolzen
7 Aufhängungsquerträger
8 Radlager

Rückseite des Aufhängungsquerträgers in zwei Lagern befestigt. Verbindungsgestänge sind zwischen den Aussenseiten des Stabilisators und den Federbeinen eingesetzt.

Bild 117 zeigt eine Ansicht der kompletten Vorderradaufhängung. Die Antriebswelle wird durch ein einzelnes Lager in der Innenseite des Achsschenkels gelagert.

## 10.1 Die Federbeine

Die Schraubenfeder des Federbeins muss zusammengespannt werden, ehe man ein Federbein ausbauen kann. Peugeot-Werkstätten verwenden dazu zwei Spannseile, welche man zwischen der oberen Federbeinlagerung und dem unteren Federsitz einschiebt und durch Lockern der Muttern an der Oberseite spannt, bis die Feder gestreckt ist. Falls diese Spannseile nicht zur Verfügung stehen, muss man die Feder mit zwei Federspannhaken zusammenspannen, bis sie den oberen und den unteren Federsitz freigibt. Die Haken des Federspanners über drei oder vier Wicklungen legen.

- Handbremse anziehen und den ersten Gang einschalten.
- Radmuttern lockern. Das Fahrzeug wird im Moment noch nicht aufgebockt.
- Die Feder jetzt zusammenspannen. Bei der folgenden Beschreibung wird angenommen, dass man sich die Spannseile besorgen kann.
  - Unter Bezug auf Bild 118 eines der Seile an Stelle «a» von oben durch das Federbeinlager einschieben und an der Unterseite durch den Federsitz am Federbein führen und durch Einklinken sperren.
  - Das Rad nach aussen einschlagen und das zweite Seil an Stelle «b» einschieben und wieder an der Unterseite durchführen. Das Seil wieder einklinken.
  - Die drei Muttern des Federbeinlagers (2) lokkern, bis die Feder durch die Seile gehalten wird.
- Die Vorderseite des Fahrzeuges auf Böcke setzen und das Vorderrad abschrauben.
- Die Antriebswelle aus dem Achsschenkel ausbauen, wie es in Kapitel 8.1 beschrieben wurde, ohne sie aus dem Eingriff mit dem Getriebe zu bringen.
- Die Mutter an der Unterseite der Federbeinbefe-

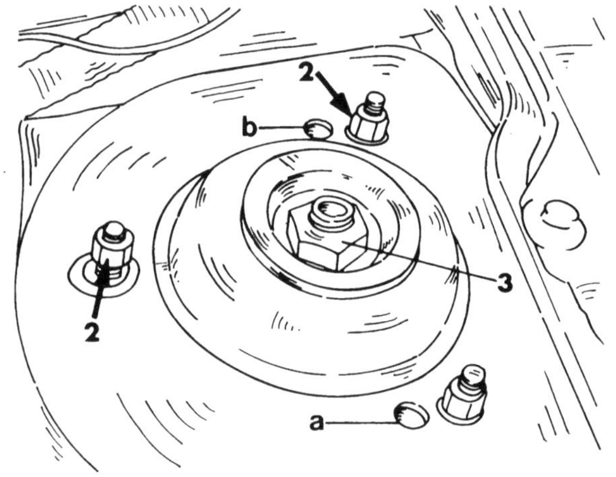


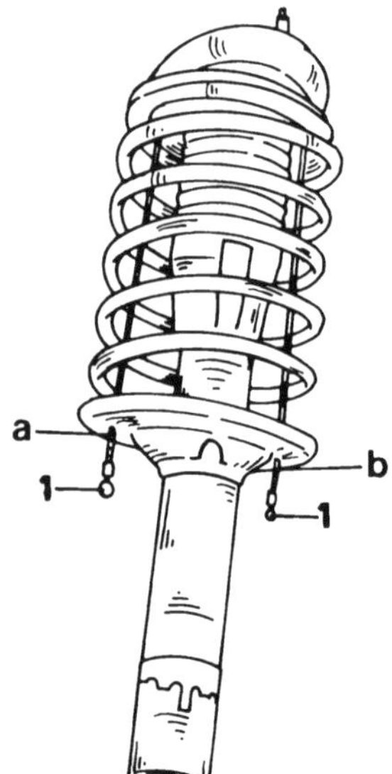


**Bild 118**
**Vorspannen der Vorderfelder und Befestigung des Federbeins an der Oberseite**

1 Spannseile
2 Federbeinlagermuttern
3 Kolbenstangenmutter

a = Eingesetztes Spannseil
b = Eingesetztes Spannseil

**Bild 119**
**Befestigungsschraube (1) für das Federbein.**
**Die Antriebswelle (2) mit einem Stück Draht festbinden.**

stigung entfernen und die Bremsleitung am Federbein lösen. Bild 119 zeigt die Befestigung der Teile.

- Eine Mutter an der Oberseite des Federbeins entfernen und das Gestänge des Kurvenstabilisators vom Federbein abdrücken.
- Das Spezialwerkzeug 8.0903 (6), in Bild 120 gezeigt, in den Schlitz des Achsschenkels einsetzen und dann nach oben bewegen. Der Schlüssel sperrt sich automatisch in der oberen Stellung. Dadurch wird der Klemmschlitz ausgeweitet.

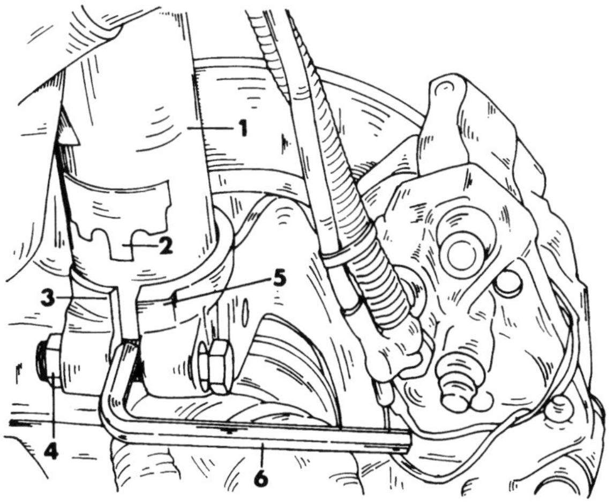


**Bild 120**
**Den Innensechskantschlüssel (6) wie links gezeigt in den Klemmschlitz ders Achschenkelbride (3) + (5) einsetzen und dann nach oben oder unten bewegen, um den Klemmschlitz zu öffnen**

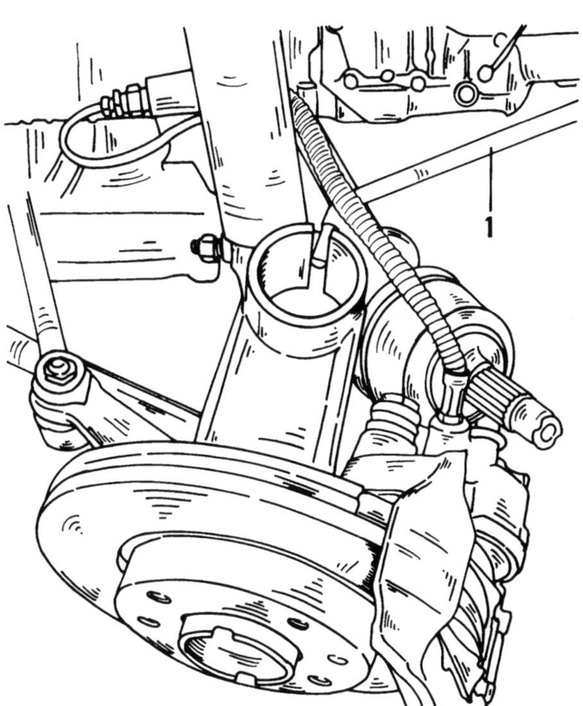


**Bild 121**
**Nachdem der Klemmschlitz mit dem Innensechskantschlüssel (6) geöffnet wurde, den Achsschenkel vom Anschlag (2) abdrücken**

- Den Achsschenkel vorsichtig mit einem Reifenhebel nach unten drücken, um die Oberseite des Achsschenkels vom unteren Ende des Federbeins zu befreien, wie es in Bild 121 gezeigt ist.
- Achswelle zur Seite drücken und mit einem Stück Draht am Fahrgestell festbinden, damit sie nicht aus dem Getriebe herausrutschen kann.
- In der Innenseite des Motorraums die drei Muttern «2» in Bild 118 am oberen Federbeinlager vollkommen entfernen.

Eine zweite Person sollte das Federbein von der Unterseite halten, da es herunterfallen kann, sobald die letzte Mutter gelöst wurde. Unter keinen Umständen die Mutter in der Mitte des Federbeinlagers entfernen, da dabei das Federbein auseinanderfällt. Falls man beabsichtigt, das Federbein zu zerlegen, kann man die Mutter bei eingebautem Federbein lockern, jedoch wieder anziehen, ehe das Federbein herausgenommen wird.

- Federbein von unten aus dem Fahrzeug nehmen.

### 10.1.2 Federbein zerlegen

Nur die Schraubenfeder, das komplette Federbein, das Federbeinlager oder die Kleinteile können erneuert werden. Das Federbein selbst lässt sich nicht zerlegen.

Ein Federspanner ist erforderlich, um die Spannung der Schraubenfeder zu entlasten, während das obere Federbeinlager abgeschraubt wird. Niemals versuchen die Mutter in der Mitte des Federbeinlagers abzuschrauben, ohne dass man die Feder vorher sicher zusammenspannt. Bild 122 zeigt das von Peugeot verwendete Spezialwerkzeug. Zwei Feder-

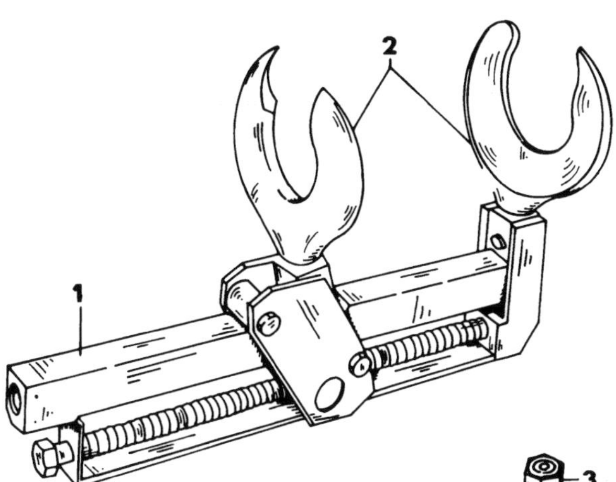


**Bild 122**
**Spezialfederspanner zum Zerlegen eines vorderen Federbeins**

1 Werkzeug 2 Spannklauen 3 Mutter

spannhaken, mit einem Versteller in der Mitte, können ebenfalls verwendet werden. In diesem Fall die Haken über vier oder fünf Wicklungen legen.

- Falls der Peugeot-Federspanner besorgt werden kann, diesen in einen Schraubstock einspannen.
- Eine Mutter auf die drei zur Befestigung des Federbeins aus der Oberseite herausstehenden Stiftschrauben drehen.
- Das Federbein im Federspanner so verdrehen, dass die den beiden Spannseilen gegenüberliegende Stiftschraube in der Mitte der Gabelöffnung liegt, während die beiden anderen Stiftschrauben auf den Seiten des Gabelkreuzes liegen.
- Die Schraube des Federspanners anziehen, bis die Feder zusammengespannt ist.
- Die Kolbenstange mit einem Innensechskantschlüssel gegenhalten, wie es in Bild 123 gezeigt ist, und die Mutter der Kolbenstange entfernen.

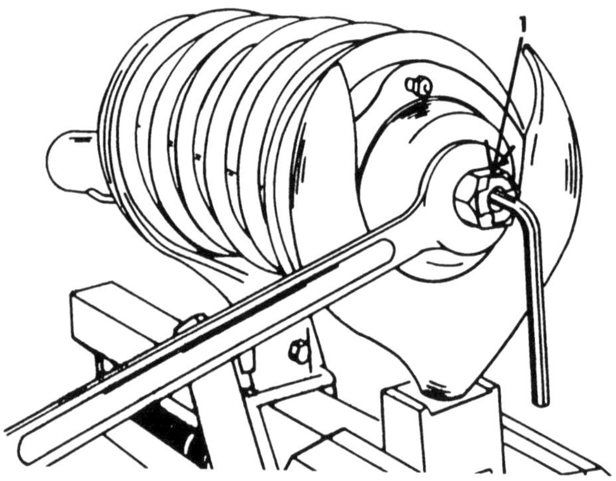


**Bild 123**
**Lösen der Mutter (1) der Kolbenstange bei gleichzeitigem Gegenhalten der Stange mit einem Innensechskantschlüssel**

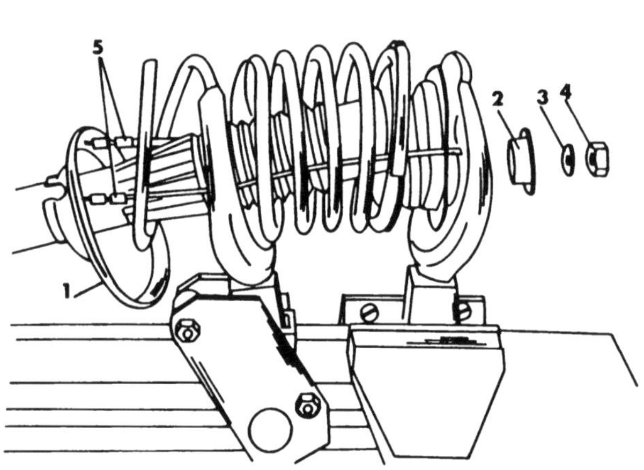


**Bild 124**
**Zur Zerlegung eines Federbeins**

1 Federbein
2 Lagerschale
3 Unterlegscheibe
4 Kolbenstangenmutter
5 Spannseile

- Die Mutter, die Scheibe und die obere Lagerschale von der Oberseite des Federbeinlagers abnehmen, wie es in Bild 124 gezeigt ist.
- Den Federspanner weiterhin anziehen, bis die beiden Spannseile locker genug sind, um aus dem unteren und dem oberen Federsitz ausgehängt zu werden.
- Das Federbein aus der zusammengespannten Feder herausziehen.
- Die in Bild 125 gezeigten Teile der Reihe nach vom Federbein herunternehmen.

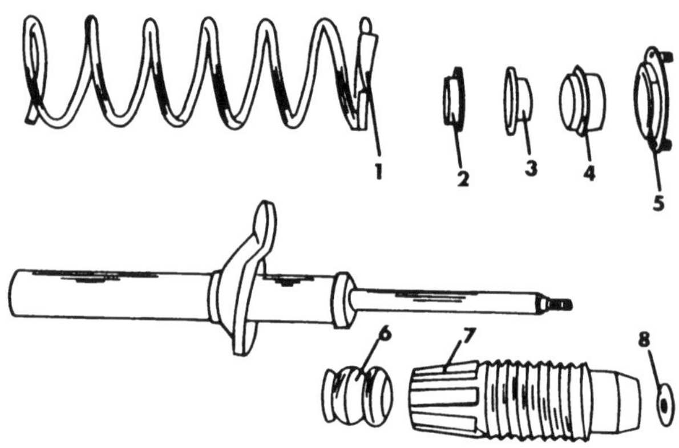


**Bild 125**
**Die Einzelteile eines Federbeins**

1 Oberer Federsitz
2 Anschlag
3 Lagerschale
4 Gummilager
5 Oberes Federbeinlager
6 Rückprallgummi
7 Schutzhülle
8 Scheibe

*Hinweis:* Falls Federspannhaken verwendet werden, den Versteller anziehen, bis sich die Feder vom unteren und oberen Federsitz abgehoben hat, d. h. man muss in der Lage sein, die Feder hin- und herzubewegen.

Der Rückprallgummi, die Gummitülle und dessen Scheibe und die Gummibüchse müssen immer erneuert werden, wenn sie nicht mehr einwandfrei aussehen. Darauf achten, dass man die Kolbenstange des Stossdämpfers nicht beschädigt, wenn das Federbein abgelegt wird.

### 10.1.3 Zusammenbau eines Federbeins

- Die Feder aufrecht hinsetzen und der Reihe nach die in Bild 126 gezeigten Teile auf die Oberseite der Feder auflegen. Die Feder kann beliebig herum aufgesetzt werden, da sie symmetrisch ist. Ehe die Feder in den Federspanner eingesetzt

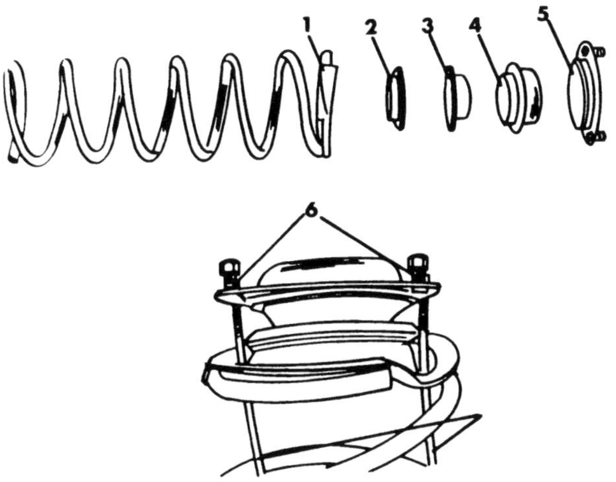


**Bild 126**
**Zum Zusammenbau eines Federbeins**

1 Oberer Federsitz
2 Anschlag
3 Lagerschale
4 Gummilager
5 Oberes Federbeinlager
6 Stiftschrauben

wird, die beiden Stiftschrauben (6) auf der Seite (a) der Lagerschale (3) ausrichten.

- Die beiden Spannseile in die beiden Schlitze (b) am oberen Federbeinlager einführen.
- Die zusammengesetzte Feder in den Federspanner einlegen.
- Den Rückprallgummi (1) in Bild 127 in die Schutzhülle (2) einsetzen, so dass der grössere Durchmesser des Rückprallgummis zur Oberseite weist.
- Den zusammengesetzten Rückprallgummi mit der Schutzhülle über das Federbein setzen und die Scheibe (3) darübersetzen.
- Die Feder durch Festziehen des Federspanners zusammenspannen, bis die Kolbenstange an der Oberseite durchkommt.
- Die Lagerschale, die Unterlegscheibe und eine neue Mutter an der Kolbenstange anbringen.

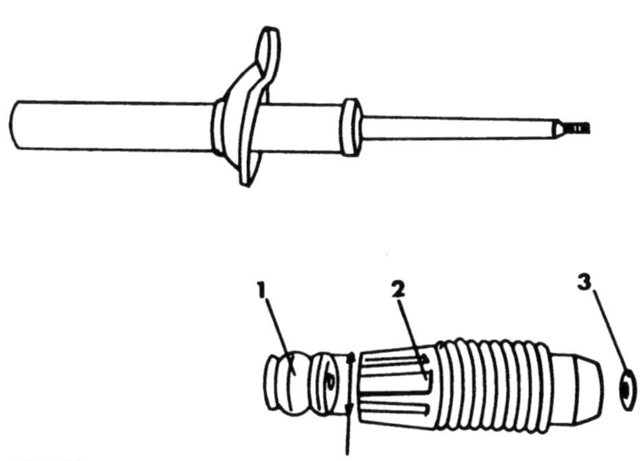


**Bild 127**
**Vorschriftsmässiges Aufstecken des Rückprallgummis (1) und der Schutzmanschette (2). Die breitere Seite des Gummis (Pfeil) muss zur Oberseite weisen. Die Scheibe (3) danach aufsetzen.**

- Beide Spannseile einführen und durch Einklinken der Sicherungen an der Unterseite sperren.
- Den Federspanner langsam öffnen. Gleichzeitig kontrollieren, dass die Feder einwandfrei in ihre richtige Lage kommt.
- Nach dem Einbau des Federbeins (wie im nächsten Kapitel beschrieben) die Mutter der Kolbenstange anziehen. Wird eine selbstsichernde Mutter verwendet, beträgt das Anzugsdrehmoment 45 Nm, wird eine Bördelmutter verwendet, 70 Nm. Die Kolbenstange dabei wieder mit einem Innensechskantschlüssel gegenhalten. Peugeot-Werkstätten verwenden ein Spezialwerkzeug zum Gegenhalten der Kolbenstange und einen Drehmomentschlüssel. Dies ist natürlich bei Verwendung eines Ringschlüssels nicht möglich und das Drehmoment muss gut nach Gefühl hergestellt werden. Man kann die Mutter fest anziehen und danach mit einem Drehmomentschlüssel und einer Stecknuss kontrollieren. Die Mutter ist zu diesem Zeitpunkt fest genug angezogen, dass sich die Kolbenstange nicht mehr durchdrehen sollte.

### 10.1.4 Einbau eines Federbeins

Der Einbau des Federbeins geschieht in umgekehrter Reihenfolge wie der Ausbau, unter Beachtung der folgenden Punkte:

- Das Federbein mit den Stiftschrauben des Federbeinlagers von der Unterseite her einsetzen und die drei Muttern an der Oberseite des Federturms anschrauben, ohne sie festzuziehen. Es müssen immer neue Muttern verwendet werden, da sie selbstsichernd sind.
- Das Fahrzeug mit dem Wagenheber anheben und den Unterstellbock von der Seite entfernen, auf welcher nicht gearbeitet wird.
- Das Fahrzeug wieder auf dem Wagenheber ablassen. Die Seite ohne Unterstellbock muss auf das Rad abgelassen werden, die Seite, an welcher gearbeitet wird, auf den Unterstellbock. Auf diese Weise ist es möglich, die Wirkung des Kurvenstabilisators auszunützen, um das Federbein mit dem Achsschenkel zu verbinden.
- Falls das in Bild 120 gezeigte Spezialwerkzeug entfernt wurde, dieses wieder in den Klemmschlitz des Achsschenkels einsetzen und um eine Viertelumdrehung verdrehen.
- Den gesamten Achskopf anheben und über das untere Ende des Federbeins schieben. Darauf

achten, dass der Achsschenkel bis zum Anschlag nach oben geschoben wird.

- Das in Bild 120 gezeigte Spezialwerkzeug um eine Viertelumdrehung zurückdrehen, damit sich der Klemmschlitz schliessen kann.
- Den zur Befestigung der Achswelle angebrachten Draht wieder lösen.
- Die Schraube und die Mutter in der linken Ansicht von Bild 128 einsetzen und mässig anziehen.
- Das Rad montieren und das Fahrzeug auf den Boden ablassen.
- Unter Bezug auf Bild 129 kontrollieren, dass das Federbein an Stelle «a» vollkommen anliegt. Falls dies nicht der Fall ist, die Mutter und Schraube (1) wieder etwas lockern. Dadurch kann das Federbein vollkommen in den Achsschenkel sinken. Die Mutter danach mit 57,5 Nm anziehen.
- Die Muttern des oberen Federbeinlagers mit 12,5 Nm anziehen.

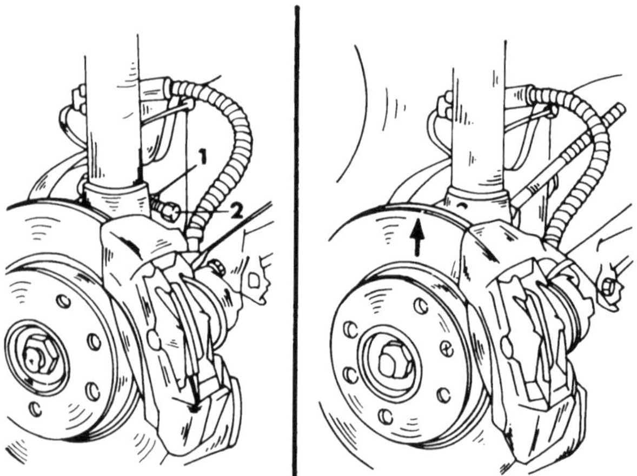


**Bild 128**
**Einbau eines Federbeins. Den Achsschenkel in Pfeilrichtung nach oben schieben, wie es das rechte Bild zeigt und danach die Schraube (1) und die Mutter (2) anbringen.**

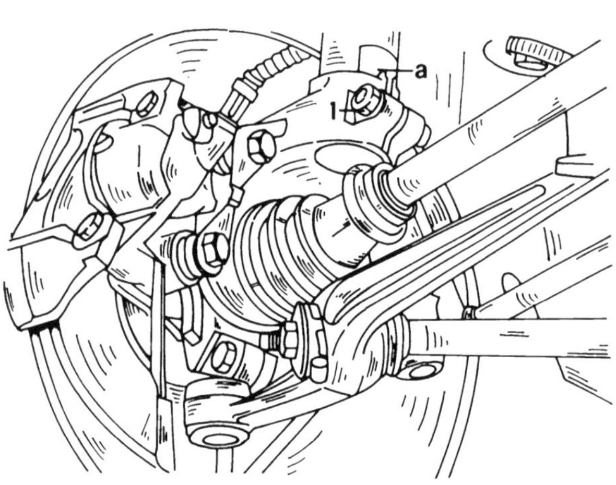


**Bild 129**
**Kontrollieren, ob das Federbein vollkommen an Stelle (a) sitzt. Andernfalls die Schraube (1) lockern und wieder anziehen.**

- Radmuttern anziehen. Das Anzugsdrehmoment von Stahlfelgen beträgt 80 Nm, das Drehmoment von Aluminiumfelgen 90 Nm.
- Die beiden Spannseile zum Zusammenspannen der Schraubenfeder an der Unterseite aus dem Eingriff bringen und nach oben herausziehen. Diese Arbeit wird durch den Spalt zwischen der Oberseite des Reifens und der Unterseite des Kotflügels durchgeführt. Die Seile seitwärts schieben, bis sie aus den Fanglöchern herauskommen.

## 10.2 Vorderradnaben und Achsschenkel

### 10.2.1 Ausbau

Die Radlager können zwar bei eingebautem Achsschenkel erneuert werden, jedoch ist es weitaus einfacher, wenn man den kompletten Achsschenkel ausbaut und das Lager auf der Werkbank erneuert. Das Radlager muss immer erneuert werden, wenn die Radnabe aus irgendeinem Grund vom Achsschenkel getrennt wird.

- Handbremse anziehen und den ersten Gang einschalten.
- Radmuttern lockern.
- Bremsklötze und Bremssattel ausbauen. Den Bremssattel mit einem Stück Draht am Fahrgestell festbinden, damit er nicht am Schlauch herunterhängen kann.
- Mutter des Kugelgelenks der Spurstange entfernen und den Kugelbolzen der Spurstange mit einem geeigneten Abzieher aus dem Lenkhebel herausdrücken.
- Achswelle ausbauen, wie es in Kapitel 8.1 beschrieben ist, ohne sie aber aus dem Eingriff mit dem Getriebe zu bringen. Die Achswelle zur Seite drücken und mit einem Stück Draht am Fahrgestell festbinden, damit sie nicht herunterhängen oder aus dem Eingriff mit dem Getriebe kommen kann.
- Die Klemmschraube an der Unterseite des Achsschenkels lösen und vorsichtig herausschlagen. Darauf achten, auf welcher Seite der Schraubenkopf liegt.
- Den Querlenker vorsichtig mit einem Reifenhebel nach unten drücken, um den Schaft des Tragkugelgelenks aus dem Eingriff mit dem unteren Ende des Achsschenkels zu befreien.
- Den Achsschenkel herausheben.

## 10.2.2 Erneuerung der Radlager

Die Radlager haben einen festen Pressitz auf der Radnabe und im Achsschenkel und eine hydraulische Presse muss zur Erneuerung der Lager zur Verfügung stehen, um das Lager aus- und einzupressen.

- Die beiden Schrauben der Bremsscheibe lösen und die Bremsscheibe von der Radnabe abnehmen.
- Die Innenseite des Achsschenkels in der Umgebung des Radlagers mit einem Lappen sauberwischen, um den Sprengring freizulegen und den Sprengring mit einer Innenseegeringzange ausfedern, wie es in Bild 130 gezeigt ist.

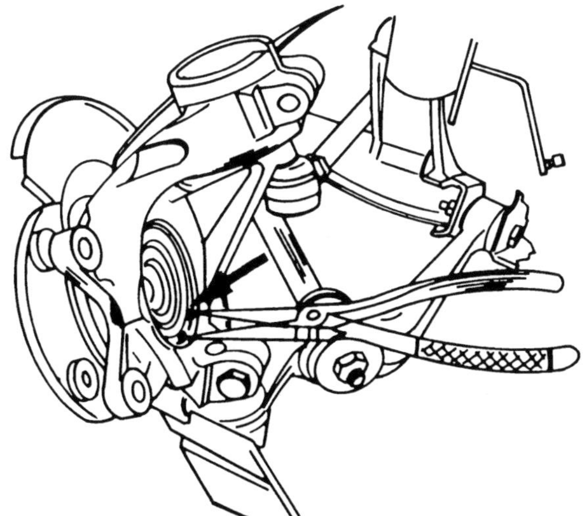

**Bild 130**
**Ausfedern des Sprengringes aus der Rückseite des Achsschenkels (im Bild bei eingebautem Achsschenkel gezeigt)**

Zum Ausbau der Radnabe oder des Radlagers sind Ausziehwerkzeuge erforderlich. Falls diese nicht zur Verfügung stehen, kann man die Radnabe aus dem Achsschenkel auspressen oder vielleicht ausschlagen. Der Achsschenkel muss in geeigneter Weise unterlegt werden.

Der innere Lagerring des Radlagers verbleibt auf der Radnabe und muss abgezogen werden. Dies ist in allen Fällen erforderlich, da ja das Lager erneuert werden muss. Zum Abziehen des Lagers einen Abzieher verwenden, dessen Abpressplatten man unter den Lagerring untersetzen kann. Durch Anziehen der mittleren Schraube kommt der Lagerring herunter. Bild 131 zeigt den Peugeot-Abzieher.

Das neue Lager kommt mit dem eingepressten Fettdichtring und einem Kunststoffring in der Innenseite. Beide Teile dürfen nicht entfernt werden. Herausnehmen des Dichtringes würde das Lager

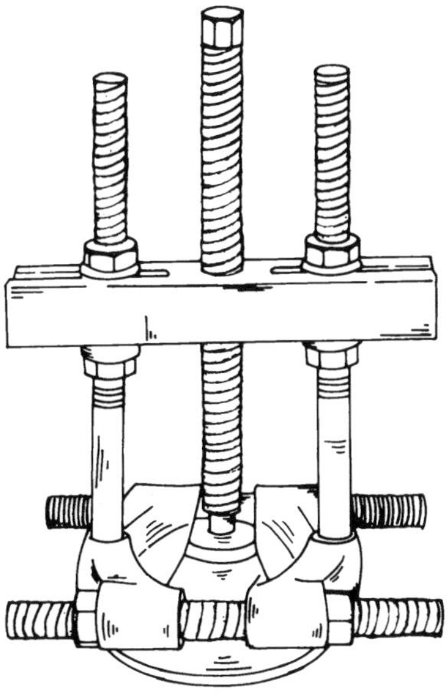

**Bild 131**
**Abziehen des inneren Lagerringes von der Radnabe mit dem Spezialabzieher**

unbrauchbar machen. Der Kunststoffring wird beim Einpressen der Nabe befreit und kann dann abgenommen werden.

Beim Einbau des Radlagers folgendermassen vorgehen:

- Ein Stück Rohr des gleichen Durchmessers wie der äussere Lagerring zum Einpressen des Lagers verwenden. Den Lagerring bis zum Anschlag in den Achsschenkel einpressen.
- Kontrollieren, dass der Lagerkäfig richtig in der Lagerbohrung sitzt und den Sprengring mit einer Sprengringzange einsetzen. Falls der Sprengring beim Ausbau verbogen wurde, muss er erneuert werden. Kontrollieren, dass der Ring am gesamten Umfang einwandfrei sitzt.
- Radnabe unter einer Presse in den Achsschenkel einpressen. Der Kunststoffring kommt dabei an der Rückseite heraus und muss abgenommen werden.
- Der Achsschenkel kann jetzt wieder eingebaut werden.

## 10.2.3 Einbau

- Achsschenkel wie beim Einbau des Federbeins beschrieben in die Vorderradaufhängung montieren. Alle in Kapitel 10.1.1 beschriebenen Arbeiten durchführen, bis der Achsschenkel wieder am Federbein befestigt ist.
- Schaft des Tragkugelgelenks in die Unterseite des Achsschenkels einsetzen und die Teile vollkommen zusammendrücken. Die Schraube von

der vorgeschriebenen Seite einschieben und die Klemmutter anziehen.

- Spurstange am Lenkhebel anschliessen. Der Kugelbolzen muss frei von Öl oder Fett sein. Eine neue selbstsichernde Mutter mit einem Anzugsdrehmoment von 30 bis 40 Nm anziehen.
- Beide Seiten der Bremsscheibe einwandfrei reinigen und den Bremssattel anschrauben. Die Gewinde der Schrauben mit «Loctite» einschmieren. Die beiden Schrauben abwechselnd auf ein endgültiges Drehmoment von 97,5 Nm anziehen, wenn Girling-Bremsen eingebaut sind oder mit 120 Nm, wenn Bendix-Bremsen eingebaut sind.
- Die Achswelle wieder in die Radnabe montieren, wie es in Kapitel 8.2 beschrieben wurde. Das endgültige Anziehen der Mutter findet statt, wenn das Rad wieder auf dem Boden aufsteht. Dann die Mutter mit 230 bis 260 Nm anziehen und den Bund der Mutter mit einem stumpfen Meissel in die Nut der Achswelle einschlagen.
- Fahrzeug auf die Räder ablassen und die Radmuttern mit dem vorgeschriebenen Anzugsdrehmoment anziehen.

## 10.3 Aus- und Einbau eines Querlenkers

Ein Querlenker kann ausgebaut werden, ohne dass man das komplette Federbein aus dem Fahrzeug ausbaut.

- Vorderseite des Fahrzeuges auf Böcke setzen und das Rad abnehmen.
- Die Mutter vom Ende des Kurvenstabilisators entfernen und die Scheibe mit der Gummibüchse herunterziehen.
- Klemmschraube und Mutter an der Unterseite des Achsschenkels entfernen. Darauf achten, von welcher Seite die Schraube eingesetzt ist.
- Mit einem Reifenhebel den Querlenker nach unten drücken, bis der Schaft des Kugelbolzens aus dem Eingriff mit dem Achsschenkel kommt.
- Schraube und Mutter an der Innenseite vom Aufhängungsträger lösen. Wiederum darauf achten, von welcher Seite die Schraube eingesetzt ist.
- Querlenker vom Querträger abdrücken und aus dem Eingriff mit dem Ende des Kurvenstabilisators bringen.
- Querlenker herausnehmen.

Die Büchsen im Querlenker, eine für den Kurvenstabilisator und die andere für die Lagerung an der Quertraverse, können unter einer Presse erneuert werden. Mit einem Stück Rohr des geeigneten Durchmessers die neue Büchse in die richtige Lage drücken. Das Aufhängungskugelgelenk kann nicht erneuert werden. Falls das Gelenk ausgeschlagen ist, muss ein neuer Querlenker eingebaut werden.

Der Einbau des Querlenkers geschieht in umgekehrter Reihenfolge wie der Ausbau.

Die innere Lagerschraube des Querlenkers muss jetzt mit 35 Nm angezogen werden, jedoch muss das Fahrzeug dazu einwandfrei belastet sein. Das Ziel der Belastung ist das einwandfreie Vorspannen der Gummilager in den Querlenkern. Die Vorderradaufhängung muss belastet werden, bis die beiden Querlenker in waagrechter Lage liegen. Am besten ist es, wenn man das Fahrzeug auf Auffahrrampen fährt und das Fahrzeug von einer zweiten Person nach unten drücken lässt, oder Gewichte in das Fahrzeuginnere legt. Von der Unterseite aus beobachten, wenn die Querlenker waagrecht liegen und die Mutter mit dem genannten Drehmoment anziehen.

Die Muttern an den Enden des Kurvenstabilisators unter den gleichen Bedingungen anziehen.

## 10.4 Aus- und Einbau des Kurvenstabilisators

- Vorderseite des Fahrzeuges auf Böcke setzen und Unterstellböcke unter den Seiten der Karosserie unterstellen.
- Die Muttern von den Enden des Kurvenstabilisators entfernen und die Scheiben und Gummibüchsen von der Vorderseite abziehen.
- Die beiden Montageschellen des Kurvenstabilisators von der Rückseite des Aufhängungsquerträgers lösen, die Zugstrebe nach Lösen der Montageschellen lösen und den Kurvenstabilisator aus den Querlenkern herausziehen. Durch die Verspannung des Stabilisators könnten einige Versuche erforderlich sein, ehe man die Enden aus dem Eingriff bringen kann. Falls man keinen Erfolg hat, muss man einen der Querlenker lösen, wie es im letzten Kapitel beschrieben wurde.

Den Zustand der Gummilager überprüfen und ggf. die Lagerbüchsen erneuern, vor allem wenn sie brüchig oder porös sind.

Beim Einbau des Kurvenstabilisators folgendermassen vorgehen:

- Die Teile auf die Enden der Stange schieben und die beiden Enden in die Querlenker einschieben. Falls sich die Enden nicht einsetzen lassen, könnte es sein, dass man einen der Querlenker ausbauen muss.
- Die Montageschellen des Kurvenstabilisators mit Fett einschmieren und an der Karosserie anschrauben. Die Schrauben mit einem Anzugsdrehmoment von 35 Nm anziehen.
- Die Zugstrebe am Kurvenstabilisator befestigen. Die Montageschelle in der Mitte mit 30 Nm, die Schrauben an der äusseren Befestigung mit 25 Nm anziehen.
- Die verbleibenden Teile auf die Aussenseite der Stabilisatorenden, auf der anderen Seite der Querlenker anbringen.
- Die Vorderradaufhängung muss jetzt belastet werden, um die Gummilagerungen unter den vorgeschriebenen Bedingungen anzuziehen. Das Ziel der Belastung ist das Vorspannen der Gummilager in den Querlenkern. Die Vorderradaufhängung muss belastet werden, bis die beiden Querlenker in waagrechter Lage liegen. Um die Arbeit am leichtesten durchzuführen, den Vorderwagen auf Auffahrrampen fahren und das Fahrzeug von einer zweiten Person nach unten drücken lassen oder Gewichte in den Motorraum legen.
- Von der Unterseite aus beobachten, wenn die Querlenker waagrecht liegen und die Muttern an den Enden des Kurvenstabilisators mit einem Anzugsdrehmoment von 75 Nm anziehen.

# 11 Die Hinterachse und Hinterradaufhängung

Die Hinterräder sind einzeln aufgehängt und werden durch quer eingebaute Torsionstäbe abgefedert. Hydraulische Teleskopstossdämpfer sind schräg nach oben stehend zur Rückseite zu zwischen dem Achskörper und dem Längslenker eingesetzt.
Die beiden Längslenker sind an der Aussenseite in Nadelrollenlagern und an der Innenseite in einfachen Lagerbüchsen gelagert. Bild 132 zeigt eine Gesamtansicht der Hinterachse. Bild 133 zeigt einen seitlichen Schnitt der Achse, auf welchem die Befestigung der Achse am Wagenboden und des Stossdämpfers gut gesehen werden können.

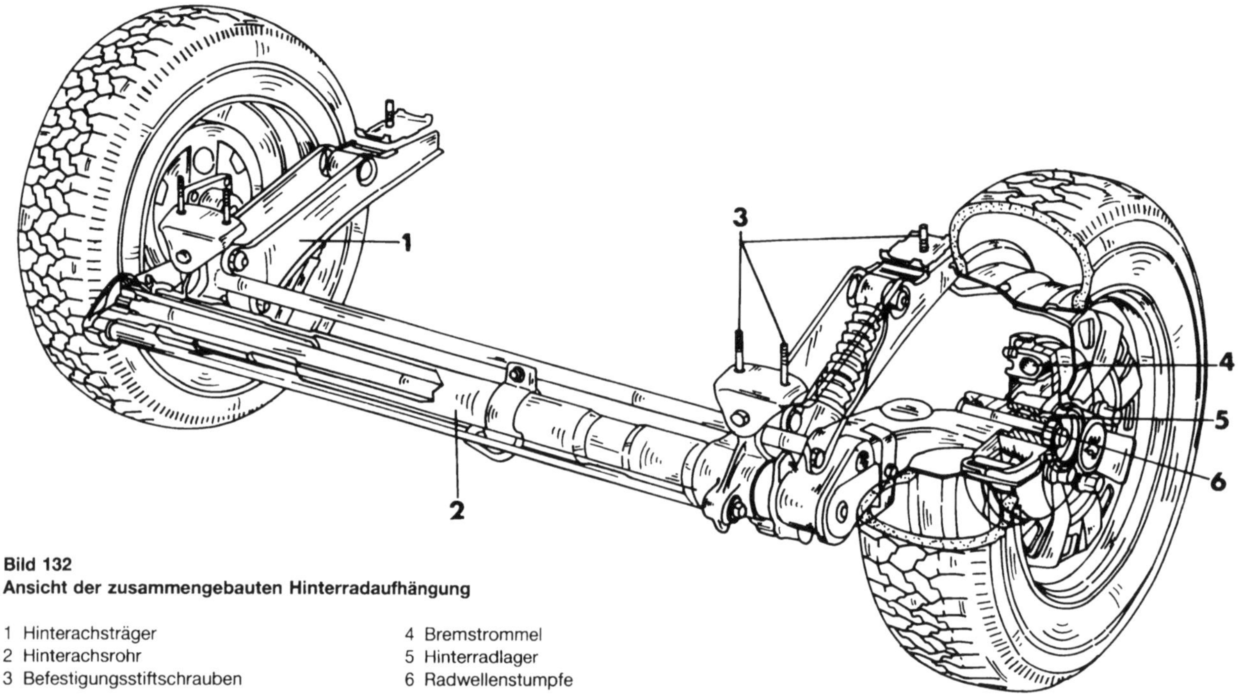


**Bild 132**
**Ansicht der zusammengebauten Hinterradaufhängung**

1 Hinterachsträger
2 Hinterachsrohr
3 Befestigungsstiftschrauben
4 Bremstrommel
5 Hinterradlager
6 Radwellenstumpfe

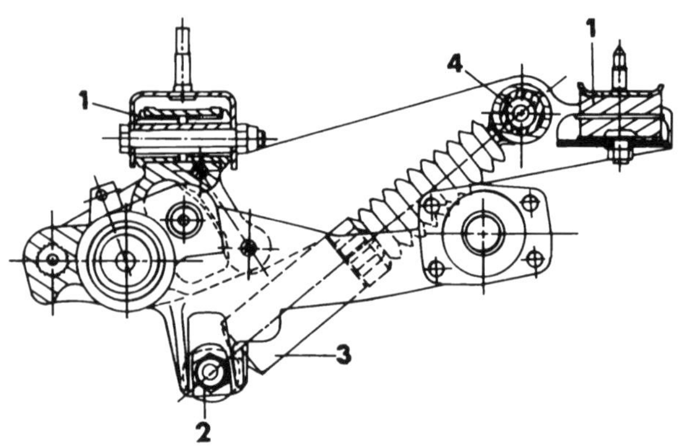


**Bild 133**
**Schnittansicht durch die Hinterradaufhängung von der Seite**

1 Gummilagerung
2 Stossdämpferbefestigung, unten
3 Stossdämpfer
4 Stossdämpferbefestigung, oben

## 11.1 Hinterradnaben und Radlager

### 11.1.1 Bremstrommel und Radnabe ausbauen

Das Radlager in der Bremstrommel kann nicht einzeln ausgetauscht werden. Falls das Radlager ausgeschlagen ist, muss die gesamte Bremstrommel erneuert werden. Wird die Trommel ausgebaut, muss man sie dementsprechend behandeln. Immer darauf achten, dass man die Trommel nicht mit der Innenfläche nach unten weisend ablegt. Immer nur die mit dem Rad verbundene Fläche nach unten weisend ablegen. Auf keinen Fall den Lagerring für den Fettdichtring in der Trommel beschädigen oder verschmutzen, da dadurch die Trommel ebenfalls unbrauchbar wird.

- Rückseite des Fahrzeuges aufbocken. Die Hinterräder müssen frei herunterhängen können. Die Vorderräder sollten verkeilt werden, damit das Fahrzeug nicht von den Böcken rutschen kann.
- Das Rad auf der betreffenden Seite abnehmen.
- Nabenfettkappe entfernen. Diese kann sofort weggeworfen werden, da man sie erneuern muss.
- Unter Bezug auf Bild 134 die Nabenmutter abschrauben. Falls sich die Radwelle dabei mitdreht, was manchmal vorkommt, einen 12-mm-Innensechskantschlüssel in die Radwelle einsetzen und diese damit gegenhalten. Die Scheibe

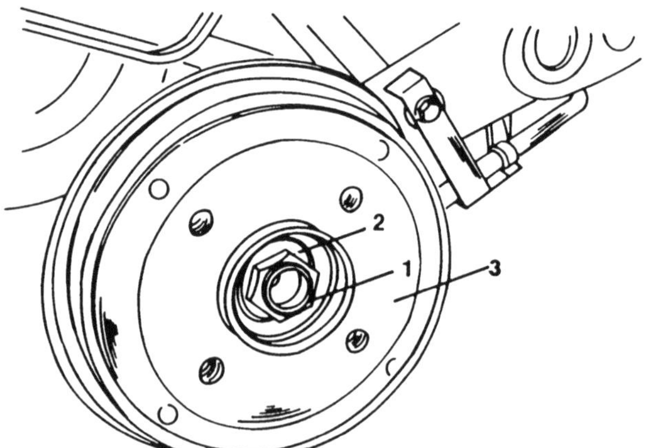


**Bild 134**
**Ansicht einer hinteren Bremstrommel**

1 Mutter 2 Scheibe 3 Bremstrommel

und die Nabe mit der Bremstrommel herunterziehen.

### 11.1.2 Bremstrommel und Radnabe einbauen

Beim Einbau der Bremstrommel und Radnabe folgendermassen vorgehen:

- Einen neuen Fettdichtring mit der Lippe nach aussen weisend auf den Achsstumpf aufstekken. Die Dichtlippe mit Fett einschmieren und den Laufring für den Dichtring in die Radnabe einsetzen. Bild 135 zeigt die genannten Teile.

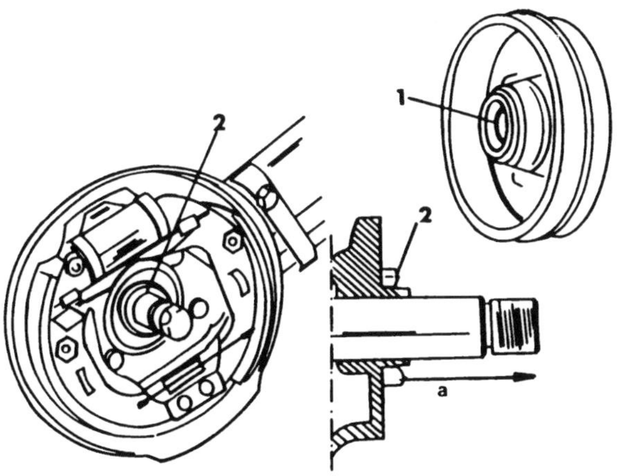


**Bild 135**
**Zum Zusammenbau einer Hinterradnabe.**
**Der Dichtring (2) muss mit der Lippe (a) zur Aussenseite weisen.**
**Die Lagerschale für den Dichtring (2) sitzt in der Bremstrommel.**

- Die Achswelle mit einem reibungsmindernden Mittel einschmieren (Ihre Peugeot-Werkstatt wird Ihnen mitteilen, was verwendet wird), ohne dass dabei die Bremsbeläge verschmiert werden.
- Die Trommel über die Achswelle schieben, die Scheibe an der Aussenseite auflegen und eine neue Mutter aufschrauben. Die Mutter mit einem Anzugsdrehmoment von 215 Nm anziehen.
- Den Bund der Mutter zur Sicherung in die Nut der Achswelle einschlagen.
- Eine neue Fettkappe aufsetzen und das Rad wieder anbringen.
- Die Radmuttern mit 80 Nm anziehen, wenn Stahlfelgen verwendet werden, oder mit 90 Nm, wenn Leichtmetallfelgen montiert sind.

## 11.2 Aus- und Einbau der Hinterradaufhängung

- Von der Innenseite des Fahrzeuges aus die Abdeckung des Handbremshebels entfernen, die Kontermuttern und Einstellmuttern von den Enden der Handbremsseile entfernen und die Handbremsseile aus den Drehrollen herausziehen. Bild 136 zeigt die Befestigung der Handbremsseile.
- Fahrzeug, falls möglich, auf eine Hebebühne oder über eine Montagegrube fahren und die gesamte Auspuffanlage ausbauen. Andernfalls das Fahrzeug genügend hoch aufbocken, um an die Unterseite des Fahrzeuges zu gelangen. Bei dieser Gelegenheit die Aussenhüllen der Handbremsseile aus den Führungen freimachen. Die Befestigungsstellen sind in Bild 137 mit den Pfeilen gezeigt.

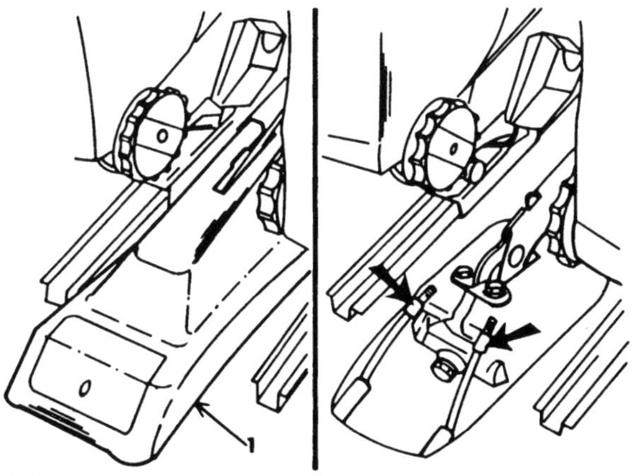


**Bild 136**
**Einzelheiten zum Abschliessen der Handbremsseile im Fahrzeuginneren. Die Abdeckung (1) muss zuerst ausgebaut werden.**

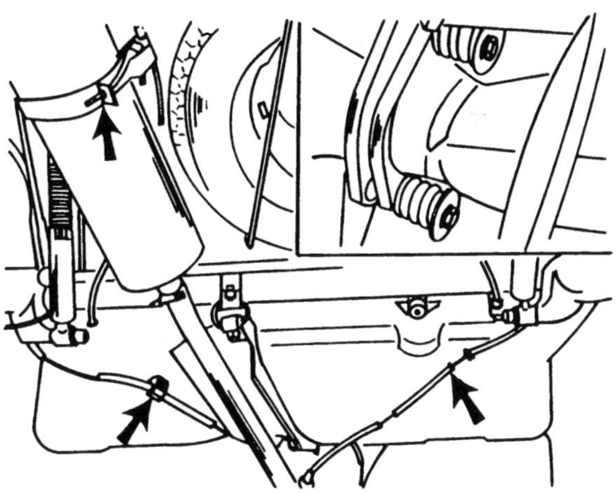

**Bild 137**
**Ausbau der Auspuffanlage und der Handbremsseile.**
**Die Pfeile weisen auf die Befestigungsstellen.**

- Auf der linken und rechten Seite die Federbleche der Bremsschlauchbefestigung herausschlagen und die Bremsleitungen von den Bremsschläuchen abschrauben. Die Enden der Schläuche und Bremsleitungen in geeigneter Weise zustopfen.

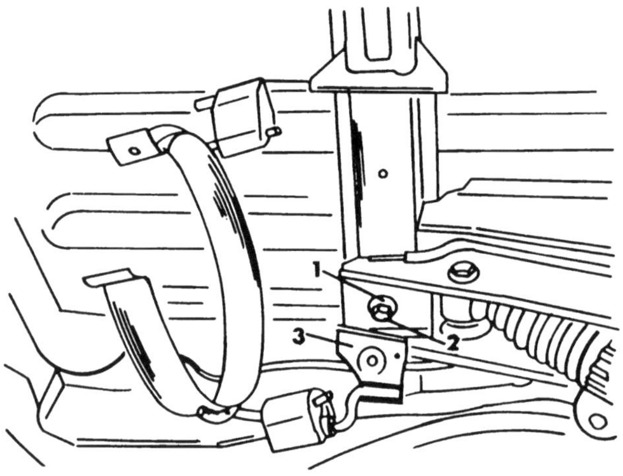


**Bild 138**
**Einbau der Hinterradaufhängung auf der linken Seite**

1 Unterlegscheibe
2 Befestigungsmutter
3 Auspuffaufhängungsbügel

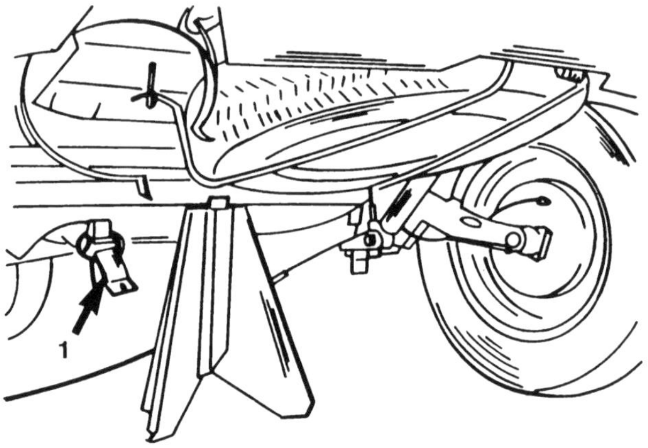


**Bild 139**
**Zum Einbau der Hinterradaufhängung. Die Halbschelle (1) und das Gestänge müssen unter dem Torsionsstab verlegt werden.**

- Auf der in Bild 138 gezeigten Seite die Mutter und die Unterlegscheibe entfernen und die Aufhängung für den Auspuff ausbauen. Die Scheibe und Mutter danach wieder vorübergehend anbringen.
- Die vordere Halbschelle und die Befestigung abschrauben.
- Die hinteren Halbschellen ausbauen.
- Die Rückseite des Fahrzeuges aufbocken, bis die Längslenker der Hinterradaufhängung frei herunterhängen. Die Räder müssen den Boden soeben berühren.
- Unterstellböcke unter den Querträger untersetzen.
- Vom Kofferraum her die Muttern und Scheiben der Befestigung der Hinterradaufhängung entfernen.
- Die Karosserie jetzt anheben, bis die Stiftschrauben der Hinterachsbefestigung aus dem Kofferraum freiwerden und die Achse unter der Karosserie hervorrollen.

Der Einbau der gesamten Hinterradaufhängung geschieht folgendermassen:

- Die gesamte Achse unter das Fahrzeug unterfahren und einen Unterstellbock in der Mitte unter den Achskörper untersetzen.
- Die Karosserie durch eine zweite Person langsam ablassen. Die Stiftschrauben der Befestigung des Achsaggregates müssen dabei in die Löcher im Kofferraum eingeführt werden. Die Karosserie muss fest gegen die Achskörperauflagen anliegen.

  Die Halbschelle und das Gestänge müssen unter den Torsionsstab angeordnet werden. Bild 139 zeigt diesen Montageschritt.
- Vom Kofferraum aus die Scheiben auf die Stiftschrauben auflegen. Die Scheiben haben unterschiedlichen Aussendurchmesser. Die beiden grösseren Scheiben kommen auf die zwei nebeneinanderliegenden Stiftschrauben, die kleine Scheibe kommt auf die einzelne Stiftschraube. Die Scheiben auf beiden Seiten entsprechend auflegen.
- Neue Muttern auf die Stiftschrauben drehen und der Reihe nach gleichmässig auf 45 Nm anziehen.
- Die Halbschellen und die Halterung in Bild 140 montieren. Darauf achten, dass die Mitte der Schelle in die Mitte des Gestänges kommt.
- Den Aufhängungsbügel für den Auspuff anbringen und eine neue Mutter mit einer Scheibe mit 45 Nm anziehen.
- Bremsschlauch wieder an der Bremsleitung anschliessen und die Leitung mit dem Feder-

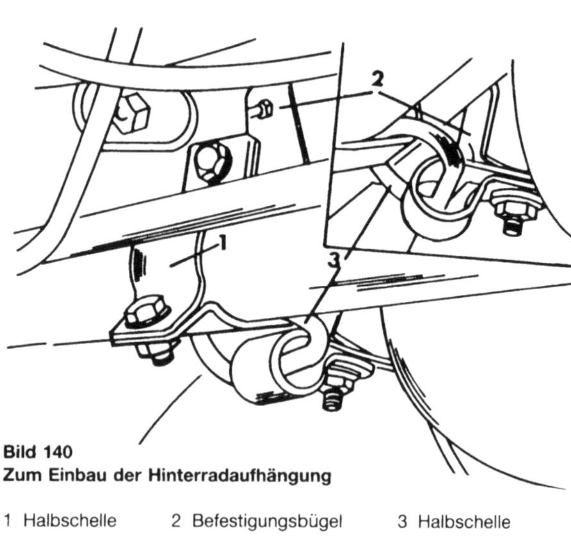


**Bild 140**
**Zum Einbau der Hinterradaufhängung**

1 Halbschelle 2 Befestigungsbügel 3 Halbschelle

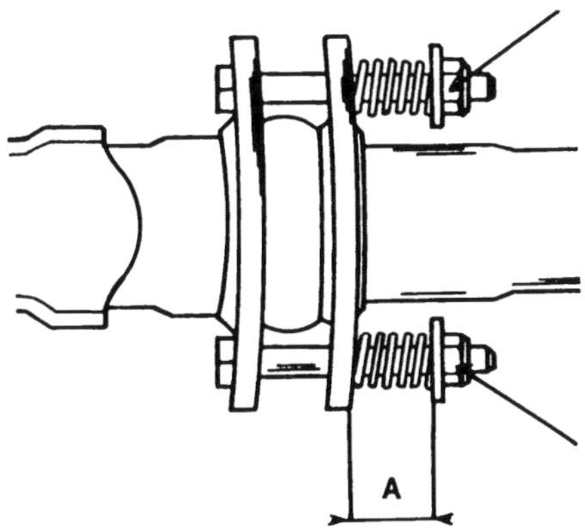


**Bild 141**
**Beim Anziehen der Auspuffrohrverbindung die Muttern anziehen, bis die Länge der Feder auf 22 mm zusammengedrückt ist.**

blech auf beiden Seiten am Fahrgestell befestigen.

- Auspuffanlage wieder einbauen. Beim Anschliessen des Auspuffkrümmers Bezug auf Bild 141 nehmen und die beiden mit dem Pfeil gezeigten Muttern anziehen, bis das Mass zwischen den Pfeilen 23,5 mm beträgt.
- Aussenhülle der Handbremsseile am Wagenboden befestigen. Die Aussenhüllen soweit wie möglich nach hinten ziehen, um zu gewährleisten, dass sie vollkommen in ihren Sitzen im Wagenboden liegen.
- Handbremsseile wieder am Handbremshebel anschliessen und die Handbremse einstellen, wie es in Kapitel 13.7 beschrieben ist.
- Bremsanlage entlüften, wie es in Kapitel 13.6 beschrieben ist.

## 11.3 Aus- und Einbau der Längslenkerarme

Zum Ausbau der Längslenkerarme ist ein Spezialwerkzeug erforderlich, welches anstelle des Stossdämpfers in die Hinterradaufhängung eingesetzt wird. Diese Art Gestänge mit einer stossdämpferähnlichen Befestigung an beiden Enden kann man sich selbst herstellen, vorausgesetzt dass man sich die Masse des Werkzeuges anhand des Originals besorgen kann. Ausserdem ist eine Lehre zum Wiedereinbau des Lenkerarms erforderlich. Nur unter der Voraussetzung, dass man diese Werkzeuge zur Verfügung hat, kann man den Lenkerarm austauschen oder Teile erneuern.

- Fahrzeug auf eine Hebebühne oder über die Montagegrube fahren und mit dem Wagenheber anheben, bis die Räder frei herunterhängen.
- Die Räder abschrauben.
- Von der Innenseite des Fahrzeuges aus die Abdeckung des Handbremshebels entfernen, die Kontermuttern und Einstellmuttern von dem Ende des Handbremsseiles entfernen auf dessen Seite der Lenkerarm ausgebaut werden soll und das Handbremsseil aus der Drehrolle herausziehen. Bild 136 zeigt die Befestigung der Handbremsseile.
- Das Handbremsseil von den beiden Befestigungsschellen unter dem Kraftstofftank freimachen und aus der Führung im Wagenboden herausziehen.
- Den Kurvenstabilisator ausbauen.
- Die Torsionsdrehstäbe ausbauen, wie es in Kapitel 11.4 beschrieben ist.
- Die Bremsleitung auf der betreffenden Seite vom Radbremszylinder abschrauben. Das Ende der Leitung zustopfen, um Eindringen von Schmutz zu vermeiden.
- Den Hilfsstossdämpfer herausnehmen (das oben erwähnte Gestänge, welches zum Ausbau der Torsionsstäbe verwendet wird) und den Lenkerarm aus der Radaufhängung herausziehen.
- Mit einem Schraubenzieher, wie es Bild 142 zeigt, den Dichtring aus der Aufnahmebohrung heraushebeln. Falls erforderlich, ebenfalls die Büchse im Ende der Aufnahmebohrung entfernen.

Alle ausgebauten Teile vor dem Wiedereinbau gründlich reinigen. Kontrollieren, dass beide Flächen der Stahlblechschale sauber und frei von Riefenbildung oder anderen Fehlern sind. Die Lagerflächen an der Lagerwelle für den Lenkerarm müssen innen und aussen ohne Fehler sein.

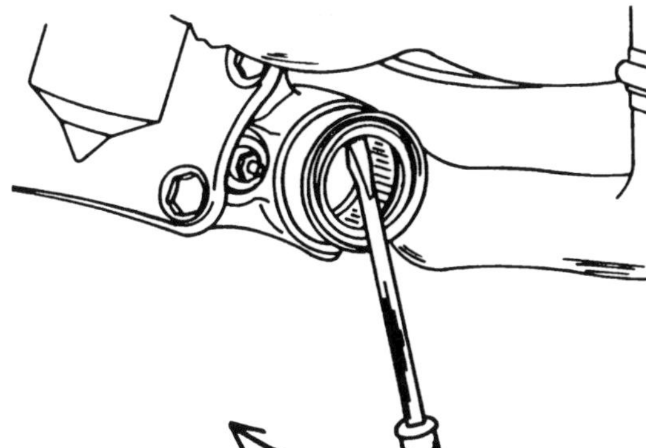

**Bild 142**
**Aushebeln des Dichtringes aus dem Lenkerarm mit einem Schraubenzieher**

Beim Einbau folgendermassen vorgehen:

- Einen neuen Öldichtring für den Lenkerarm (der in Bild 142 gezeigte) zwischen den Lippen mit Fett einschmieren und den Dichtring in die Lagerschale einsetzen. Die äussere Lippe auf der Seite des Lenkerarms anordnen.
- Das Nadelrollenlager und die Fläche des Lenkerarmlagerzapfens mit Mehrzweckfett einschmieren.
- Die Lagerwelle in den Querträger einschieben, bis der Dichtring in Berührung mit der Lagerbüchse kommt.
- Die Speziallehre 7.0526, wie in Bild 143 gezeigt, ansetzen und ebenfalls den Hilfsstossdämpfer montieren. Die Mutter anziehen, während die Lehre nach oben geschoben wird, um sie so nahe wie möglich an die Büchse zu bringen.

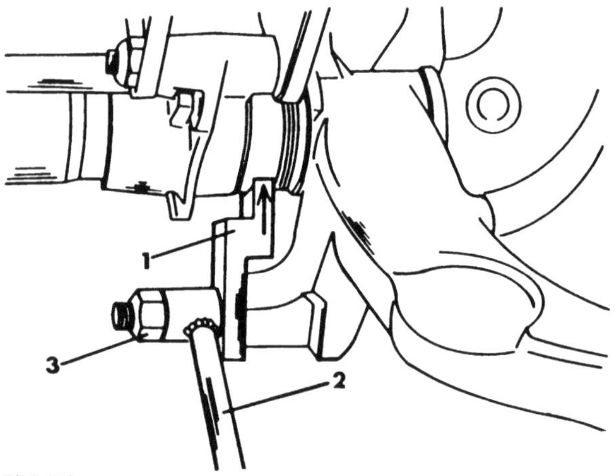


**Bild 143**
**Zum Einbau eines Lenkerarms. Die Lehre (1) und den Hilfsdämpfer (2) anbringen und mit der Mutter (3) anziehen.**

- Eine Fühlerlehre von 0,5 mm Stärke zwischen die Lehre und das Querträgergehäuse einschieben und mit einem Weichmetallhammer gegen den Lenkerarm schlagen, bis die Einstellehre gegen die Fühlerlehre anliegt. Der Lenkerarm sitzt einwandfrei, wenn sich die Fühlerlehre noch soeben hineinschieben und herausziehen lässt, ohne zu stramm zu sitzen oder zu viel Spiel zu haben.
- Einen Unterstellbock unter die Bremstrommel untersetzen oder diese mit einem Wagenheber anheben, so dass der Lenkerarm ungefähr in seiner richtigen Lage steht und den Hilfsstossdämpfer und die Einstellehre abschrauben.
- Bremsleitung wieder anschliessen und die Überwurfmutter anziehen.
- Torsionsdrehstab wieder montieren.
- Kurvenstabilisator montieren.

## 11.4 Torsionsdrehstäbe – Aus- und Einbau

Zum Aus- und Einbau der Torsionsdrehstäbe sind bestimmte Spezialwerkzeuge erforderlich, ohne deren Hilfe man die Arbeiten nicht versuchen sollte. Ausserdem ist es angebracht, dass man die Arbeiten auf einer Hebebühne oder über einer Montagegrube durchführt. Das wichtigste Werkzeug ist dabei ein Gestänge, welches anstelle des Stossdämpfers eingesetzt wird, während man den Torsionsstab ausbaut.

Vorausgesetzt, dass man sich diese Werkzeuge besorgen kann, folgendermassen vorgehen:

- Das Fahrzeug auf die Hebebühne oder über eine Montagegrube fahren oder andernfalls genügend hoch aufbocken, um an die Unterseite der Karosserie zu gelangen.
- Rückseite des Fahrzeuges aufbocken, bis die Räder an den Lenkerarmen frei herunterhängen.
- Räder abschrauben.
- Kurvenstabilisator ausbauen.
- Federblech der Bremsschlauchbefestigung herausschlagen, um den Bremsschlauch zu lösen.
- Stossdämpfer ausbauen. Der Lenkerarm muss entsprechend angehoben werden, um die untere Befestigungsschraube des Stossdämpfers herauszuziehen (Bild 144).
- Den Hilfsstossdämpfer (7.0908) anstelle des soeben eingebauten Stossdämpfers einbauen. Die Länge des Hilfsdämpfers verstellen, um die beiden Befestigungsschrauben ohne Spannung einsetzen zu können. Falls erforderlich, den Lenkerarm etwas anheben, um die Wirkung des

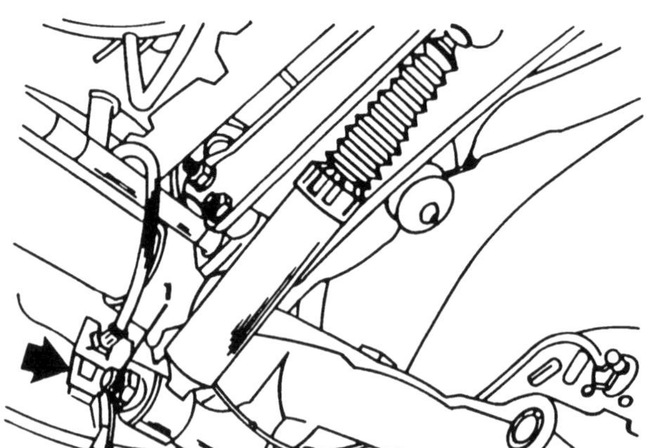


**Bild 144**
**Befestigung des Stossdämpfers an der Unterseite. Der Dämpfer wird durch die Mutter (1) gehalten. Der Pfeil weist auf die Befestigung des Bremsschlauches.**

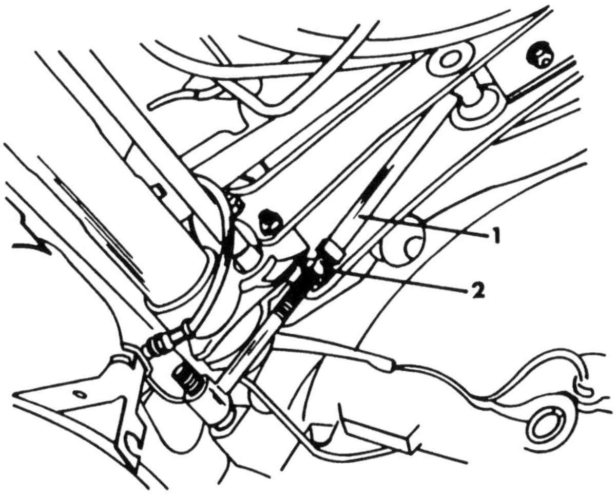


**Bild 145**
**Der Hilfsstossdämpfer (1) an Stelle des hydraulischen Stossdämpfers eingesetzt. Nach Einstellung der Länge die Kontermutter (2) anziehen.**

Gewichts auf den Torsionsstab zu entfernen. Die Kontermutter des Hilfsdämpfers danach anziehen (Bild 145).

- Auf der gegenüberliegenden Seite, d.h. am anderen Ende des Torsionsdrehstabes die Mutter und die Scheibe entfernen.
- Auf der Seite, auf welcher der Torsionsdrehstab ausgebaut werden soll, die Schraube, den Dichtring und die Anlaufscheibe entfernen. Bild 146 zeigt, wo die Teile sitzen. Die Stellung des Torsionsdrehstabes zum Lenkerarm durch Einschlagen mit einem Körner an gegenüberliegenden Stellen kennzeichnen.

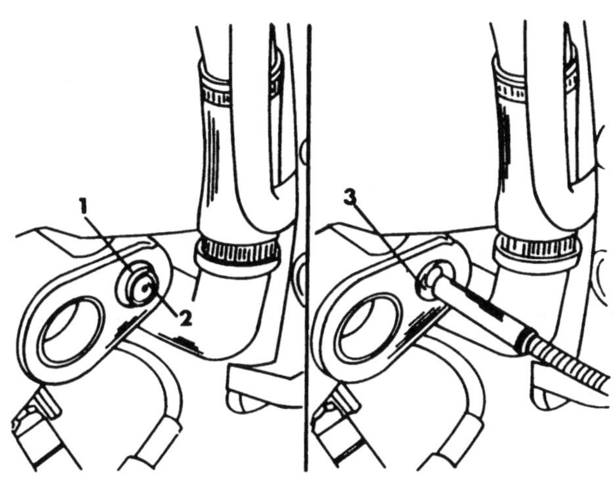


**Bild 146**
**Zum Ausbau eines Torsionsdrehstabes**

1 Dichtring 2 Schraube 3 Anlaufscheibe

- Das Anschlussstück des Werkzeugsatzes in das Ende des Torsionsstabes eindrehen und den Schlaghammer am Anschlussstück anbringen. Den Schlaghammer betätigen, bis der Torsionsdrehstab herauskommt. Falls sich der Lenkerarm dabei mitbewegt, muss man ihn in seiner Lage halten.
- Den Schlaghammer und das Anschlussstück entfernen und den Hilfsdämpfer herausnehmen. Auf der linken Seite könnte dabei die Bremsleitung beschädigt werden. Um dies zu verhindern, den Lenkerarm von unten abstützen, so dass er ungefähr in seiner Einbaulage verbleibt.

Beim Einbau des Torsionsdrehstabes folgendermassen vorgehen:

- Die Länge zwischen den Mittelpunkten des Hilfsdämpfers auf 342 mm einstellen, wenn man einen neuen Torsionsdrehstab einbaut. Falls der gleiche Torsionsstab wieder eingebaut wird, muss man den Hilfsdämpfer in der Länge lassen, welche ihm beim Ausbau gegeben wurde. Nicht vergessen, dass der linke Lenkerarm von unten abgestützt werden muss, um die Bremsleitung nicht zu beschädigen.
- Die Bremsschlauchhalterung zurückziehen und die Einstellehre 7.0526 gegen den Querträger ansetzen und den Hilfsdämpfer einbauen. Die kürzere Seite der unteren Befestigung muss gegen die Lehre anliegen, wie es aus Bild 147 ersichtlich ist. Die Mutter an der oberen Befestigung einstweilen lose lassen.
- Nur die im Bild 147 gezeigte Mutter anziehen, während die Einstellehre nach oben geschoben wird, so dass sie gegen das Gehäuse anliegt.

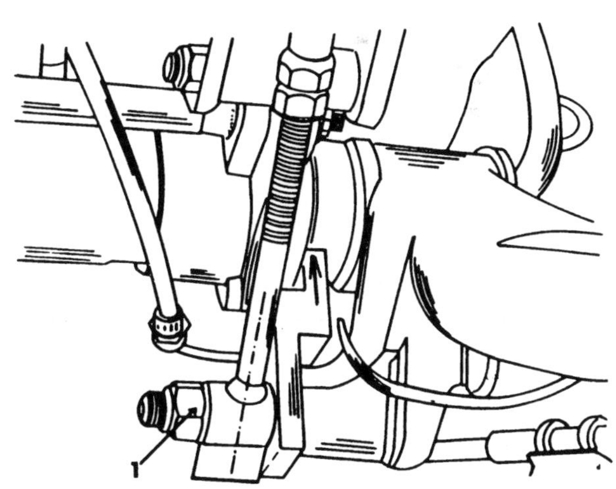


**Bild 147**
**Einbau des Hilfsstossdämpfers und der Einstellehre.**
**Die Mutter (1) festziehen, um die Teile in ihrer Lage zu halten.**

- Den Torsionsdrehstab zur Hand nehmen. Falls beide ausgebaut wurden, muss man auf die Kennzeichnung achten. Der rechte Stab ist mit einem Farbring gezeichnet, der linke mit zwei Farbringen.

- Die Kerbverzahnungen an beiden Enden des Torsionsstabes reinigen und die Bundschraube in das Ende mit dem 22,5 mm-Durchmesser einschrauben.
- Am anderen Ende (24,0 mm Durchmesser) das Anschlussstück aus dem Werkzeugsatz einschrauben, bis es vollkommen gegen den Torsionsstab anliegt und den Schlaghammer anschrauben.
- Die Kerbverzahnungen des Torsionsstabes mit Esso Norva-275-Fett einschmieren. Dieses ist bei Ihrer Peugeot-Vertretung erhältlich.
- Torsionsstab durch den Lenkerarm einführen und den Stab verdrehen, bis er sich ungezwungen ca. 8 bis 10 mm einschieben lässt. In dieser Stellung den Torsionsstab mit dem Schlaghammer vollkommen einschlagen. Zu beachten ist, dass sich der Torsionsstab nicht auf die volle Länge der Kerbverzahnungen einschieben lässt, da die beiden Enden des Torsionsstabes nicht auf gleicher Höhe liegen. Da beide Enden des Torsionsstabes eine gerade Anzahl von Zähnen haben (28 und 30), gibt es zwei gegenüberliegende Stellen, an denen sich der Torsionsstab einsetzen lässt, ohne die Fahrzeughöhe zu verstellen.
- Kontrollieren, dass die Körnerschläge (welche beim Ausbau eingeschlagen wurden) wieder gegenüberliegen oder sich genau 180° gegenüberliegen, falls der Stab um 180° verdreht wurde. Falls die Fahrzeughöhe eingestellt wird (siehe nächstes Kapitel) müssen die Körnerschläge um die entsprechende Anzahl Zähne versetzt sein.
- Das Gehäuse mit Esso Norva-275-Fett füllen und die Anlaufscheibe, einen neuen Dichtring und die Schraube anbringen. Die Schraube mit 20 Nm anziehen (siehe Bild 146).

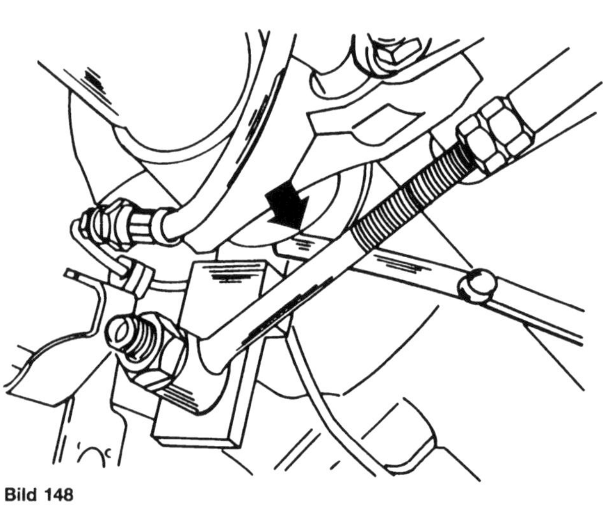

**Bild 148**
**Ausmessen des Spalts zwischen der Einstellehre und dem Querträgergehäuse mit der Fühlerlehre**

- Eine Fühlerlehre von 0,05 mm Stärke an der in Bild 148 gezeigten Stelle einschieben. Falls die Lehre Spiel hat, den Lenkerarm mit einem Weichmetallhammer einschlagen, bis er vollkommen sitzt.
- Auf der gegenüberliegenden Seite die Bundschraube in Bild 149 herausschrauben, bis der Bund gegen den Ring anliegt. Sobald dies der Fall ist, nicht mehr weiter schrauben, da man andernfalls den Torsionsstab wieder in das Gehäuse zurückdrückt.

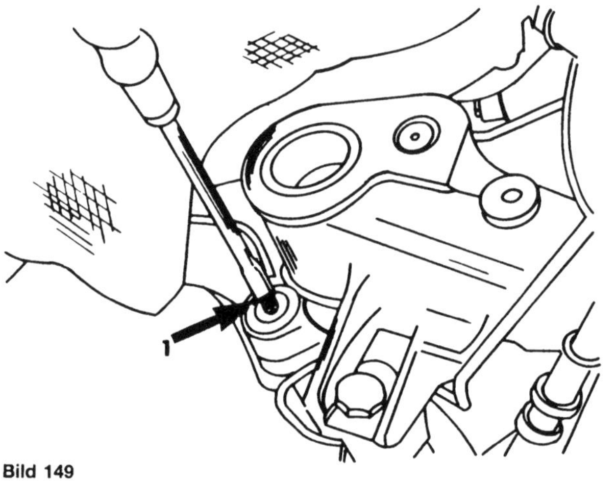


**Bild 149**
**Ausschrauben der Bundschraube (1) aus dem Torsionsdrehstab**

- Kontrollieren, dass die Fühlerlehre immer noch in Berührung mit dem Querträgergehäuse steht. Andernfalls die Schraube in Bild 149 wieder hineinschrauben, den Lenkerarm wieder hineinschlagen und die Bundschraube wieder herausdrehen.
- Die Scheibe und die Mutter anbringen. Die Mutter anziehen, während die Bundschraube dabei mit einem Schraubenzieher gegengehalten wird.
- Den Hilfsdämpfer und die Einstellehre ausbauen.
- Fahrzeug ohne Stossdämpfer auf die Räder ablassen.
- Fahrzeughöhe kontrollieren und ggf. berichtigen, wie es im nächsten Kapitel beschrieben ist.
- Stossdämpfer unter Bezug auf Bild 150 montieren. Dazu eine Scheibe auf die untere Befestigung auflegen und eine neue Mutter aufschrauben, die Schraube an der Oberseite mit zwei Scheiben einsetzen und eine neue Mutter aufschrauben. Die Muttern noch nicht anziehen.
- Die Rückseite des Fahrzeuges muss jetzt belastet werden, um den Stossdämpfer auf das rich-

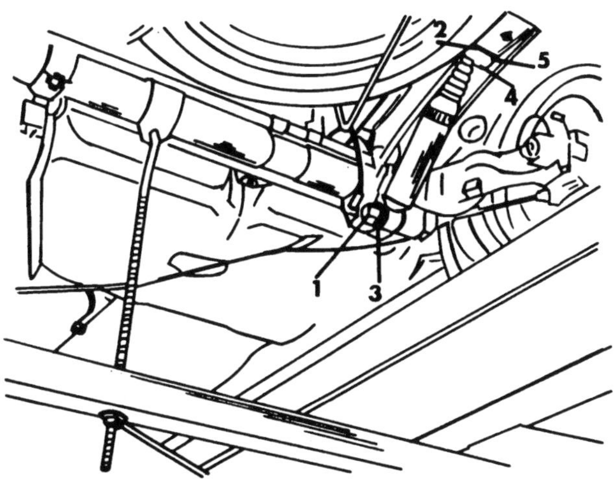


**Bild 150**
**Zur Befestigung des Stossdämpfers beim Einbau eines Torsionsdrehstabes**

1 Untere Mutter
2 Obere Mutter
3 Unterlegscheibe
4 Unterlegscheibe
5 Unterlegscheibe

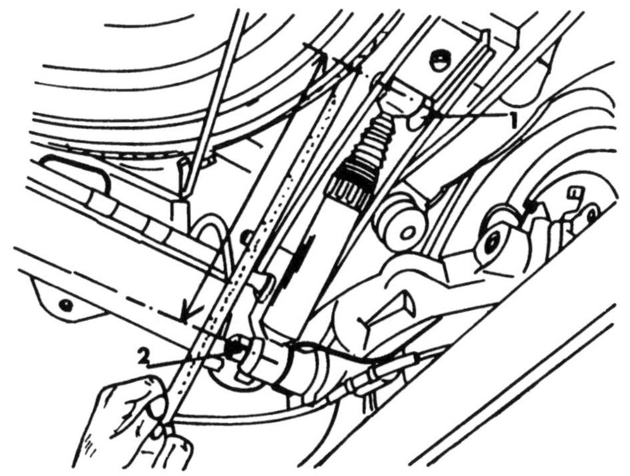


**Bild 151**
**Ausmessen der Länge des eingebauten Stossdämpfers. Nach genauer Belastung die beiden Muttern (1) und (2) anziehen.**

tige Mass zusammenzuschieben. Peugeot-Werkstätten verwenden dazu ein Spezialwerkzeug. Mit einfachen Mitteln kann man Gewichte in den Kofferraum einlegen, bis das Mass «X» in Bild 151 genau 288 mm beträgt. Danach die obere Mutter mit 75 Nm und die untere Mutter mit 117,5 Nm anziehen. Die Gewichte wieder aus dem Kofferraum herausnehmen.

- Alle anderen Arbeiten in umgekehrter Reihenfolge wie beim Ausbau durchführen.

## 11.5 Fahrzeughöhe

### 11.5.1 Fahrzeughöhe vermessen

Die Fahrzeughöhe an der Rückseite des Fahrzeuges wird durch die Torsionsdrehstäbe verstellt. Aufgrund der unterschiedlichen Anzahl von Zähnen an den Enden der Torsionsstäbe kann man durch Verdrehen eines Zahnes das Heck des Fahrzeugs um 3 mm senken oder anheben. Der bereits mehrmals erwähnte Hilfsdämpfer ist zur Einstellung erforderlich. Bei Verstellung einer Seite wird die andere Seite davon betroffen. Der Unterschied zwischen den Höhen auf beiden Seiten darf nicht mehr als 10 mm betragen. Die folgenden Voraussetzungen müssen geschaffen sein, um die Fahrzeughöhe auszumessen:

- Das Fahrzeug muss sein Betriebsgewicht haben, d. h. unbeladen, jedoch mit Kraftstoff gefüllt sein.
- Die Reifendrücke müssen stimmen.
- Das Fahrzeug muss auf ebenem Boden abgestellt sein.
- Die Fahrzeughöhe zwischen dem Boden und der Unterseite des Querträgers unter dem Kofferraum in der Gegend der Befestigung mit der einzelnen Mutter ausmessen. Dieses Mass muss 430 mm mit einer Toleranz von 7 mm betragen.

Falls das gemessene Mass nicht den Angaben entspricht oder sich um mehr als 10 mm zwischen den beiden Seiten unterscheidet, ist eine Einstellung erforderlich.

### 11.5.2 Fahrzeughöhe einstellen

- Torsionsstabende und den Lenkerarm an gegenüberliegenden Stellen mit einem Körner kennzeichnen, um einen Bezugspunkt für das ursprüngliche Mass zu haben. Danach den Torsionsstab ausbauen, wie es in Kapitel 11.4 beschrieben ist. Wie in diesem Kapitel erwähnt, wird der Hilfsdämpfer auf das ursprüngliche Mass des Stossdämpfers eingestellt.
- Den Verbindungshebel des Kurvenstabilisators auf der rechten und linken Seite nach Lösen der Schrauben abschliessen. Den Kurvenstabilisator selbst nicht ausbauen.
- Die Länge des Hilfsdämpfers ist jetzt entsprechend zu verstellen:
  - Um die Fahrzeughöhe um 3 mm zu erhöhen, muss man den Hilfsdämpfer um 2 mm verlängern. Muss das Fahrzeug noch höher gebracht werden (es kann nur in Stufen von je 3 mm geschehen), verlängert man die Stange um 2 mm pro 3 mm Fahrzeughöhe. Eine Umdrehung des Werkzeuges entspricht einer Verlängerung von 1,0 mm; eine halbe Umdrehung von 0,5 mm.

- Um das Fahrzeug an der Rückseite um 3 mm zu senken, verkürzt man die Stange um 2 mm pro Reduzierung von 3 mm. Eine Umdrehung des Werkzeuges entspricht einer Verkürzung von 1,0 mm, eine halbe Umdrehung von 0,5 mm.

- Den Torsionsstab wieder montieren, wie es in Kapitel 11.4 beschrieben ist, mit dem Hilfsdämpfer in der neuen Stellung. Der Torsionsstab wird wieder eingeschoben, wenn er sich 8 bis 10 mm einschieben lässt, ehe er auf Widerstand stösst.
- Nach dem Einbau die Markierung an Torsionsstab und Lenkerarm betrachten. Die Markierungen dürfen jetzt nicht mehr gegenüberliegen, d.h. die Markierung in der Endfläche des Torsionsstabes muss um die Anzahl von Zähnen versetzt sein, um welche die Fahrzeughöhe verändert wurde.

## 11.6 Stossdämpfer – Aus- und Einbau

- Fahrzeug an der Rückseite anheben und auf Böcke setzen.
- Die Mutter (1) in Bild 152 entfernen und die Scheibe (2) abnehmen.

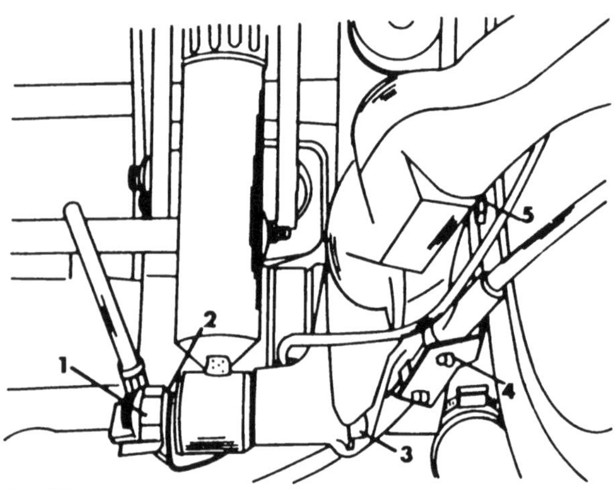


**Bild 152**
**Zum Ausbau eines hinteren Stossdämpfers**

1 Untere Befestigungsmutter
2 Unterlegscheibe
3 Stossdämpferschraube
4 Halterung für Handbremsseil
5 Schraube

- Die Schraube (3) aus dem Stossdämpferauge ausschlagen. Auf der rechten Seite ist ein Langloch in der Halterung (4) für das Handbremsseil, welches gestattet, die Halterung nach Lösen der Schraube (5) anzuheben und die Schraube (3) herauszuziehen.
- Unter Bezug auf Bild 153 die Mutter der oberen Aufhängung abschrauben, die Scheibe abnehmen und die Schraube aus dem Stossdämpferauge herausschlagen. Die zweite Scheibe abnehmen.

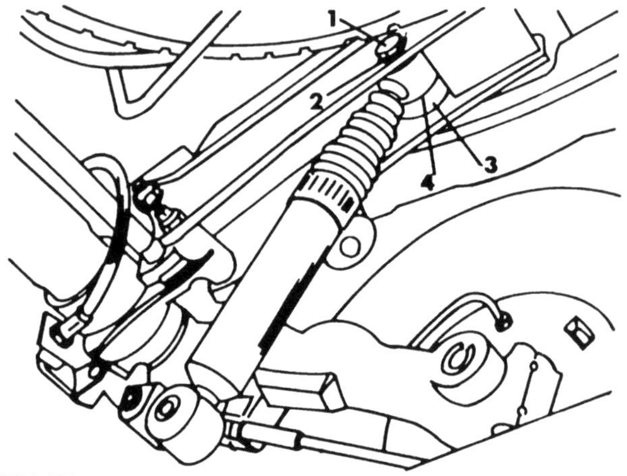


**Bild 153**
**Befestigung des Stossdämpfers an der Oberseite**

1 Befestigungsmutter
2 Unterlegscheibe
3 Befestigungsschraube
4 Unterlegscheibe

- Den Stossdämpfer herausnehmen.

Der Einbau des Stossdämpfers geschieht folgendermassen:

- Stossdämpfer unter Bezug auf Bild 152 montieren. Dazu eine Scheibe auf die untere Befestigung auflegen und eine neue Mutter aufschrauben, die Schraube an der Oberseite mit zwei Scheiben einsetzen und eine neue Mutter aufschrauben. Die Muttern noch nicht anziehen.
- Die Rückseite des Fahrzeuges muss jetzt belastet werden, um den Stossdämpfer auf das richtige Mass zusammenzuschieben. Peugeot-Werkstätten verwenden dazu ein Spezialwerkzeug. Mit einfachen Mitteln kann man Gewichte in den Kofferraum einlegen, bis das Mass «X» in Bild 151 genau 288 mm beträgt. Danach die obere Mutter mit 75 Nm und die untere Mutter mit 117,5 Nm anziehen. Die Gewichte wieder aus dem Kofferraum herausnehmen.
- Auf der rechten Seite die Halterung des Handbremsseils anbringen und mit 27,5 Nm anziehen.
- Alle anderen Arbeiten in umgekehrter Reihenfolge durchführen.

## 11.7 Kurvenstabilisator

Wiederum ist ein Spezialwerkzeug erforderlich, um den Kurvenstabilisator auszubauen. Der Kurvenstabilisator befindet sich in der Innenseite des Achsrohres und ist mit Hilfe von Hebeln mit den beiden

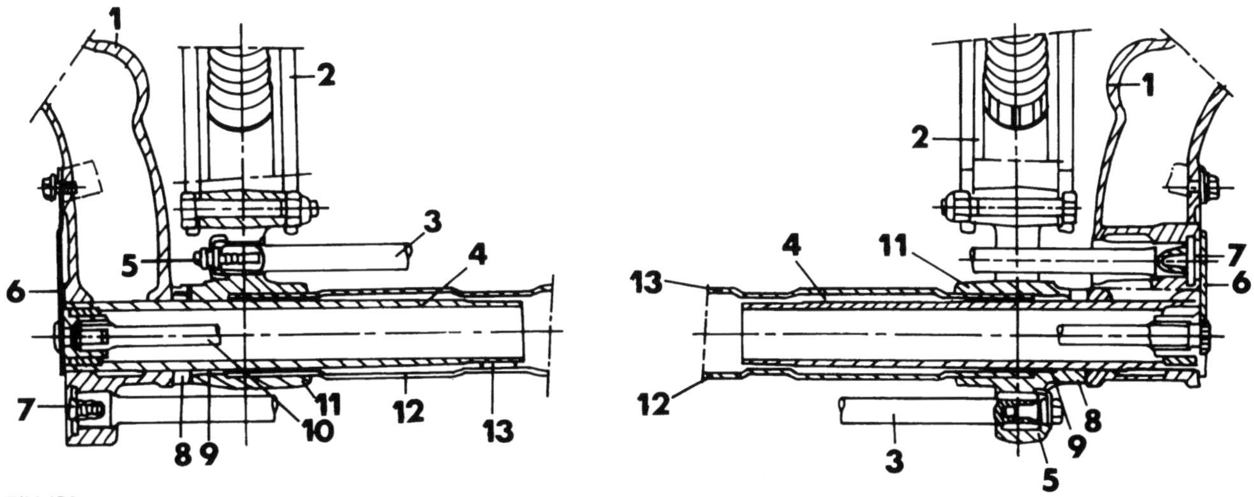


**Bild 154**
**Schnitt durch die Hinterachse**

1 Lenkerarm
2 Hinterachsträger
3 Torsionsdrehstab
4 Lagerwelle für Lenkerarm
5 Schraube, Drehstab
6 Hebel für Stabilisatorstange
7 Schraube für Drehstab
8 Dreilippen-Öldichtring
9 Nadelrollenlager
10 Kurvenstabilisator
11 Achsrohrgehäuse
12 Achsrohr
13 Inneres Lager

Lenkerarmen verbunden. Bild 154 zeigt einen Schnitt durch eine Seite der Radaufhängung mit der Anordnung des Kurvenstabilisators.

- Fahrzeug hinten aufbocken. Die Räder müssen frei herunterhängen.
- Räder abmontieren.
- Auf der rechten Seite die Schraube und die Scheibe der Hebelbefestigung vom Lenkerarm entfernen und den Stopfen am äusseren Ende der Kurvenstabilisatorstange herausnehmen.
- Das Gewinde des Spezialwerkzeuges 7.0908 mit Graphitfett einschmieren und in das Ende des Hebels einschrauben, bis es gegen die Stabilisatorstange ansitzt.
- Die Schraube jetzt anziehen, bis der Hebel von der Stange herunterkommt.
- Auf der linken Seite die gleichen Arbeiten durchführen und die Stabilisatorstange zusammen mit dem Hebel aus dem Achsrohr herausziehen. Falls der Hebel von der Stange getrennt werden soll, wieder die Abziehschraube eindrehen und den Hebel herunterziehen, wie es für die rechte Seite beschrieben ist.

Vor dem Einbau der Stabilisatorstange die Kerbverzahnungen mit Esso Norva-275-Fett einschmieren. Die Gewinde des Spezialwerkzeuges sowie die Scheibe und Mutter mit Graphitfett einschmieren. Die Stabilisatorstange folgendermassen einbauen:

- Stabilisatorstange in einen Schraubstock einspannen und den richtigen Hebel auswählen. Der linke Hebel wird durch eine einzelne Markierung an der Mittellinie des Hebels gezeichnet. Einen neuen Gummiring auf den Hebel anbringen, mit der Wulst auf der gegenüberliegenden Seite zur Anlagefläche des Hebels. Die Aussenseite des Gummiringes mit Kluber Proba-Fett einschmieren. Die linke Seite der Stabilisatorstange kann durch den eingearbeiteten Bund festgestellt werden.
- Den Hebel so ausrichten, dass die Markierung (a) im Hebel mit der Markierung (b) der Stabilisatorstange in eine Linie kommt. Diese Ausrichtung gewährleistet, dass beide Hebel nach dem Einbau in einer Ebene liegen (Bild 155).
- Die Spezialeinziehschraube des Werkzeugsatzes 7.0908 in die Stabilisatorstange schrauben, die Scheibe auflegen und die Mutter aufschrauben. Die Schraube an der Fläche am Ende ge-

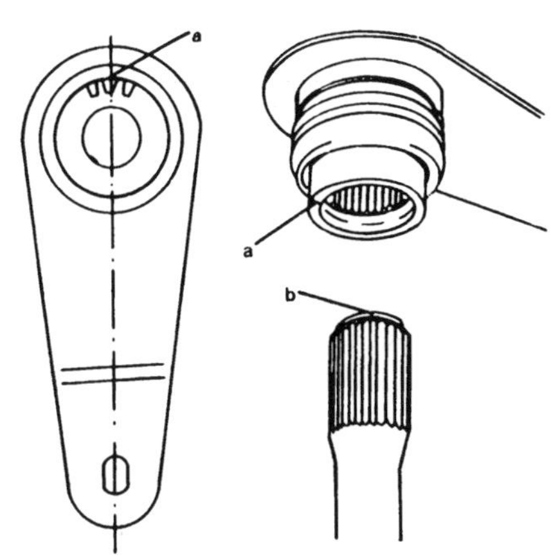


**Bild 155**
**Kennzeichnung des Kurvenstabilisatorhebels und der Kerbverzahnungen der Stabilisatorstange. Die Stellen (a) und (b) müssen zusammenkommen.**

genhalten und die Mutter anziehen, bis der Hebel vollkommen auf die Stange aufgezogen ist. Falls der Hebel sich nur langsam bewegt, kann man ihn mit einem Rohrstück von 30 mm Durchmesser und 70 mm Länge aufschlagen.

- In die Stabilisatorstange vorübergehend eine M8×1,25-Schraube eindrehen (nicht länger als 25 mm) und mässig anziehen.
- Einen neuen Dichtring an der Innenseite des Hebels anbringen. Bei älteren Ausführungen ist kein Dichtring vorhanden und die Fläche muss mit Dichtungsmasse eingeschmiert werden. Bild 156 zeigt die beiden Ausführungen. (1) zeigt, wo der Dichtring sitzt.

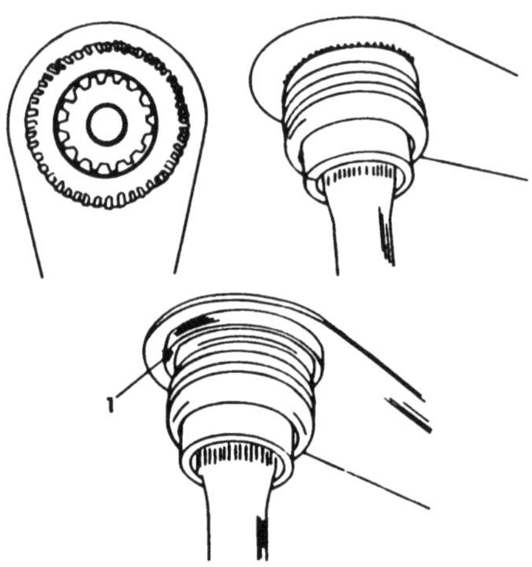


**Bild 156**
**Abdichtung eines Hebels für den Kurvenstabilisator. Oben rechts bei der älteren Ausführung, unten bei der neuen Ausführung.**

- Auf der linken Seite des Fahrzeuges den Stabilisator in das Achsrohr einschieben, bis der Hebel gegen den Lenkerarm ansitzt. Die Scheibe und Schraube anbringen und die Schraube mit 35 Nm anziehen. Ebenfalls den Stützbügel des Handbremsseils befestigen.
- Auf der rechten Seite die Stabilisatorstange wie oben beschrieben vorbereiten, d.h. entweder den Dichtring anbringen oder Dichtungsmasse aufschmieren und die Einziehschraube wieder eindrehen. Den Hebel so aufstecken, dass das andere Ende mit dem Befestigungsloch in eine Linie kommt.
- Den Hebel auf die Stabilisatorstange ziehen, wie es für die linke Seite beschrieben wurde. Um den richtigen Abstand zwischen Hebel und Lenkerarm herzustellen, eine Scheibe von 1,0 mm Stärke dazwischen einlegen und die Schraube anziehen, bis der Hebel gegen die Scheibe anliegt.
- Scheibe und Schraube anbringen und die Schraube mit 35 Nm anziehen.
- Gewinde des Stopfens mit Dichtungsmasse einschmieren und den Stopfen einschrauben.
- Den Stopfen auf der gegenüberliegenden Seite einschrauben.
- Alle anderen Arbeiten in umgekehrter Reihenfolge durchführen.

# 12 Die Bremsen

Alle in dieser Anleitung behandelten Fahrzeuge sind an den Vorderrädern mit Scheibenbremsen ausgerüstet. Die Bremsen werden von Bendix hergestellt. Die Bremssättel haben nur einen Kolben pro Sattel. Bei diesen Ausführungen handelt es sich um Gleitsättel, d.h. der Bremsdruck wird auf den einzelnen Kolben ausgeübt, welcher dadurch den gesamten Sattel auf Gleitkeilen verschiebt, um beide Bremsklötze gegen die Scheibe zu drücken. Die Trommelbremsen an den Hinterrädern können von Bendix oder Girling hergestellt sein, jedoch arbeiten beide Ausführungen auf dem gleichen Prinzip. Der Unterschied liegt im Selbstnachstellmechanismus der Bremsen.
Ein Bremskraftverstärker und ein Bremsausgleichsventil sind eingebaut.

## 12.1 Einstellung der Fussbremse (Betriebsbremse)

Die Vorderradscheibenbremsen erfordern keinerlei Nachstellung um den Verschleiss der Bremsklötze auszugleichen, da der Kolben oder die Kolben die Bremsklötze automatisch näher an die Bremsscheiben heranbringen, während sich das Bremsklotzmaterial abnutzt.
Die Hinterradbremsen werden automatisch durch einen in der Bremsanlage eingebauten Nachstellmechanismus nachgestellt, indem sich die Backen bei jeder Betätigung der Bremse näher an die Bremstrommeln heransetzen.

## 12.2 Die Vorderrad-Scheibenbremsen

### 12.2.1 Bremsklötze erneuern

Zur Kontrolle der Stärke des Bremsklotzmaterials die Räder abnehmen und die verbleibende Stärke des Materials überprüfen. Falls die Stärke kleiner als ungefähr zwei aufeinandergelegte Streichhölzer ist, müssen die Bremsklötze erneuert werden.

Falls es möglich ist, dass man die Bremsklötze wieder verwenden kann, müssen sie entsprechend ihrer Seitenzugehörigkeit gekennzeichnet werden, sobald man sie herausnimmt. Ebenfalls kennzeichnen, ob der Bremsklotz an der Innenseite oder der Aussenseite der Bremsscheibe gesessen hat. Eine Nichtbeachtung der Kennzeichnung kann zum späteren Ziehen der Bremsen führen, sollten die Klötze an falscher Stelle eingebaut werden.
Folgendermassen vorgehen:

- Vorderseite des Fahrzeuges auf Böcke setzen und die Vorderräder abschrauben.
- Unter Bezug auf Bild 157 die beiden Federspangen (3) aus den Gleitkeilen (1) zwischen dem Bremssattel und dem Bremssattelträger herausziehen.

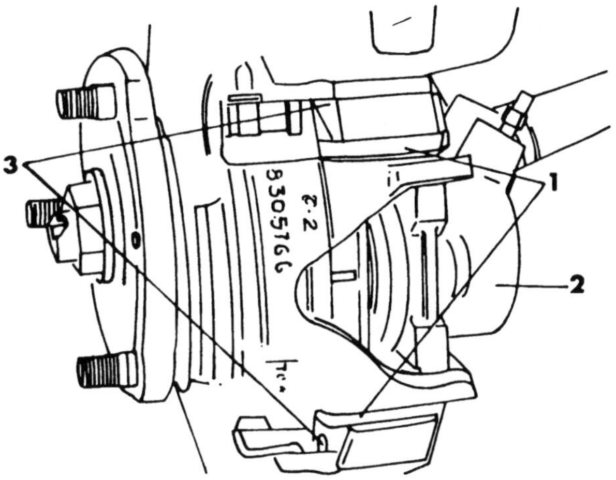


**Bild 157**
**Aus- und Einbau der Bremsklötze an einem Bendix-Bremssattel**

1 Gleitkeile 2 Bremssattel 3 Federspangen

- Mit einem Schraubenzieher den oberen Gleitkeil herausschieben.
- Den Bremssattel nach oben drücken und den unteren Gleitkeil mit einer Zange herausziehen.
- Mit einem Schraubenzieher den oberen Gleitkeil herausschieben.
- Den Bremssattel nach oben drücken und den unteren Gleitkeil mit einer Zange herausziehen.
- Den Bremssattel (2) nach einer Seite drücken,

indem man einen Reifenhebel zwischen Federbein und Bremssattel einsetzt und den äusseren Bremsklotz herausnehmen.

- Den Bremssattel auf die andere Seite drücken, um den inneren Bremsklotz herauszunehmen.

Eine tiefe Rille ist in das Belagmaterial eingearbeitet, welche 1,5 mm vor der Metallplatte endet. Diese Rille gibt einen schnellen Aufschluss über den Verschleiss des Belagmaterials. Wenn die Rille fast unsichtbar wird, nähert sich die Belagstärke dem Mindestwert. Der eigentliche Zweck der Rille ist die Abführung von Wasser und Schmutz von der Bremsscheibe, welche zwischen Bremsscheibe und Bremsklötze eindringen.

Vor dem Einbau der neuen Bremsklötze die Bremsscheibenflächen auf Verschleiss kontrollieren und alle Korrosionsstellen an den Innen- und Aussenkanten entfernen. Den Verschluss des Vorratsbehälters entfernen und etwas Flüssigkeit aus dem Behälter absaugen.

Beim Einbau der Bremsklötze folgendermassen vorgehen:

- Den Kolben mit einem Stück Holz in die Bohrung zurückdrücken. Dabei unbedingt darauf achten, dass die Bremsflüssigkeit nicht aus dem Vorratsbehälter ausgedrückt wird. Diese Arbeit auf beiden Seiten durchführen. Eine Zange, wie in Bild 158 gezeigt, kann auch vorsichtig zum Hineindrücken des Kolbens benutzt werden.

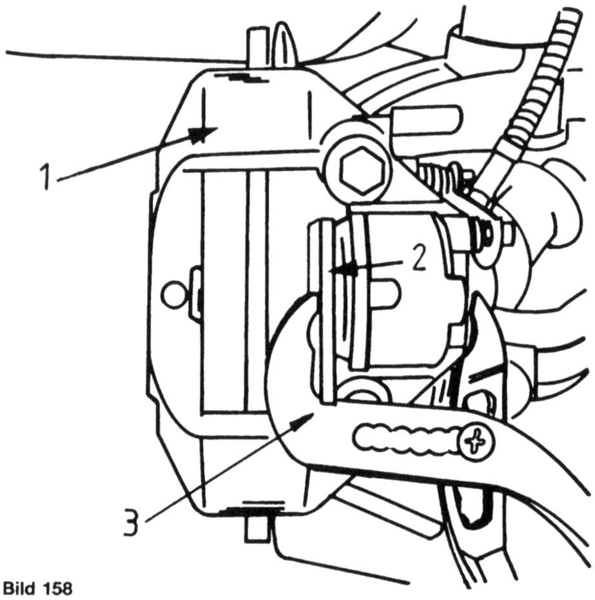


**Bild 158**
**Eindrücken des Kolbens in den Bremssattel mit einer Wasserpumpenzange**

1 Bremssattel
2 Schutzunterlage
3 Wasserpumpenzange

- Den unteren Gleitkeil ganz leicht mit Graphitfett einschmieren!
- Den inneren Bremsklotz einsetzen.
- Den äusseren Bremsklotz auf der anderen Seite einsetzen.
- Die beiden Bremsklötze gegen die Unterkante des Bremssattels drücken und den oberen Gleitkeil einschieben und vollkommen einschlagen.
- Kontrollieren, dass sich die Bremssättel einwandfrei nach innen und aussen verschieben lassen und die Gleitkeile mit den Federspangen sichern.

### 12.2.2 Bremssattel überholen

Den Bremssattel vom Achsschenkel abschrauben und alle Überholungsarbeiten auf einer sauberen Werkbank unter den saubersten Bedingungen durchführen. Vor Beginn der Arbeiten sind die unten angeführten Hinweise durchzulesen. Diese treffen auf alle hydraulischen Teile zu.

- Alle Gummimanschetten oder Dichtringe erneuern, falls das Teil zerlegt worden ist. Die Teile nutzen sich im Laufe des Betriebs ab und obwohl sie noch gut aussehen können, sollten sie hinsichtlich der Sicherheit des Fahrzeuges immer ausgewechselt werden.
- Niemals einen Kolben oder Zylinder wieder einbauen falls man feststellen kann, dass die Oberfläche zerrieft oder von Korrosion angegriffen ist. In diesem Fall immer ein Neuteil einbauen.
- Zum Reinigen der Teile nur Alkohol oder saubere Bremsflüssigkeit verwenden. Auch die kleinste Menge Benzin zum Beispiel greift die Gummiteile sofort oder später an, so dass diese anschwellen und den Betrieb der Bremsenteile beeinträchtigen können. Zum Reinigen verwendeter Alkohol hinterlässt Flecke, die mit einem flusenfreien Lappen abgerieben werden können.

Unter Bezug auf Bild 159:

- Bremsklötze ausbauen (Kapitel 12.2.1).
- Bremsschlauch am Bremssattel lockern. Falls eine Schraubzwinge zum Abdrücken des Schlauchs vorhanden ist, diesen in der Mitte abdrücken, um Verlust von Bremsflüssigkeit und übermässiges Eindringen von Luft zu vermeiden. Der Schlauch kann ebenfalls an der Bremsleitung abgeschraubt werden. In diesem Fall den Schlauch später vom Bremssattel lösen.
- Den Staubschutzring mit einem kleinen Schraubenzieher entfernen, ohne dabei den Zylinder zu beschädigen.

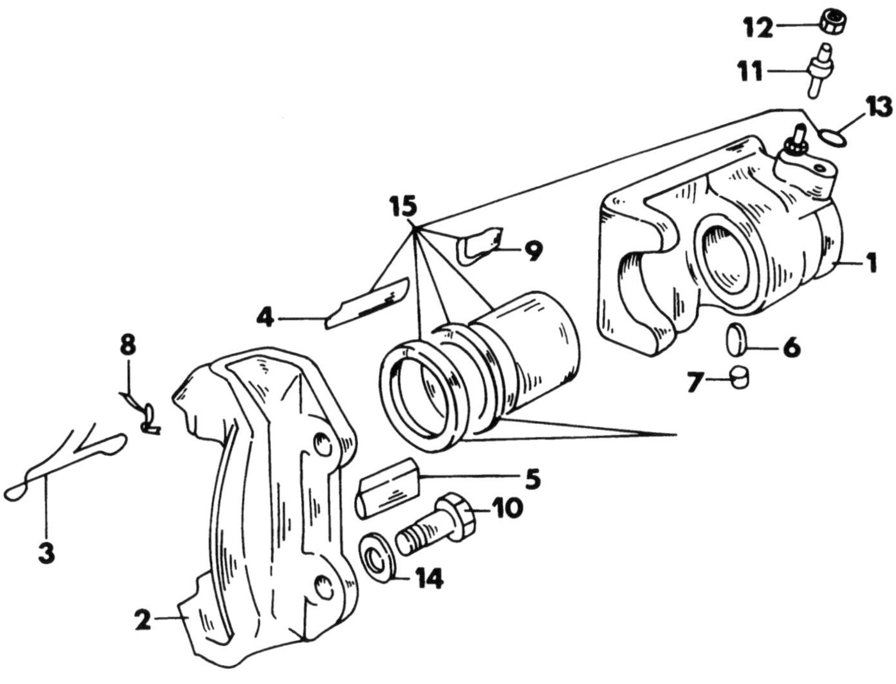


**Bild 159**
**Montagebild eines Bendix-Bremssattels**

1 Tragsattel mit Zylinder
2 Sattelträger
3 Sattelfeder
4 Gleitkeil
5 Gleitkeil
6 Verriegelungsfeder
7 Verriegelungsstück
8 Feder für Schraube
9 Federspange
10 Schraube
11 Entlüftungsschraube
12 Staubschutzkappe
13 Kupferdichtring
14 Scheibe
15 Reparatursatz

- Mit einer Luftleitung den Kolben ausblasen. Ein Stück Hartholz sollte in die Öffnung des Bremssattels eingelegt werden, damit der Kolben beim Herausblasen nicht gegen das Metall auf der anderen Seite anschlagen kann. Unbedingt die Finger aus dieser Gegend fernhalten, wenn die Luftleitung angesetzt wird. Falls erforderlich, kann man die Arbeit an einer Tankstelle durchführen, um die Benutzung der Luft zu haben.
- Von der Innenseite der Zylinderbohrung den Zylinderdichtring mit einem spitzen Gegenstand heraushebeln. Nicht die Bohrung beschädigen.
- Alle Teile in sauberer Bremsflüssigkeit oder in Alkohol reinigen und gründlich überprüfen. Die Teile wie erforderlich erneuern. Die Gummiteile müssen immer erneuert werden. Ein Reparatursatz sollte unbedingt bezogen werden.
- Zylinderdichtring mit sauberer Bremsflüssigkeit oder Bremsfett einschmieren und mit den Fingern in die Rille der Zylinderbohrung einsetzen.
- Staubschutzring am Kolben anbringen und den Kolben zusammen mit dem Ring in die Bohrung eindrücken.
- Den Staubschutzring in der Rille des Zylindergehäuses anbringen. Nach dem Zusammenbau kontrollieren, dass der Staubschutzring einwandfrei im Kolben und im Gehäuse befestigt ist. Bild 160 zeigt eine Ansicht des zusammengebauten Zylinders.
- Bremsschlauch lose am Bremssattel anschrauben.
- Die Flächen des Bremssattels und Achsschenkels einwandfrei reinigen.
- Die Gewinde der Bremssattelschrauben mit «Loctite» einschmieren, den Bremssattel am Achsschenkel ansetzen und die Schrauben eindrehen.

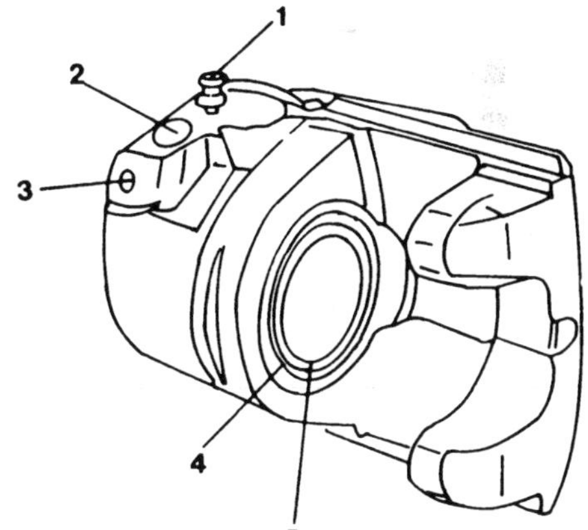


**Bild 160**
**Ansicht eines zusammengebauten Bendix-Bremssattels**

1 Entlüftungsschraube
2 Flüssigkeitsanschluss
3 Anschlussbohrung
4 Staubschutzring
5 Kolben

- Die beiden in Bild 161 gezeigten Schrauben in mehreren Stufen mit einem Anzugsdrehmoment von 120 Nm anziehen.
- Bremsklötze einbauen (Kapitel 12.2.1).
- Den Bremsschlauch am Bremssattel anziehen

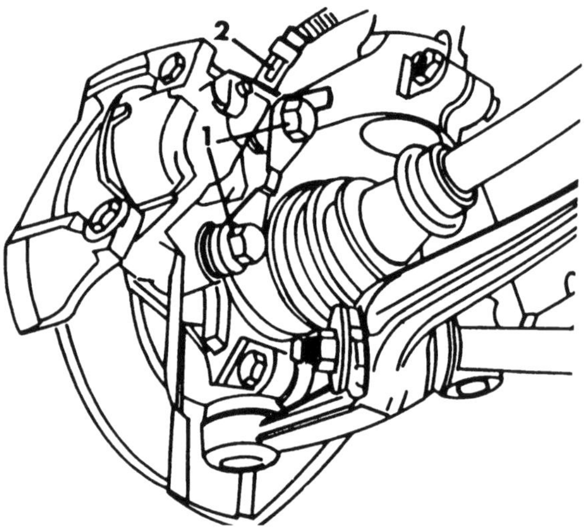


**Bild 161**
**Befestigung eines Bremssattels am Achsschenkel.**
**Die Pfeile (1) weisen auf die Befestigungsschrauben.**
**Die Bremsschlauchbefestigung ist an Stelle (2) gezeigt.**

und kontrollieren, dass er sich nach dem Anziehen nicht verdreht hat. Falls dies der Fall ist, die Verbindung an der Bremsleitung lockern, den Schlauch in die richtige Lage drehen und die Überwurfmutter wieder anziehen.

- Bremsanlage entlüften (Kapitel 12.4).

### 12.2.3 Bremsscheiben

Bremsscheiben müssen erneuert werden, falls sie tiefe Rillen oder andere Schleifschäden zeigen (möglich, nachdem sich die Bremsklötze bis auf die Metallplatten abgeschliffen haben). Die Stärke der Bremsscheibe mit einem Mikrometer oder einer Schiebelehre ausmessen und mit den Angaben in der Mass- und Einstelltabelle (Kapitel 14) vergleichen.

Bei Erneuerung einer Bremsscheibe folgendermassen vorgehen:

- Radmuttern lösen, Vorderseite des Fahrzeuges auf Böcke setzen und das Rad abnehmen.
- Bremsklötze ausbauen, wie es in Kapitel 12.2.1 beschrieben ist.
- Zwei Schrauben von der Radnabe lösen und die Scheibe mit einem Gummihammer vorsichtig abschlagen. Darauf achten, dass sie nicht herunterfallen kann.
- Neue Scheibe auf die Radnabe aufsetzen und mit einem Gummihammer anschlagen.
- Die Schrauben einsetzen und abwechselnd über Kreuz anziehen.
- Rad anbringen, das Fahrzeug auf den Boden ablassen und die Radmuttern festziehen.

## 12.3 Hinterradbremsen

### 12.3.1 Aus- und Einbau der Bremstrommeln

Die Bremstrommeln werden aus- und eingebaut wie es in Kapitel 12.1 beim Erneuern der Hinterradlager beschrieben wurde. Nach dem Einbau die Radlagermutter auf das angegebene Anzugsdrehmoment anziehen.

### 12.3.2 Bremsbacken ausbauen

Nach dem Abnehmen der Bremstrommel sollte man sich als erstes eine Skizze anfertigen, um die Lage der einzelnen Teile festzuhalten. Dies gilt besonders für die Rückzugfedern. Die Rückseite des Fahrzeuges muss auf Böcke gesetzt werden.

*12.3.2.1 Bendix-Bremsen*

- Die obere Rückzugfeder mit einer Zange aushängen.
- Mit einem Finger gegen die Rückseite der Bremsbackenankerstifte drücken und die beiden Ankerstifte ausbauen. Dazu den Federteller mit

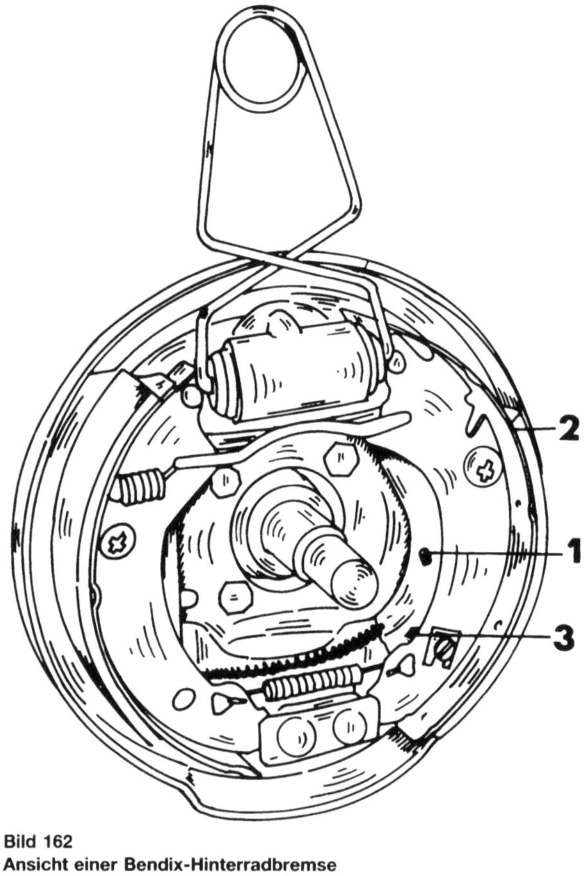


**Bild 162**
**Ansicht einer Bendix-Hinterradbremse**

1 Verzahnter Hebel
2 Bremsbackenankerstift
3 Unterer Hebel

einer Zange verdrehen, bis man den Stiftkopf durch den Schlitz der Scheibe führen kann.

- Unter Bezug auf Bild 162 den Hebel (1) zur Innenseite drücken und den Bremsbacken von der Bremsträgerplatte abnehmen.
- Die Druckstange an der Oberseite entfernen sobald diese frei ist.
- Das Handbremsseil aushängen, indem man die Feder zusammendrückt, bis das Seil durch den Hebel geführt werden kann.
- Das untere Zahnsegment («3», Bild 162) in die ursprüngliche Stellung zurückbringen (es springt nach oben, wenn man den grossen Hebel nach innen bewegt hat) und den Bremsbacken mit dem Hebel und dem Segment um 90° auf der Bremsträgerplatte verdrehen, bis die untere Rückzugfeder mit einem Schraubenzieher ausgehängt werden kann.
- Ein Gummiband sollte um den Radbremszylinder gewickelt werden, damit die Kolben nicht aus dem Zylinder gestossen werden, es sei denn, man hat eine Spange zur Verfügung, wie sie Bild 162 zeigt.

*12.3.2.2 Girling-Bremsen*

- Untere Backenrückzugfeder aushängen und danach die obere Feder aushängen. Eine Zange, ähnlich wie sie in Bild 163 gezeigt ist, oder ein Schraubenzieher können dazu benutzt werden.

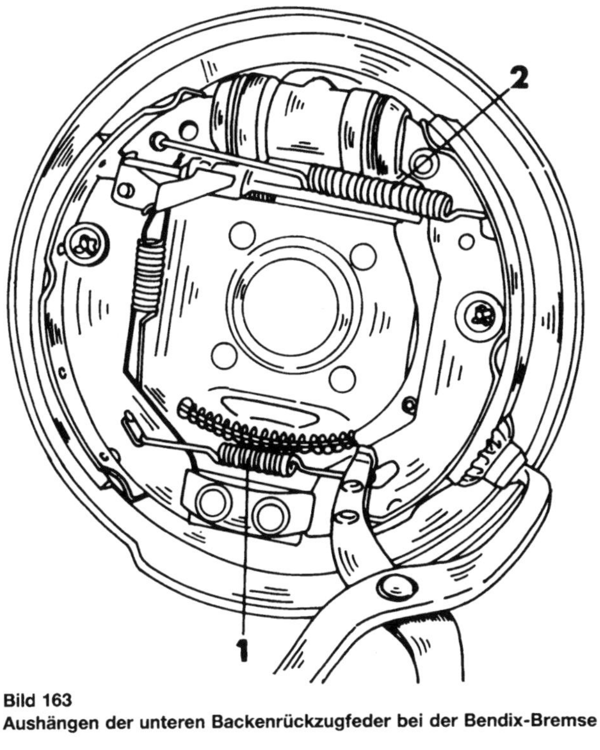


**Bild 163**
**Aushängen der unteren Backenrückzugfeder bei der Bendix-Bremse**

1 Untere Rückzugfeder 2 Obere Rückzugfeder

Unbedingt einprägen, wie die Haken eingehängt sind.

- Die Ankerstifte der Bremsträgerplatte in gleicher Weise ausbauen, wie es bei den Bendix-Bremsen beschrieben wurde.
- Am Wagenboden das Handbremsseil so weit wie möglich lockern.
- Die Bremsbacken auseinanderdrücken und die Druckstange an der Oberseite sowie die untere Rückzugfeder an der Unterseite ausbauen. Die Druckstangen sind verstellbar und sollten entsprechend ihrer Seitenzugehörigkeit gekennzeichnet werden. Ebenfalls kennzeichnen, auf welcher Seite das Einstellrädchen liegt. Das vom Rädchen entfernte Ende greift in den Handbremshebel ein.
- Die Feder des Handbremsseils zusammendrükken und das Seil aus dem Betätigungshebel aushängen.
- Ein Gummiband um den Radbremszylinder wikkeln, damit die Kolben nicht herauskommen, oder den Radbremszylinder mit einer Federspange zusammenhalten, wie es Bild 164 zeigt.

Alle Teile, einschliesslich der Bremsträgerplatte, ein-

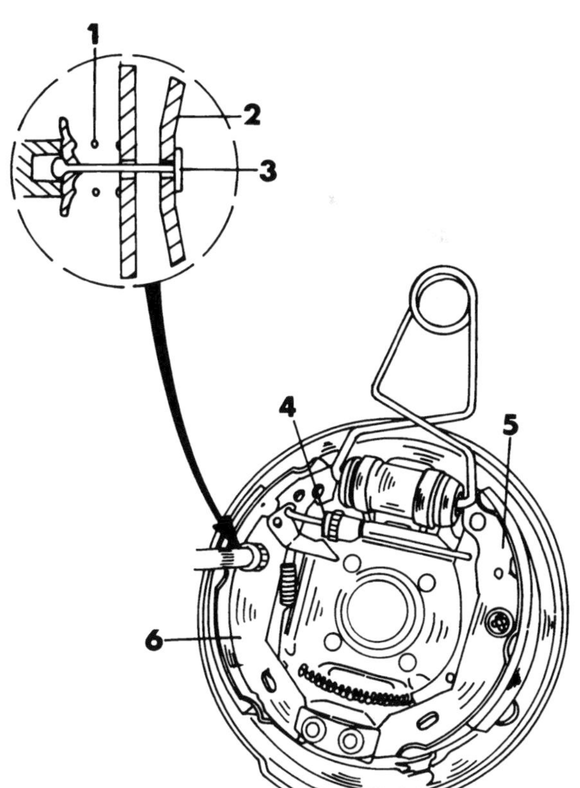


**Bild 164**
**Einzelheiten zum Aus- und Einbau der Girling-Bremsbacken**

1 Ankerstiftfeder
2 Bremsträgerplatte
3 Backenankerstift
4 Verstellgestänge
5 Ablaufbacken
6 Anlaufbacken

wandfrei reinigen. Falls Waschbenzin dazu verwendet wird, darf dieses nicht an die Gummikappen des Radbremszylinders kommen. Falls die Beläge bis auf eine Stärke von 0,5 mm über den Nietenköpfen abgenutzt sind, baut man neue Bremsbacken ein. Bremsbeläge können getrennt erneuert werden, jedoch wird diese Arbeit nicht empfohlen. Falls die Radbremszylinder Zeichen von Leckstellen zeigen, sind sie entsprechend Kapitel 12.3.3 zu überholen.

### 12.3.3 Bremsbacken einbauen

*12.3.3.1 Bendix-Bremsen*

- Den Einstellhebel am Anlaufbacken sowie den Handbremshebel am Ablaufbacken auf die neuen Bremsbacken übertragen, falls diese erneuert wurden:

Den Einstellhebel am Anlaufbacken folgendermassen übertragen:

- Die Federspange an der Aussenseite des Bremsbackens entfernen und den Hebel abnehmen.
- Am anderen Ende des Bremsbackens den Sicherungsring entfernen, darauf achten, wie die Feder eingehängt ist und die Feder abnehmen.
- Das kleine Zahnsegment abnehmen und den Lagerstift herausziehen.
- Die Teile in umgekehrter Reihenfolge am neuen Bremsbacken montieren. Die Federspange und den Sicherungsring immer erneuern.

- Den Handbremsbetätigungshebel am Ablaufbacken folgendermassen auf den neuen Backen übertragen:

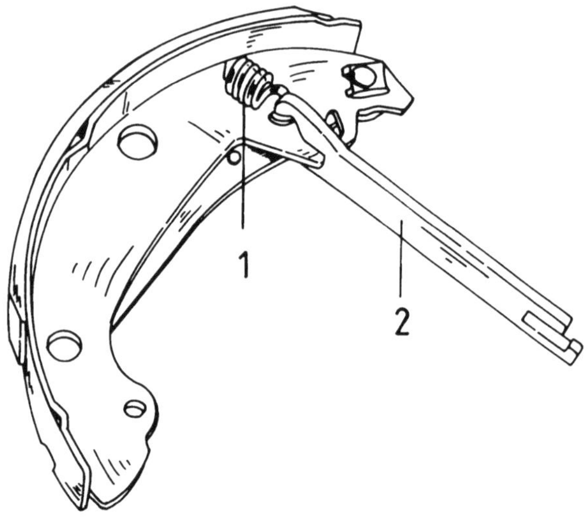


**Bild 165**
**Vorschriftsmässig zusammengebauter Ablaufbacken**

1 Spannfeder 2 Verbindungsgestänge

- Die Federspange entfernen und den Handbremsbetätigungshebel abnehmen. Den Drehbolzen herausziehen.
- Den Hebel unter Verwendung einer neuen Federspange am neuen Bremsbacken anbringen.

- Unter Bezug auf Bild 165 die kleine Feder (1) an der Innenseite des Bremsbackens anbringen und die Druckstange einsetzen. Die geflanschten Kanten der Druckstange müssen zur Oberseite weisen. Darauf achten, dass die richtige Druckstange eingesetzt wird, da sie unterschiedlich sind.

Diese Feder muss die richtige Spannung haben, um das einwandfreie Funktionieren des Nachstellmechanismus zu garantieren. Es soll bereits jetzt gesagt werden, dass man nach dem Einbau der Backen am linken Bremsbacken kontrollieren muss, ob ein Spalt von 1 mm zwischen dem Ende der Druckstange und der Innenkante der Öffnung im Bremsbacken vorhanden ist, wie es in Bild 166 zu sehen ist. Der Einstellhebel muss dabei gegen den Backen anliegen. Falls der Spalt nicht vorhanden ist, müssen die kleine Feder in Bild 165 und die beiden Rückzugfedern erneuert werden.

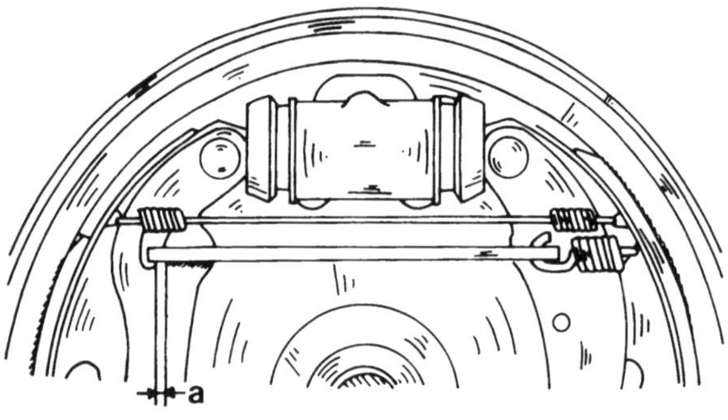


**Bild 166**
**Der Spalt «a» muss bei eingebauten Bremsbacken (Bendix-Bremse) einen Wert von 1,0 mm haben. Andernfalls die Feder im oberen Bild erneuern.**

- Handbremsseil am Bremsbacken anbringen. Kontrollieren, dass das Bremsseil einwandfrei im Hebel gehalten wird.
- Die untere Rückzugfeder von der Innenseite einhängen. Die Haken der Feder müssen an der Aussenseite anliegen.
- Die Bremsbacken an der Bremsträgerplatte ansetzen und die untere Rückzugfeder hinter die Klaue eindrücken.
- Den Einstellhebel gegen den Achsstumpf schieben, wie es in Bild 162 gezeigt ist, bis es möglich

ist, die Druckstange in den anderen Backen einzusetzen. Das kleine Zahnsegment muss gegen die Spannung der Feder verdreht werden, um die kleinen Zähne aus dem Eingriff mit den Zähnen des grossen Hebels zu bringen.

- Den Einstellhebel wieder gegen den Bremsbakken anlegen und die obere Rückzugfeder mit einem Schraubenzieher oder einer Zange von aussen nach innen einhängen.
- Ankerstifte von der Rückseite der Bremsträgerplatte einsetzen und von vorn die Feder und den Federsitz aufsetzen. Den Ankerstift mit einem Finger von hinten gegenhalten, den Federsitz mit einer Zange erfassen und über den Stift drücken. Wenn der Stift durch die Öffnung durchkommt, den Federsitz verdrehen, bis er mit dem Stift gesperrt ist.
- Die Bremsbacken auf der Bremsträgerplatte zentrieren.
- Bremstrommel auf den Achsstumpf montieren, wie es in Kapitel 11.1.1 beschrieben wurde.
- Die Handbremse und die Fussbremse einige Male betätigen, damit der Selbstnachstellmechanismus in die Grundstellung kommt und die Bremsbacken einwandfrei zentriert werden.

### *12.3.3.2 Girling-Bremsen*

- Falls die Bremsbacken erneuert wurden, muss der Einstellhebel und die Feder auf den neuen Backen übertragen werden. Die Teile kommen wie in Bild 167 gezeigt zusammen.

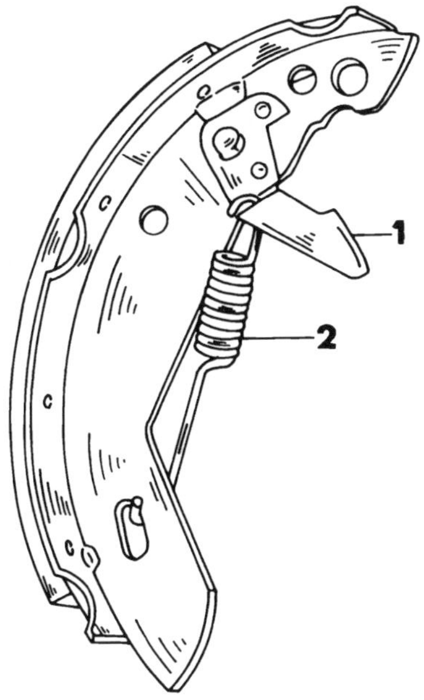


**Bild 167**
**Zusammengebauter Anlaufbacken der Girling-Bremse**

1 Einstellhebel 2 Rückzugfeder

- Die Gewinde der beiden Einstellstücke gut einfetten und die beiden Endstücke in die Druckstange einschrauben. Die Druckstangen sind nicht auf beiden Seiten gleich. Die Stange mit dem silberfarbenen Einstellstück hat Rechtsgewinde und kommt auf die linke Seite; die Druckstange mit dem goldfarbenen Einstellstück hat Linksgewinde und kommt auf die rechte Seite. Das Gabelende jeder Druckstange hat eine kleine Auskerbung, welche auf beiden Seiten des Fahrzeuges gegen den Einstellhebel kommen muss.
- Das Ende des Handbremsseils mit einer Zange erfassen und die Feder zusammendrücken. Sobald das Bremsseil freigelegt ist, es in die Aufnahme des Handbremshebels einlegen. Kontrollieren, dass das Bremsseil gut gehalten wird.
- Die untere Rückzugfeder einhängen, wie es Bild 163 zeigt, aber darauf achten, dass sie in der ursprünglichen Lage sitzt, d. h. die Feder sitzt an der Aussenseite und die beiden Hakenenden werden von aussen eingesetzt.
- Die Bremsbacken gegen die Bremsträgerplatte ansetzen und die untere Rückholfeder hinter die Klaue an der Unterseite eindrücken.
- Bremsbacken an der Oberseite auseinanderdrücken und die Druckstange zwischen die Bakken einsetzen. Darauf achten, dass dabei die Gummischutzkappen des Radbremszylinders nicht beschädigt werden. Die Gabel der Druckstange hat einen kleinen Ausschnitt, welcher auf die gleiche Seite wie der Einstellhebel kommt.
- Die Ankerstifte der Bremsbacken in gleicher Weise wie bei den Bendix-Bremsen montieren.

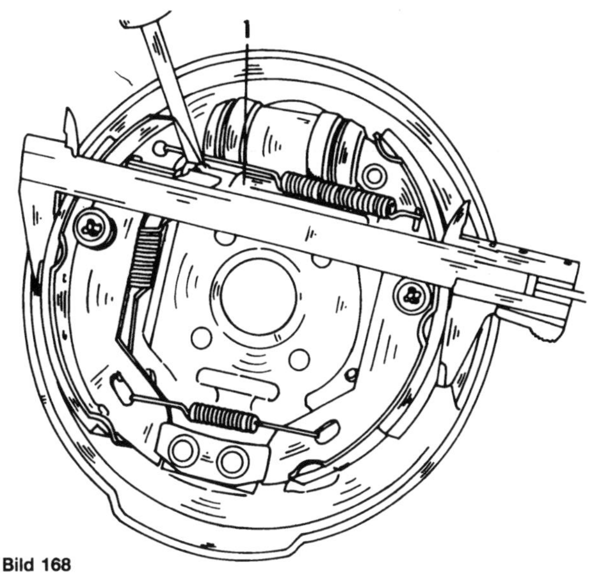


**Bild 168**
**Ausmessen des Bremsbackendurchmessers. Das Rädchen des Verstellers (1) mit einem Schraubenzieher verdrehen.**

- Mit einer Zange die obere Rückzugfeder zwischen die beiden Bremsbacken einsetzen. Die Federhaken werden von aussen nach innen eingesetzt und kommen hinter die Bremsbacken.
- Den Durchmesser der Bremsbacken auf 178,7 bis 179,2 mm einstellen, indem man das Rädchen des Einstellers mit einem Schraubenzieher verstellt. Dadurch wird der Nachstellmechanismus in die Grundstellung gebracht. Das Ausmessen und Verstellen erfolgt entsprechend Bild 168. Die Einstellung muss auf beiden Seiten durchgeführt werden.
- Bremstrommel und Nabe an der Achse montieren, wie es in Kapitel 11.1.1 beschrieben wurde.

### 12.3.4 Radbremszylinder

Die Radbremszylinder sind mit einer Druckausgleichvorrichtung versehen und können nicht zerlegt oder überholt werden. Die Radbremszylinder eignen sich nur für die bestimmte Seite des Fahrzeuges, d.h. sie können nicht beliebig eingebaut werden.

## 12.4 Der Hauptbremszylinder

Hauptbremszylinder mit unterschiedlichen Bohrungsdurchmessern werden bei den verschiedenen Peugeot-205-Modellen verwendet. Bei der Diesel-Ausführung wird ein Zylinder mit einem Durchmesser von 19,0 mm verwendet, welcher von ATE Teves hergestellt wird.

### 12.4.1 Aus- und Einbau

Der Aus- und Einbau des Zylinders ist eine einfache Angelegenheit. Die Batterie vor dem Ausbau abklemmen. Der Hauptbremszylinder ist an der Stirnfläche des Bremskraftverstärkers befestigt.

- Die beiden Stecker von der Warneinrichtung für den Bremsflüssigkeitsstand abziehen.
- Die beiden Überwurfmuttern der Bremsflüssigkeitsleitungen abschrauben und die Leitungen vorsichtig zur Seite biegen.
- Die beiden Muttern des Bremszylinders an der Stirnfläche des Bremsservos abschrauben.
- Den Zylinder vorsichtig herausheben. Um keine Bremsflüssigkeit auf die Lackfläche zu tropfen, kann man einen Lappen unter den Zylinder halten.

Der Einbau des Hauptbremszylinders geschieht in umgekehrter Reihenfolge wie der Ausbau. Die Befestigungsschrauben mit 15 Nm anziehen.

Das Spiel muss zwischen dem Kolben und der Stösselstange des Hauptbremszylinders eingestellt werden. Dieses Spiel sollte 0,5 mm betragen, kann aber nicht gemessen werden. Die Einstellung wird erhalten, indem man die Kontermutter des Bremslichtschalters lockert und den Schalter an der Oberseite des Bremspedals verdreht, bis ein Freispiel von 3,5 mm am Bremspedal erhalten wird. Die Kontermutter mit 10 bis 15 Nm anziehen.

Den Vorratsbehälter mit frischer Bremsflüssigkeit auffüllen und die Bremsanlage entlüften, wie es in Kapitel 12.5 beschrieben ist.

### 12.4.2 Hauptbremszylinder überholen

Der Hauptbremszylinder sollte nicht überholt werden. Im Schadensfalle einen neuen Zylinder einbauen.

## 12.5 Bremskraftverstärker

Eine Überholung des Bremskraftverstärkers sollte nicht vorgenommen werden, da zum Zerlegen und Zusammenbauen Spezialwerkzeuge erforderlich sind. Ein Ausfall des Bremskraftverstärkers bedeutet keinen Verlust der Bremsleistung, lediglich ist der Kraftaufwand am Bremspedal grösser, um den gleichen Bremsweg einzuhalten.

> *Hinweis:* Falls Sie das Fahrzeug ohne laufenden Motor eine Steigung hinunterrollen lassen, sollten Sie daran denken, dass sich der Unterdruck nach einigen Betätigungen der Bremsen aufbraucht und die Bremsanlage danach ohne Servounterstützung arbeitet. Der Kraftaufwand wird entsprechend höher.

Der Hauptbremszylinder muss ausgebaut werden, ehe man an den Bremskraftverstärker heran kann. Dieser kann ausgebaut werden, indem die Muttern von den vier Stiftschrauben von der Innenseite des Fahrzeuges her gelöst werden. Eine Federspange und ein Splintbolzen werden zum Befestigen der Stösselstange am Bremspedal verwendet. Den Unterdruckschlauch vom Anschluss abziehen.

Die Filter am Stösselstangenende des Bremsgeräts

können erneuert werden. Dazu die Staubschutzabdeckung entfernen, die Halterung des Filters abnehmen und den Filter mit einem spitzen Gegenstand herausdrücken. Die neuen Filter müssen von aussen nach innen aufgeschnitten werden, um sie über die Stösselstange zu setzen.

## 12.6 Bremsen entlüften

Ein Entlüften der hydraulischen Anlage ist erforderlich, falls das Bremsleitungsnetz an irgendeiner Stelle geöffnet wurde, oder Luft auf andere Weise in die Anlage gekommen ist.

Vor der Entlüftung der Anlage sind Schmutz und Fremdkörper von den Entlüftungsstellen und dem Einfüllverschluss des Vorratsbehälters zu entfernen. Falls nur ein Radbremszylinder oder ein Bremssattel abgeschlossen wurde, könnte es ausreichen, wenn man nur diesen betreffenden Bremskreis entlüftet, d.h. vorn links und hinten rechts oder vorn rechts und hinten links. Andernfalls kann die Entlüftung entweder an den Hinterrädern oder an den Vorderrädern begonnen werden, jedoch ist die vom Hersteller empfohlene Reihenfolge vorn links, hinten rechts, vorn rechts, hinten links.

- Einen durchsichtigen Kunststoffschlauch nach Entfernen der Staubschutzkappe auf das betreffende Entlüftungsventil aufstecken. Das andere Ende des Schlauches in ein mit etwas Bremsflüssigkeit gefülltes Glasgefäss einhängen.
- Bremspedal von einer zweiten Person auf den Boden durchtreten lassen. Die Entlüftungsschraube um eine halbe Umdrehung öffnen, wenn das Pedal auf dem Boden aufsitzt. Den aus dem Schlauch austretenden Flüssigkeitsstrom beobachten.
- Sobald keine Luftblasen mehr herauskommen, ist alle Luft aus der Anlage ausgeschieden. Das Bremspedal beim letzten Hub auf dem Boden halten und das Entlüftungsventil schliessen. Das Pedal langsam zurückkehren lassen.
- Gleiche Arbeiten in der angegebenen Reihenfolge an den anderen Entlüftungsschrauben durchführen.

Es wird nochmals darauf hingewiesen, dass der Stand der Bremsflüssigkeit laufend kontrolliert werden muss, so dass keine Luft in die Anlage gesaugt wird. Niemals aus der Anlage ausgepumpte Flüssigkeit wieder in den Behälter einfüllen. Auch keine Flüssigkeit verwenden, welche längere Zeit ohne Verschluss gestanden hat.

## 12.7 Handbremse einstellen

Die Hinterräder sollten feststehen, wenn der Handbremshebel vier oder fünf Rasten angezogen wurde. Die Hinterräder müssen zur Kontrolle vom Boden abgehoben werden. Die Handbremse lösen und kontrollieren, ob sich die Räder frei drehen lassen. Falls eine Einstellung erforderlich ist:

- Handbremshebel bis zur dritten Raste anziehen.
- Fahrzeug auf Böcke setzen.
- In der Innenseite des Fahrzeuges die Abdeckung am Handbremshebel entfernen.
- Die Kontermuttern am Ende der Handbremsseile an den Seiten des Handbremshebels lockern und die Einstellmuttern entsprechend verstellen, bis die Bremsbacken beginnen, die Trommeln festzustellen. Beide Muttern um den gleichen Wert anziehen.
- Kontermuttern wieder anziehen und Abdeckung einbauen.

# 13 Elektrische Anlage

Die in dieser Reparaturanleitung behandelten Fahrzeuge sind mit einer elektrischen Anlage mit einer Spannungsstärke von 12 Volt ausgerüstet. Die Massestromrückführung erfolgt über die Minusklemme der Batterie. Die Batterie befindet sich im Motorraum.
Ein Schubtriebanlasser wird zum Anlassen des Motors verwendet. Der Anlassschalter bildet einen Teil des Zündschalters und erregt bei Betätigung einen im Anlasser montierten Einrückmagnetschalter.
Die eingebaute Drehstromlichtmaschine kann entweder von Bosch oder Paris-Rhone hergestellt sein. Die Lichtmaschine wird über einen Keilriemen von der Kurbelwelle aus angetrieben.
Eine in die Instrumententafel eingesetzte Ladekontrolleuchte gibt eine Anzeige über das einwandfreie Funktionieren der elektrischen Anlage, soweit die Aufladung der Batterie betroffen ist.

## 13.1 Die Batterie

Die eingebaute 12-Volt-Batterie mit einer Kapazität von 42 Ah besitzt sechs Zellen, die aus positiven und negativen Platten bestehen, welche in eine Schwefelsäurelösung eingetaucht sind. Die Batterie hat die Aufgabe, den Strom zum Anlassen des Fahrzeugs, zur Zündung und zur Beleuchtung des Fahrzeugs sowie für andere Stromverbraucher zu liefern. Die folgenden Arbeiten sind von Zeit zu Zeit durchzuführen, um der Batterie eine lange Lebensdauer zu geben und deren Leistung immer auf dem Höhepunkt zu halten.

- Batterie und die sie umgebenden Teile immer sauber halten. Die Oberfläche der Batterie muss immer gut trocken sein, da sich sonst zwischen den einzelnen Zellen Kriechströme entwickeln können, wovon sich die Batterie von selbst entladen kann.
- Die Batteriesäure muss jederzeit bis zur Höhe des Ringes in der Unterseite des Einfüllraumes stehen. Zum Nachfüllen destilliertes Wasser verwenden.

> *Hinweis:* Bei kaltem Wetter die Batterie nicht in ungeladenem Zustand stehen lassen, da sie sonst einfriert. Schwach geladene Batterien frieren eher ein als geladene.

### 13.1.1 Batterie prüfen

Zuerst den Füllstand in den sechs Zellen prüfen und gegebenenfalls auffüllen. Dann mit dem Prüfgerät die Säuredichte prüfen. Der Ladezustand kann mit folgenden Vergleichswerten ermittelt werden:

| | |
|---|---|
| Gute geladene Batterie | 1,28 |
| Halb geladene Batterie | 1,20 |
| Entladene Batterie | 1,12 |

Beim Prüfen der Batterie mittels Zellenprüfer (Voltmeter mit parallelgeschaltetem Belastungswiderstand) muss das Instrument während einer Prüfung von 10 bis 15 Sekunden pro Zelle mindestens 1,6 Volt anzeigen. Voltzahlen unter 1,6 Volt besagen, dass die geprüfte Zelle entladen oder defekt ist. Die mittlere Zellenspannung beträgt 2 Volt, der Spannungsunterschied darf nicht mehr als 0,2 Volt betragen. Defekte Batterien in einer Spezialwerkstatt reparieren lassen oder austauschen.

### 13.1.2 Batterie warten

Ist der Säurespiegel durch Verdunstung abgesunken, so ist destilliertes Wasser nachzufüllen, bis es 10 mm über der Plattenoberkante steht.
Ist jedoch durch ungeschickte Handhabung wirklich Säure verschüttet worden, so darf Batteriesäure nachgefüllt werden. Sie muss aber auf jeden Fall die gleiche Säuredichte haben wie der Säurerest in der betreffenden Zelle. Bei oxydierten Anschlussklem-

men die Kabel abnehmen, die Polköpfe saubermachen, die Kabel aufsetzen und die Polköpfe mit Batterie-Schutzfett einschmieren. Die Batteriepflege ist besonders im Winter sorgfältig durchzuführen, da beim Anlassen bei Kälte der Strombedarf besonders hoch ist. Entladene Batterien sind frostgefährdet, eine gefrorene Batterie gibt keinen Strom ab.

### 13.1.3 Aufladen der Batterie

Bei offenen Zellenverschlüssen und vorschriftsmässigem Batteriesäurespiegel die Batterie an das Ladegerät anschliessen. Den Pluspol des Ladegeräts an den Pluspol der Batterie und den Minuspol des Ladegeräts an den Minuspol der Batterie anschliessen. Die vorgeschriebene Ladestärke beträgt 10% der Kapazität der Batterie, d.h. die Batterie ist mit ca. 3 Volt aufzuladen. Die Batterie aufladen, bis die Spannung nach dreimaligem Prüfen in Abständen von je einer Stunde nicht weiter ansteigt. Die Säuredichte muss dann 1,280 betragen.

Die Säuretemperatur muss bei dieser Messung 25°C betragen, so dass ein Thermometer zum Messen der Säuretemperatur erforderlich ist. Nach der Aufladung den Spiegel der Batteriesäure erneut berichtigen.

Batterie von verschütteter Säure reinigen. Polköpfe mit Säurefett einfetten und die Zellenverschlüsse aufschrauben. Wegen des erhöhten Verbrauchs im Winter wird empfohlen, die Batterie ab und zu zusätzlich aufladen zu lassen. Gegen das Schnelladen einer einwandfreien, bereits in Betrieb gewesenen Batterie ist nichts einzuwenden, vorausgesetzt dass die Batterie vor dem Aufladen an beiden Klemmen abgeschlossen wird, wenn sie sich noch im Fahrzeug befindet.

## 13.2 Die Drehstromlichtmaschine

### 13.2.1 Vorsichtsmassnahmen bei Arbeiten an der Ladestromanlage

Ehe irgendwelche Arbeiten an der Ladestromanlage durchgeführt werden, müssen die folgenden Vorsichtsmassnahmen unbedingt eingeprägt werden:

- Niemals die Batterie oder den Spannungsregler abklemmen, während der Motor und somit die Lichtmaschine laufen.
- Niemals die Erregerklemme (Feldklemme) der Lichtmaschine oder das daran befestigte Kabel in Berührung mit Masse kommen lassen.
- Niemals die beiden Leitungen des Spannungsreglers verwechseln.
- Niemals den Spannungsregler in Betrieb bringen, wenn er mit Masse verbunden ist (sofortige Beschädigung).
- Niemals die Lichtmaschine ausbauen, wenn die Batterie nicht vorher aus dem Stromkreis genommen wurde.
- Beim Einbau der Batterie darauf achten, dass die Minusklemme an Masse angeschlossen wird.
- Niemals eine Prüflampe verwenden, die direkt an das Hauptstromnetz (110 oder 220 V) angeschlossen ist. Nur eine Prüflampe mit einer Spannungsstärke von 12 V benutzen.
- Falls eine Batterie im eingebauten Zustand mit einem Batterieladegerät aufgeladen wird, müssen die beiden Batteriekabel abgeklemmt werden. Die positive Klemme des Ladegerätes an den positiven Pol der Batterie und die negative Klemme des Ladegerätes an den negativen Pol der Batterie anschliessen.
- Falsches Anschliessen der Leitungen führt zur Zerstörung der Gleichrichter und des Spannungsreglers.

### 13.2.2 Keilriemen spannen

Der Keilriemen sollte laufend auf seine Spannung überprüft werden. Ein zu locker gespannter Keilriemen wird rasch unbrauchbar, ganz abgesehen davon, dass dadurch die Lichtmaschine schlecht läuft und die Batterie nur mangelhaft aufgeladen wird.

Bei einem zu straff gespannten Keilriemen erleidet die Lichtmaschine bald einmal einen Defekt. Der Keilriemen ist richtig gespannt, wenn er sich zwischen den beiden Riemenscheiben um etwa 10 mm eindrücken lässt. Die Einstellung erfolgt an der Spannschraube.

## 13.3 Anlasser

Im Peugeot Diesel wird ein Schubtriebanlasser zum Starten des Motors verwendet. Es werden zwei verschiedene Fabrikate eingebaut, und zwar von Paris-Rhone oder Bosch.

Der Anlasser wird über den Magnetschalter betätigt, indem der Anlasser mit der Batterie verbunden wird.

Gleichzeitig schiebt der Magnetschalter das axial bewegbare Ritzel mit Freilauf in den Starterkranz. Erst nach Einspuren des Ritzels im Starterkranz beginnt der Anlasser zu drehen. Springt der Motor an und erreicht höhere Drehzahlen als der Anlasser, so bewirkt ein Freilauf im Ritzel des Anlassers, dass der Anker nicht zu hohe Drehzahlen erreicht und damit gegen Überdrehen gesichert ist.

### 13.3.1 Aus- und Einbau

- Minus- und Pluskabel der Batterie abhängen.
- Leitungen vom Magnetschalter und Anlasser abklemmen.
- Die beiden Schrauben des Anlassers lösen.
- Den Anlasser aus dem Fahrzeug nehmen.

Der Einbau geschieht in umgekehrter Reihenfolge.

# 14 Mass- und Einstelltabelle

## Abmessungen

| | |
|---|---|
| Radstand | 2420 mm |
| Spurweite, vorn | 1365 mm |
| Spurweite, hinten | 1315 mm |
| Länge über alles | 3705 mm |
| Höhe über alles | 1355 mm |
| Breite über alles | 1570 mm |
| Bodenfreiheit | 108 mm, unbeladen |

## Gewichte

| | |
|---|---|
| Betriebsgewicht: | |
| – XLD/GLD | 870 kg |
| – XRD/GRD | 895 kg |
| – SRD | 905 kg |
| Fahrzeuggesamtgewicht: | |
| – XLD/GLD | 1270 kg |
| – XRD/GRD/SRD | 1330 kg |
| Max. Gewicht eines Anhängers: | |
| – Ungebremst | 425 kg |

## Füllmengen

| | |
|---|---|
| Kühlanlage | 8,3 Liter |
| Motor | 5,0 Liter |
| Min. Füllmenge | 4,5 Liter |
| Getriebe | 1,4 Liter |

## Motor

| | |
|---|---|
| Motortyp | XUD7 |
| Anordnung | Quergestellt |
| Hubraum | 1769 $cm^3$ |
| Anzahl der Zylinder | 4 |
| Zylinderanordnung | In Reihe |
| Ventilanordnung | Parallel im Zylinderkopf, obenliegende Nockenwelle |
| Zündfolge | 1–3–4–2 |
| Zylinderbohrung | 80,0 mm |
| Kolbenhub | 88,0 mm |
| Verdichtungsverhältnis | 23,0:1 |
| Max. Leistung (DIN) | 44,0 kW (60 PS) |
| Max. Drehmoment (DIN) | 108 Nm bei 2000/min |
| Öldruck (Öltemperatur 80°C): | |
| – Im Leerlauf (800/min) | 2,0 bar |
| – Bei 4000/min | 3,5–5,0 bar |
| Leerlaufdrehzahl | 800/min |

**Ventilsteuerung**

| | |
|---|---|
| Einlassventil öffnet | 8° vor OT |
| Einlassventil schliesst | 40° nach UT |
| Auslassventil öffnet | 56° vor UT |
| Auslassventil schliesst | 12° nach OT |

**Ventilspiele**

| | |
|---|---|
| Einlassventile | 0,15 mm |
| Auslassventile | 0,30 mm |

**Zylinderkopf**

| | |
|---|---|
| Max. Verzug des Zylinderkopfes | 0,03 mm |
| Nachschleifen der Zylinderkopffläche | Nicht gestattet |
| Max. Vorstehmass der Vorkammern | 0,03 mm |

**Ventilführungen**

| | |
|---|---|
| Nennaussendurchmesser | 13,29 ± 0,011 mm |
| 1. Reparaturgrösse | 13,59 mm ± 0,11 mm |
| Bohrung der Führungen | 8,0 mm + 0,022 mm |

**Ventilsitz**

| | |
|---|---|
| Ventilsitzwinkel: | |
| – Einlassventile | 60° (Vollwinkel = 120°) |
| – Auslassventile | 45° (90° Vollwinkel) |

| | |
|---|---|
| Breite der Ventilsitze: | |
| – Einlassventile | 1,45 mm |
| – Auslassventile | 1,80 mm |

**Ventile**

| | |
|---|---|
| Ventiltellerdurchmesser: | |
| – Einlassventile | 38,0 mm |
| – Auslassventile | 33,0 mm |
| Gesamtlänge: | |
| – Einlassventile | 112,4 mm ± 0,10 mm |
| – Auslassventile | 112,0 mm ± 0,10 mm |
| Ventilschaftdurchmesser: | |
| – Einlassventile | 7,98 – 0,015 mm |
| – Auslassventile | 7,98 – 0,015 mm |
| Max. Nachschleifen am Ventilschaftende | 0,20 mm |
| Min. zulässige Ventilkantenstärke | 0,50 mm |
| Laufspiel der Ventilschäfte in Führungen: | |
| – Einlassventile | 0,015 – 0,045 mm |
| – Auslassventile | 0,045 – 0,075 mm |
| Max. Laufspiel | 0,10 mm |

**Ventilfedern**

| | |
|---|---|
| Drahtdurchmesser: | |
| – Innere Federn | 2,7 mm |
| – Äussere Federn | 3,8 mm |
| Ungespannte Länge: | |
| – Innere Federn | 44,3 mm |
| – Äussere Federn | 51,0 mm |
| Federnkennzeichnung | Federn für Ein- und Auslassventile sind identisch |

**Ventileinstellscheiben**

| | |
|---|---|
| Stärke der erhältlichen Scheiben: | |
| – In Abstufungen von je 0,025 mm | 2,225 bis 3,025 mm |
| – In Abstufungen von je 0,075 mm | 3,100 bis 3,550 mm |

**Nockenwelle**

| | |
|---|---|
| Anzahl der Lager | 3 |
| Nockenwellenaxialspiel | 0,07 – 0,16 mm |

**Kolben und Pleuelstangen**

| | |
|---|---|
| Passung des Kolbenbolzens | Schwimmend in Pleuelauge und Kolben |
| Innendurchmesser des Pleuelauges | 25 mm + 0,020 bis 0,007 mm |
| Aussendurchmesser des Kolbenbolzens | 25 mm ± 0,06 mm |
| Durchmesser des Kolbenauges | 25 mm + 0,008 bis 0,003 mm |
| Überstehmass der Kolben über der Zylinderkopffläche | 0,54 bis 0,82 mm |
| Max. Überstehmass | 0,12 mm |
| Kolbenringe: | |
| – Anzahl der Ringe | 3 |
| – Ausführung der Ringe | 1 einfacher Verdichtungsring, 1 Trapezring, 1 Ölabstreifring |

| | |
|---|---|
| Kolbenringstossspiel: | |
| – Oberer Kolbenring | 0,20 – 0,40 mm |
| – Mittlerer Kolbenring | 0,15 – 0,35 mm |
| – Unterer Kolbenring | 0,10 – 0,20 mm |
| Vergrösserung | Nicht gestattet |
| Zylinderbohrungsdurchmesser: | |
| – Nenndurchmesser | 80,00 – 80,018 mm |
| – 1. Übergrösse | 80,030 – 80,048 mm |
| – 2. Übergrösse | 80,200 – 80,218 mm |
| Kolbendurchmesser: | |
| – Nenndurchmesser | 79,93 ± 0,008 mm |
| – 1. Übergrösse | 79,96 ± 0,008 mm |
| – 2. Übergrösse | 80,13 ± 0,008 mm |
| Max. Unterschied des Kolbengewichts in einem Motor | ± 2,5 g |

**Pleuelstangen und Pleuellager**

| | |
|---|---|
| Bauart der Lagerschalen | Einfache Lagerschalen |
| Werkstoff | Aluminium-Zinn |
| Pleuelaugenbohrung | 25 + 0,020 / +0,007 mm |
| Pleuelfussbohrung | 53,70 + 0,008 / –0,005 mm |

**Kurbelwelle und Schwungrad**

| | |
|---|---|
| Anzahl der Lager | 5 |
| Hauptlagerschalen: | |
| – Bauart | Einfache Lagerschalen, mit oder ohne Ölschmiernuten |
| – Werkstoff | Aluminium-Zinn |
| Stärke der Anlaufscheiben | 2,30 – 2,35, 2,40 – 2,45 und 2,50 mm |
| Hauptlagerzapfendurchmesser: | |
| – Nenndurchmesser | 59,981 – 60,000 mm |
| – Reparaturgrösse | 59,681 – 59,700 mm |
| Kurbelzapfendurchmesser: | |
| – Nenndurchmesser | 49,984 – 50,000 mm |
| – Reparaturgrösse | 49,684 – 49,700 mm |
| Stärke der Hauptlagerschalen: | |
| – Nennmass | 1,839 – 1,845 mm |
| – Reparaturmass | 2,139 – 2,145 mm |
| Stärke der Pleuellagerschalen: | |
| – Nennmass | 1,824 – 1,830 mm |
| – Reparaturmass | 2,114 – 2,130 mm |
| Pleuelstangen: | |
| – Bohrung der Pleuelaugenbüchsen | 25,00 mm |
| – Bohrung der Pleuellager | 53,70 mm |
| Max. Schlag des Schwungrades | 0,06 mm |

**Motorschmierung**

| | |
|---|---|
| Fassungsvermögen des Kurbelgehäuses | 5,0 Liter |
| Öldruck: | |
| – Im Leerlauf | 2,0 bar |
| – Bei 4000/min | 3,5 bis 5,0 bar, Öltemperatur 80°C |

## Kühlanlage

| | |
|---|---|
| Bauart | Verschlossenes Pumpen-Umlaufsystem mit Dehngefäss |
| Wasserpumpe | Flügelradpumpe, nicht reparierbar |
| Thermostat: | |
| – Einbaulage | Im Wasserauslassstutzen |
| – Öffnungstemperatur | 82°C |
| – Vollkommen geöffnet bei | 94°C |
| Keilriemenspannung | 5,0 – 10,0 mm Ausschlag an längster Laufstrecke des Riemens |

**Dieselkraftstoffanlage**

| | |
|---|---|
| Einspritzpumpe mit Regler: | |
| – Roto-Diesel (CAV) | DPC R 8443 260 A/A 052 |
| – Bosch: | |
| Bis Januar 1984 | VE 4/8 F 2300 R 143/523 |
| Ab Februar 1984 | VE 4/8 F 2300 R 171/523 |
| Düsenhalter: | |
| – Roto-Diesel | LCR 67307 |
| – Bosch | KCA 17 S 42 |
| Düseneinsätze: | |
| – Roto-Diesel | RDNOSDC 6850 |
| – Bosch | DNOSD 256 |
| Öffnungsdruck der Düsen: | |
| – Roto-Diesel | 115 ± 5 bar |
| – Bosch | 130 ± 5 bar |
| Filtereinsatz (Kraftstoffilter): | |
| – Roto-Diesel | CAV 796 |
| – Bosch | C 180 |
| Leerlaufdrehzahl | 800 ± 50/min |

## Kupplung

| | |
|---|---|
| Bauart | Verto oder LUK, Einscheibentrockenkupplung mit Tellerfeder |
| Kupplungsnummer | 200 DBR 410 |
| Abmessung der Kupplungsscheibenbeläge: | |
| – Aussendurchmesser | 200,0 mm |
| – Innendurchmesser | 130,0 mm |
| – Stärke | 7,7 mm |
| Kupplungsfederkennzeichnung (Mitnehmerscheibe) | 6 hellblaue Federn |
| Kupplungsausrückung: | |
| – Ausrücklager | Kugellager in konstanter Berührung mit Tellerfeder |
| Spiel am Kupplungspedal | Keins |

## Getriebe

| | |
|---|---|
| Bauart | Viergang- oder Fünfganggetriebe, zusammen mit Achsantrieb in einem Gehäuse |
| Eingebautes Getriebe | BE 1/4 oder BE 1/5 |

| **Getriebeuntersetzungen** | *4-Gang-Getriebe* | *5-Gang-Getriebe* |
|---|---|---|
| 1. Gang | 3,08:1 | 3,08:1 |
| 2. Gang | 1,882:1 | 1,882:1 |
| 3. Gang | 1,480:1 | 1,280:1 |
| 4. Gang | 0,800:1 | 0,969:1 |
| 5. Gang | – | 0,757:1 |
| Rückwärtsgang | 3,333:1 | |

| | |
|---|---|
| Schmieröl: | |
| – Ölsorte | SAE 10 W 40 Esso Uniflo oder Shell Super |
| Füllmenge des Getriebes | 1,4 Liter |
| Erforderlicher Ölwechsel | Nach 45000 km, danach alle 45000 km |
| Achsantriebsuntersetzung | 3,588:1 |

## Lenkung

| | |
|---|---|
| Bauart | Zahnstangenlenkung |
| Anzahl der Ritzelzähne | 6 |
| Anzahl der Zahnstangenzähne | 28 |
| Lenkungsübersetzung | 22,1:1 |
| Lenkraddurchmesser | 370 mm |
| Lenkradumdrehungen, Anschlag zu Anschlag | 3,8 |
| Wendekreis: | |
| – Zwischen Bordsteinen | 9,95 m |
| – Zwischen Wänden | 10,50 mm |
| Lenkeinschlagwinkel: | |
| – Kurveninneres Rad | 37° 45′ |
| – Kurvenäusseres Rad | 31° 2′ |

## Vorderräder

### Vorderradeinstellung

| | |
|---|---|
| Sturzwinkel | 0° 30′ ± 30′ |
| Nachlauf | 1° 40′ ± 30′ |
| Vorspur | 3,0 mm ± 1,0 mm |
| Spreizung | 8° 5′ ± 30′ |

### Vorderradaufhängung

| | |
|---|---|
| Bauart | Einzelradabfederung mit McPherson-Federbeinen mit integralen Stossdämpfern und Schraubenfedern, unteren Querlenkern und Kurvenstabilisator |
| Vorderfedern: | |
| – Drahtdurchmesser | 12,03 mm |
| – Ungespannte Länge | 453,5 mm |
| Federnkennzeichnung | Gelb/gelb/rot oder gelb/gelb/weiss |
| Kurvenstabilisatordurchmesser | 23,0 mm |
| Kurvenstabilisatorlager-Kennzeichnung | Blau |

## Hinterräder

### Hinterradaufhängung

| | |
|---|---|
| Bauart | Einzelradabfederung der Hinterräder mit Längslenkern, Quertorsionsfederstäben und Teleskop-Stossdämpfern. Kurvenstabilisator, in Achsrohr eingebaut. |

### Quertorsionsfederstäbe

| | |
|---|---|
| Durchmesser | 18,1 mm |
| Farbkennzeichnung | Grün |
| Kennzeichnung, links/rechts: | |
| – Links | 2 Farbringe |
| – Rechts | 1 Farbring |

| | |
|---|---|
| **Kurvenstabilisatordurchmesser** | 16,0 mm |

### Hinterradeinstellung

| | |
|---|---|
| Vorspur der Hinterräder | 2,5 mm ± 2,0 mm |
| Sturz der Hinterräder (nicht verstellbar) | −30′ ± 30′ |
| Wagenhöhe an der Rückseite | 430 ± 7 mm |

## Räder und Reifen

| | |
|---|---|
| Reifengrösse | 145 SR 13 oder 165/70 SR |
| Reifendrücke: | |
| – 145 SR 13-Reifen: | |
| Vorn | 1,9 atü |
| Hinten | 2,1 atü |
| – 165 SR 13-Reifen: | |
| Vorn | 1,7 atü |
| Hinten | 1,9 atü |

## Bremsen

| | |
|---|---|
| Bauart: | |
| – Vorderradscheibenbremsen | Bendix DBA-Bremsen, Serie IV oder Girling J48-Bremsen, mit 1 Kolben pro Zylinder |
| – Hinterradtrommelbremsen | Von Bendix oder Girling hergestellte Bremsen mit automatischer Nachstellung |
| Handbremse | Durch Bremsseile auf Hinterradbremsen |
| Ausrüstung | Zweikreisbremsanlage mit Bremskraftverstärker |

### Vorderradbremsen

| | |
|---|---|
| Scheibendurchmesser | 247,0 mm |
| Scheibenstärke | 10,0 mm |
| Min. Scheibenstärke durch Verschleiss | 9,0 mm |
| Max. Schlag der Scheiben | 0,07 mm |
| Min. Stärke des Bremsklotzmaterials | 1,0 mm |
| Radbremszylinderdurchmesser | 48,0 mm |
| Anzahl der Kolben | 1 |
| Bremsfläche jedes Bremsklotzes | 35 $cm^3$ |

**Hinterradbremsen**

| | |
|---|---|
| Trommeldurchmesser | 180,0 mm |
| Max. Ausdrehdurchmesser | 181,0 mm |
| Radbremszylinderdurchmesser | 19,0 mm |
| Hauptbremszylinderdurchmesser | 19,0 mm |
| Bremsbelagfläche | 111,2 $cm^2$ |
| Bremsbeläge: | |
| – Stärke, neu | 5,0 mm |
| – Min. Belagstärke | 2,0 mm |
| – Breite | 40,0 mm |

## Elektrische Anlage

**Batterie**

| | |
|---|---|
| Spannung | 12 Volt |
| Kapazität | 42 Ah |

**Drehstromlichtmaschine**

| | |
|---|---|
| Eingebaute Lichtmaschine | Bosch oder Paris-Rhone A13 N95 |
| Leistung | 750 Watt |

**Anlasser**

| | |
|---|---|
| Eingebauter Anlasser | Paris-Rhone 99680 X<br>Bosch 0 001 208 516<br>oder Ducellier 534 039 A |

# 15 Anzugsdrehmomenttabelle

## Motor

| | |
|---|---|
| Zylinderkopfschrauben (kalt): | |
| – 1. Stufe | Mit 30 Nm anziehen |
| – 2. Stufe | 60 Nm |
| – 3. Stufe | Jede Schraube einzeln entsprechend Bild 42 um 90° lockern und mit 60 Nm anziehen |
| – 4. Stufe | Motor warmlaufen lassen, abstellen und 3½ Stunden abkühlen lassen |
| – 5. Stufe | Jede Schraube einzeln entsprechend Bild 42 um 90° lockern und mit 65 Nm anziehen |
| Pleuellagerdeckel | 50 Nm |
| Hauptlagerdeckel | 70,0 Nm |
| Keilriemenscheibe | 30 Nm, dann 60° nachziehen |
| Schwungrad | 50 Nm (mit «Loctite») |
| Nockenwellensteuerrad | 35 Nm |
| Nockenwellenlagerdeckel | 18 Nm |
| Ölwanne | 15 Nm |
| Riemenscheibe der Unterdruckpumpe | 35 Nm |
| Zylinderkopfdeckel | 2 Nm |
| Mutter der Riemenspannrolle | 20 Nm |
| Schraube, Spannrolleneinsteller | 20 Nm |
| Schraube des Antriebsrades der Einspritzpumpe | 50 Nm |
| Ölpumpe | 15 Nm |
| Einspritzdüsen | 90 Nm |
| Vorglühkerzen | 22 Nm |
| Wasserpumpe | 10 Nm |
| Thermoschalter | 18 Nm |
| Auspuffkrümmer | 22 Nm |
| Öldruckschalter | 22 Nm |
| Kupplungsdruckplatte | 22 Nm |
| Motor/Getriebeaufhängung: | |
| – 4 Muttern an Aufhängung, oben rechts | 45 Nm |
| – 2 Muttern, Motorgummilager, links | 18 Nm |
| – Obere Mutter, linkes Gummilager | 35 Nm |
| – 4 Schrauben am Zwischenlager, rechte Achswelle | 25 Nm |
| – 2 Muttern, Lager an Tragbügel | 18 Nm |
| – Silentblock in Drehmomentstütze | 35 Nm |
| – Drehmomentstütze an Nebenrahmen | 45 Nm |

## Getriebe

| | |
|---|---|
| Hinterer Getriebedeckel (mit Gewindesicherungsmittel einschmieren) | 12,5 Nm |
| Mutter, Antriebswelle | 55 Nm |
| Mutter, Abtriebswelle | 55 Nm |
| Schrauben, Lagerhalteplatte | 15 Nm |
| Schraube, Sicherungsplatte, Schaltstange | 15 Nm |
| Getriebegehäuse | 12,5 Nm |
| Schraube, Rücklaufwelle | 20 Nm |
| Stütze, Schaltwählwelle | 15 Nm |
| Schaltgabel, Rückwärtsgang | 20 Nm |
| Belüftungsstopfen | 15 Nm |
| Schalter für Rückfahrleuchte | 25 Nm |
| Ölablassstopfen, Getriebe | 10 Nm |
| Ölablassstopfen, Achsantrieb | 30 Nm |
| Anschlussgehäuse, Tachoantrieb | 12,5 Nm |
| Anschlussgehäuse an Achsantriebgehäuse | 15 Nm |
| Tellerrad an Differentialkorb | 65 Nm |
| Schraube, Achsantriebsgehäuse, 10 mm | 40 Nm |
| Schraube, Achsantriebsgehäuse, 7 mm | 12,5 Nm |
| Führungsrohr, Kupplungsausrücklager | 12,5 Nm |

## Lenkung

| | |
|---|---|
| Lenkradmutter | 30 Nm |
| Lenkungsschrauben | 30 – 40 Nm |
| Spurstangengelenke an Lenkhebel | 30 – 40 Nm |
| Spurstangen an Zahnstange | 50 Nm |
| Klemmschraube der Lenkungskupplung | 1,5 Nm |
| Kontermutter der Spurstangen | 40 – 50 Nm |

## Vorderradaufhängung

| | |
|---|---|
| Federbein an Karosserie | 12,5 Nm |
| Kolbenstangenmutter, oberes Federbeinlager | 45 Nm |
| Federbein an Achsschenkel | 57,5 Nm |
| Mutter der Spurstangengelenkbolzen | 35 Nm |
| Querlenker an Quertraverse | 35 Nm |
| Kurvenstabilisatorlager, rechts | 75 Nm |
| Zugstrebe an Stabilisator | 30 Nm |
| Zugstrebe an Nebenrahmen | 25 Nm |
| Stabilisatorlager, linke Seite | 35 Nm |
| Mutter der Antriebswellen | 265 Nm |
| Lager der rechten Antriebswelle | 25 Nm |
| Bremssattelschrauben: | |
| – Girling-Bremsen | 97,5 Nm |
| – Bendix-Bremsen | 120 Nm |
| Radmuttern: | |
| – Stahlfelgen | 80 Nm |
| – Leichtmetallfelgen | 90 Nm |

## Hinterradaufhängung

| | |
|---|---|
| Stossdämpferaufhängung, oben | 75 Nm |
| Stossdämpferaufhängung, unten | 117,5 Nm |
| Schraube der Torsionsstabbefestigung | 20 Nm |
| Kurvenstabilisatorhebel an Lenkerarm | 35 Nm |
| Radlagermutter | 215 Nm |
| Achsträger an Karosserie | 45 Nm |
| Lagerbolzen für Achsträger | 45 Nm |
| Radmuttern: | |
| – Stahlfelgen | 80 Nm |
| – Leichtmetallfelgen | 90 Nm |

## Bremsen

| | |
|---|---|
| Bremssattelschrauben: | |
| – Girling | 97,5 Nm |
| – Bendix | 120 Nm |
| Hauptbremszylinder | 15 Nm |
| Entlüftungsschrauben | 8 Nm |
| Bremsschlauchanschlüsse | 13 Nm |
| Überwurfmuttern der Bremsleitungen | 14 Nm |
| Muttern der Antriebswellen, vorn | 265 Nm |
| Muttern der Radnaben, hinten | 215 Nm |

| | |
|---|---|
| 1 | Zigarettenanzünder vorn |
| 3 | Zigarettenanzünder hinten |
| 5 | Zündverteiler |
| 10 | Generator |
| 11 | Heizgebläsewiderstand (Leistungstransistor) |
| 14 | Amperemeter (Batterieladung) |
| 20 | Elektrische Antenne |
| 25 | Signalhorn |
| 25A | Tieftonsignalhorn |
| 25B | Hochtonsignalhorn |
| 27 | Anhängerkupplung |
| 28 | Standlichtumschaltung |
| 30 | Autoradio |
| 35 | Förderbetätigung (Diesel) |
| 40 | Überblendregler vorn links / vorn rechts |
| 41 | Überblendregler vorn/hinten |
| 45 | Batterie |
| 50 | Zündspule |
| 53 | Zündsteuergerät |
| 54 | Abgasentgiftung/Frühverstellungsverzögerung |
| 55 | Abgasentgiftung/Leerlaufverzögerung |
| 56 | Leerlaufsteuergerät (Automatikgetriebe) |
| 57 | Diebstahlsicherungs-Alarmvorrichtung |
| 58 | Einspritzsteuergerät |
| 60 | Klimaanlagenbetätigung |
| 65 | Scheibenwischerbetätigung |
| 70 | Kontrolleinheit (Kontrolleuchten) |
| 75 | Zündsteuergerät bzw. Zündschaltgerät |
| 76 | Lampenausfall-Warnvorrichtung |
| 80 | Geschwindigkeitsregler |
| 85 | Ölstandsgeber |
| 86 | Kühlwasserstandsgeber |
| 90 | Türverriegelungsbetätigung |
| 95 | Infrarotempfänger (Zentralverriegelung) |
| 96 | Klopfregelsteuergerät |
| 97 | Temperaturregler (Innenraum) |
| 105 | Kontrolleuchteneinheit |
| 110 | Vorglühgerät |
| 111 | Schubabschaltung |
| 112 | Elektronischer Förderregler (Diesel) |
| 113 | Elektronischer Spritzversteller (Diesel) |
| 115 | Glühkerzen |
| 120 | Anschlussklemmen |
| 125 | Signaltongeber für Sicherheitsgurt |
| 126 | Signaltongeber für Lenkschloss (Schlüssel steckt) |
| 127 | Signaltongeber für Überdrehzahl |
| 128 | Warnsignalgeber (Licht eingeschaltet, Türöffnungs- oder STOP-Warnleuchte brennt) |
| 130 | OT-Geber |
| 131 | Druckgeber für Höhenanpassung |
| 132 | Klopfsensor |
| 133 | Motordrehzahlgeber |
| 134 | Absolutdruckgeber (Diesel) |
| 135 | Potentiometergeber (Ekonoskop-Unterdruck) |
| 140 | Gelenkwellendrehzahlgeber |
| 141 | Drehzahlgeber |
| 142 | Öldruckgeber |
| 145 | Blinkgeber |
| 150 | Lufttemperaturgeber (Klimaanlage) |
| 151 | Lastgeber (Diesel) |
| 160 | Batterie-Hauptabschaltung |
| 165 | Kombiinstrument |
| 167 | Abgaseinstellungs-Prüfstecker |
| 169 | Anlass-/Vorglühschalter |
| 170 | Gepäckraumleuchtenschalter |
| 171 | Anreicherungsschalter (LPG) |
| 175 | Zentralverriegelungsschalter |
| 176 | Unterdruckschalter (LPG) |
| 185 | Bremslichtschalter |
| 186 | Bremspedalwegschalter |
| 190 | Handbremshebelschalter |
| 195 | Niederdruckschalter (Kältemittel) |
| 196 | Mitteldruckschalter (Kältemittel) |
| 200 | Thermostatschalter (Kältemittel) |
| 205 | Handschuhkastenbeleuchtungsschalter |
| 210 | Sicherheitsgurtschalter |
| 215 | Anlasssperrschalter |
| 216 | Rückfahrscheinwerferschalter |
| 217 | Rückfahrscheinwerfer- und Anlasssperrschalter |
| 220 | Gebläseschalter |
| 221 | Gebläseschalter hinten |
| 225 | Starterzugschalter |
| 228 | Batterie-Hauptabschalter |
| 229 | Zündschalter |
| 230 | Türkontaktschalter vorn links |
| 231 | Türkontaktschalter vorn rechts |
| 232 | Türkontaktschalter hinten links |
| 233 | Türkontaktschalter hinten rechts |
| 234 | Signalton-Betätigungsschalter (Warnleuchte für steckenden Zündschlüssel) |
| 235 | Bremsflüssigkeitsdruckschalter |
| 236 | Bremsflüssigkeitsstandsschalter |
| 237 | Kühlwasserstandsschalter |
| 238 | Kraftstoffilter-Wassermelder |
| 240 | Schiebedach-Endschalter |
| 241 | Gaspedalschalter (Leerlaufregelung) |
| 242 | Leerlaufschalter |
| 246 | Verzögerungsschalter des Geschwindigkeitsreglers |
| 247 | Differentialsperrschalter hinten |
| 248 | Differentialsperrschalter vorn |
| 249 | Frontscheibenschalter |
| 250 | Geschwindigkeitsregler-Sicherheitsschalter (Bremsen) |
| 250A | Geschwindigkeitsregler-Sicherheitsschalter (Kupplung) |
| 251 | Drosselklappenschalter (Leerlauf+Vollast) |
| 260 | Kombischalter Beleuchtung/Blinker/Signalhorn |
| 261 | Kombischalter Beleuchtung/Scheibenwischer/ Scheibenwaschanlage |
| 262 | Kombischalter/Beleuchtung/Scheibenwischer/ Blinker/Signalhorn |
| 263 | Kombischalter/Scheibenwischer/ Scheibenwaschanlage |
| 264 | Kombischalter Beleuchtung/Signalhorn |
| 265 | Kombischalter Blinker/Signalhorn |
| 266 | Schalter Geschwindigkeitsregelanlage |
| 267 | Kombischalter Geschwindigkeitsregelanlage und Blinker |
| 275 | Schalter Fahrersitzverstellung |
| 276 | Schalter Rückspiegel links |
| 277 | Schalter Rückspiegel rechts |
| 280 | Zusatzluftsteuerung (Kaltstart) |
| 281 | Kraftstoffilterbeheizungssteuerung |
| 285 | Zündspulen-Kondensator |
| 286 | Blinkgeber-Kondensator |
| 290 | Drehzahlmesser |
| 295 | Kompressor |
| 296 | Kompressor Drucklufthörner |
| 300 | Anlasser |
| 301 | Verdampfer/Druckregler (LPG) |
| 304 | Schutzdiode Elektronikgeräte |
| 305 | Kontrolldiode Wassertemperaturwarnleuchte |
| 306 | Kontrolldiode Bremswarnleuchte |
| 307 | Steuerdiode Klimaanlage |
| 308 | Diode Taglicht |
| 309 | Diode Elektrolüfter |
| 310 | Diode Kompressor |
| 311 | Diode Innenleuchtenschalter |
| 312 | Diode Sprachausgabemodul |
| 313 | Luftmengenmesser |
| 330 | Magnetventil Klimaanlage |
| 334 | Magnetventil Frühverstellungsverzögerung |
| 335 | Magnetventil Abgasentgiftung |
| 340 | Magnetventil Pumpenabschaltung |
| 345 | Leerlaufmagnetventil |
| 346 | Magnetventil Kraftstoffdampfrückführung |
| 347 | Magnetventil Geschwindigkeitsregelanlage |
| 348 | Spritzverstellungs-Magnetventil (Diesel) |
| 350 | Schalterbeleuchtung |
| 351 | Instrumentenbeleuchtung |
| 355 | Beleuchtung Heizungs- und Lüftungsbetätigung |
| 360 | Konsolenbeleuchtung |
| 361 | Schminkspiegelbeleuchtung |
| 364 | Zigarettenanzünderbeleuchtung |
| 365 | Ascherbeleuchtung |
| 370 | Gepäckraumbeleuchtung |
| 375 | Handschuhkastenbeleuchtung |
| 380 | Motorraumbeleuchtung |
| 385 | Kennzeichenbeleuchtung links |
| 386 | Kennzeichenbeleuchtung rechts |
| 390 | Lenkschlossbeleuchtung |
| 395 | Fussraumbeleuchtung Fahrerseite |
| 396 | Fussraumbeleuchtung Beifahrerseite |
| 400 | Wählhebelbeleuchtung |
| 410 | Kompressorkupplung (Klimaanlage) |
| 420 | Abstellventil |
| 425 | Kartenleseleuchte |
| 440 | Standlicht links |
| 441 | Standlicht rechts |
| 445 | Heckleuchte links / Nebelschlussleuchte |
| 446 | Heckleuchte rechts / Blinkleuchte Schlusslicht Rückfahrscheinwerfer Bremsleuchten Kennzeichenleuchten |
| 450 | Seitenleuchte vorn links |
| 451 | Seitenleuchte vorn rechts |
| 452 | Seitenleuchte hinten links |
| 453 | Seitenleuchte hinten rechts |
| 455 | Türleuchte links |
| 456 | Türleuchte rechts |
| 460 | Nebelschlussleuchte links |
| 461 | Nebelschlussleuchte rechts |
| 462 | Rückfahrscheinwerfer |
| 463 | Bremsleuchte |
| 465 | Entstörfilter Drehzahlmesser |
| 470 | Sicherungen (Sicherungskasten) |
| 471 | Sicherungshalter (Radio) |
| 472 | Sicherungshalter (Schlösser) |
| 473 | Sicherungshalter (Abblendlicht) |
| 474 | Sicherungshalter (Sprachausgabe) |
| 475 | Sicherungshalter (Vergaserbeheizung) |
| 476 | Sicherungshalter (Geschwindigkeitsregler) |
| 477 | Sicherungshalter (Einspritzung) |
| 480 | Blinkleuchte vorn links |
| 481 | Blinkleuchte vorn rechts |
| 482 | Blinkleuchte hinten links |
| 483 | Blinkleuchte hinten rechts |
| 484 | Blinkleuchte vorn links und Standlicht vorn links |
| 485 | Blinkleuchte vorn rechts und Standlicht vorn rechts |
| 486 | Entstörfilter Sprachausgabe |
| 490 | Impulsgeber (Geschwindigkeitsgeber) |
| 491 | Rundumleuchte |
| 500 | Lautsprecher vorn links |
| 501 | Lautsprecher vorn rechts |
| 502 | Lautsprecher hinten links |
| 503 | Lautsprecher hinten rechts |
| 509 | Temperaturanzeiger |
| 510 | Schalter Nebelscheinwerfer |
| 511 | Schalter Nebelschlussleuchten |
| 512 | Schalter Zusatzfernscheinwerfer |
| 513 | Schalter Sirene |
| 514 | Schalter Rundumleuchte |
| 515 | Leuchtstärkenschalter |
| 516 | Parkleuchtenschalter |
| 520 | Schalter Fensterheber Fahrerseite |
| 521 | Schalter Fensterheber Beifahrerseite |
| 521A | Schalter (Fahrer) Fensterheber Beifahrerseite |
| 522 | Schalter Fensterheber hinten links |
| 523 | Schalter Fensterheber hinten rechts |
| 524 | Schalter (Fahrer) Fensterheber hinten links |
| 525 | Schalter (Fahrer) Fensterheber hinten rechts |
| 526 | Kindersicherung Fensterheber hinten |
| 530 | Schalter Schiebedach |
| 532 | Schalter Heckscheibenbeheizung |
| 535 | Schalter Fahrersitzbeheizung |
| 536 | Schalter Beifahrersitzbeheizung |
| 540 | Vorglühschalter |
| 545 | Schalter Innenleuchte Mitte |
| 548 | Prüfschalter Bremswarnleuchte |
| 549 | Diagnoseschalter (Diesel) |
| 550 | Schalter Heckscheibenwaschanlage |
| 552 | Schalter Scheinwerferwaschanlage |
| 555 | Schalter Stromversorgungskontrolleuchte |
| 556 | Schalter Druckluftsignalhörner (Polizei) |
| 557 | Schalter Rundumleuchte |
| 558 | Schalter Ventilator |
| 560 | Klingelschalter |
| 565 | Druckabfallschalter |
| 566 | Betätigungsschalter Klimaanlage |
| 567 | Schalter Geschwindigkeitsregelanlage |
| 570 | Schalter Warnblinkanlage |
| 571 | Test Schalter |
| 573 | Leerlaufdüse |
| 574 | Einspritzventile |
| 575 | Kaltstartventil |
| 576 | Informationsabrufschalter |
| 580 | Kraftstoffstandsgeber |
| 590 | Kartenleseleuchte |
| 591 | Wassertemperaturanzeiger (Kühlflüssigkeit) |
| 592 | Ladedruckanzeiger |
| 593 | Kraftstoffstandsanzeiger |
| 594 | Öltemperaturanzeiger (Motoröl) |
| 595 | Öltemperaturanzeiger (Motoröl) |
| 598 | Zündmodul |
| 600 | Frontscheibenwischermotor |
| 601 | Heckscheibenwischermotor |
| 605 | Scheinwerferwischermotor links |
| 606 | Scheinwerferwischermotor rechts |
| 610 | Schiebedachmotor |
| 615 | Fensterhebermotor vorn links |
| 616 | Fensterhebermotor vorn rechts |
| 617 | Fensterhebermotor hinten links |
| 618 | Fensterhebermotor hinten rechts |
| 620 | Gebläsemotor |
| 625 | Türverriegelungsmotor vorn links |
| 626 | Türverriegelungsmotor vorn rechts |
| 627 | Türverriegelungsmotor hinten links |
| 628 | Türverriegelungsmotor hinten rechts |
| 629 | Gepäckraumdeckel-Verriegelungsmotor |
| 635 | Elektrolüfter Motorkühlung |
| 636 | Elektrolüfter Klimaanlage |
| 640 | Zeituhr |
| 645 | Bremskraftverstärkungsdruckschalter |
| 646 | Servolenkungsdruckschalter |
| 647 | Klimaanlagendruckschalter |
| 650 | Öldruckschalter |
| 651 | Druck-/Unterdruckschalter |
| 652 | Ladeüberdruckschalter |
| 660 | Bordcomputer |
| 660A | Bordcomputer (Tastatur) |
| 660B | Bordcomputer (Anzeigeeinheit) |
| 669 | Drosselklappen-Potentiometer |
| 669A | Gaspedal-Potentiometer (Diesel) |
| 670 | Scheinwerfer links |
| 671 | Scheinwerfer rechts |
| 673 | Zusatzscheinwerfer links |
| 674 | Zusatzscheinwerfer rechts |
| 675 | Bremsklotzkontakt vorn links |
| 676 | Bremsklotzkontakt vorn rechts |
| 677 | Bremsklotzkontakt hinten links |
| 678 | Bremsklotzkontakt hinten rechts |
| 680 | Frontscheibenwaschpumpe |
| 681 | Heckscheibenwaschpumpe |
| 682 | Scheinwerferwaschpumpe |
| 683 | Benzinpumpe |
| 684 | Waschpumpe |
| 688 | Innenleuchte vorn |
| 689 | Innenleuchte hinten |
| 690 | Innenleuchte Mitte |
| 691 | Innenleuchte vorn links |
| 692 | Innenleuchte vorn rechts |
| 693 | Innenleuchte hinten links |
| 694 | Innenleuchte hinten rechts |
| 697 | Infrarotsender (Zentralverriegelung) |
| 700 | Druckregler |
| 705 | Anschlussplatine |
| 706 | Schaltungsplatine |
| 710 | Stromanschluss |
| 720 | Diagnoseanschluss |
| 723 | Nebelscheinwerfer links |
| 724 | Nebelscheinwerfer rechts |
| 729 | Relais Abgasentgiftung |
| 730 | Anlasserrelais |
| 731 | Vorglührelais |
| 732 | Relais Lüfter-Magnetkupplung |
| 733 | Relais Elektrolüfter |
| 735 | Fernlichtrelais |
| 736 | Relais Zusatzfernscheinwerfer |
| 737 | Abblendlichtrelais |
| 738 | Relais für hohe Gebläsedrehzahl |
| 740 | Relais Zündspule |
| 741 | Relais Zündspulenwiderstand |
| 742 | Relais Spritzverstellung |
| 743 | Relais Kompressor |
| 744 | Drehzahlrelais (Bedienung Pumpe) |
| 745 | Relais Druckluftthorn-Kompressor |
| 750 | Relais Nebelscheinwerfer |
| 751 | Relais Nebelschlussleuchten |
| 755 | Relais Scheinwerferwischer |
| 756 | Zeitrelais Scheinwerferwischer |
| 760 | Relais Heckscheibenbeheizung |
| 761 | Relais Fensterheber vorn |
| 762 | Relais Fensterheber hinten |
| 763 | Relais Schiebedach |
| 764 | Relais Fensterheber / Schiebedach |
| 765 | Relais Frontscheibenwischer |
| 766 | Relais Heckscheibenwischer |
| 770 | Relais Zubehör |
| 771 | Relais Lichthupe |
| 772 | Relais 2. Stufe Elektrolüfter |
| 773 | Relais Vergaserbeheizung |
| 775 | Anlasssperrelais |
| 776 | Sicherheitsrelais Geschwindigkeitsregelanlage |
| 780 | Relais Taglichtschaltung |
| 781 | Überdrehzahlrelais |
| 782 | Zündrelais |
| 783 | Einspritzrelais |
| 784 | Relais Informationsabruf Bordcomputer – Geschwindigkeitsregler – Sprachausgabe |
| 785 | Widerstand Innenraum-Temperaturanzeige |
| 786 | Widerstand Zündspule |
| 787 | Widerstand Gebläse |
| 788 | Widerstand 2. Stufe Elektrolüfter |
| 789 | Widerstand Taglichtschaltung |
| 790 | Dieselfilterbeheizung |
| 791 | Vergaserbeheizung |
| 794 | Einspritzregelwiderstand |
| 795 | Beleuchtungsregelwiderstand |
| 800 | Regler |
| 801 | Steuerdruckregler |
| 810 | Seitenblinkleuchte links |
| 811 | Seitenblinkleuchte rechts |
| 812 | Regelwiderstand Temperatureinstellung |
| 814 | Rückspiegel links |
| 815 | Rückspiegel rechts |
| 817 | Sitzbeheizung vorn links |
| 818 | Sitzbeheizung vorn rechts |
| 820 | Klingel (Krankenwagen) |
| 830 | Servozylinder Geschwindigkeitsregelanlage |
| 835 | Ölstandsfühler |
| 836 | Kraftstoffdurchflussgeber (Bordcomputer) |
| 837 | Kühlwasserstandsfühler |
| 840 | Spritzversteller |
| 841 | Sirene |
| 845 | Sprachausgabe |
| 846 | Temperaturfühler (Auspuff) |
| 847 | Temperaturregelungsfühler (Innenraum) |
| 848 | Lambda-Sonde |
| 850 | Lüfter-Temperaturschalter am Kühlsystem |
| 851 | Lüfter-Temperaturschalter am Ölsystem |
| 855 | Wassertemperaturschalter |
| 860 | Startertemperaturschalter |
| 861 | Temperaturschalter Abgasentgiftung |
| 865 | Elektronischer Temperaturregler (Klimaanlage) |
| 870 | Thermozeitschalter (Kaltstartventil) |
| 880 | Fahrtschreiber |
| 885 | Zeitrelais Sicherheitsgurt |
| 886 | Zeitrelais Innenbeleuchtung |
| 887 | Zeitrelais Scheinwerferwaschanlage |
| 888 | Öltemperaturgeber |
| 889 | Motortemperaturfühler |
| 890 | Wassertemperaturgeber |
| 891 | Elektronischer Temperaturgeber (Heizung/Lüftung) |
| 892 | Öltemperaturschalter |
| 893 | Zeitrelais Heckscheibenwischer |
| 893A | Zeitrelais Frontscheibenwischer |
| 894 | Zusatzluftschieber |
| 898 | Öldruckgeber |
| 930 | Lüfter-Magnetkupplung |
| 935 | Gebläse Heizung/Lüftung |
| 936 | Gebläse Heizung/Lüftung hinten |
| 946 | Heckscheibenbeheizung |
| 950 | Ventilator |
| 955 | Aussenspiegel-Stellmotor Fahrerseite |
| 960 | Ventilator Klimaanlage |
| 965 | Startautomatik |
| 970 | Voltmeter |
| L1 | Sicherheitsgurt-Warnleuchte |
| L2 | Blinkerkontrolleuchte |
| L3 | Kraftstoffreservewarnleuchte |
| L4 | Fernlichtkontrolleuchte |
| L5 | Warnblinkkontrolleuchte |
| L6 | Standlichtkontrolleuchte |
| L7 | Ladewarnleuchte |
| L8 | Vorglühkontrolleuchte |
| L9 | Starterkontrolleuchte |
| L10 | Öldruckwarnleuchte |
| L11 | Öl- und Wasserwarnleuchte |
| L12 | Wassertemperaturwarnleuchte |
| L13 | Bremswarnleuchte |
| L14 | Kontrolleuchte für Nebelschlussleuchten |
| L15 | Kontrolleuchte für Stromversorgung |
| L16 | STOP-Warnleuchte |
| L17 | Warnleuchte für Bremsflüssigkeitsstand und Bremsleuchten |
| L18 | Warnleuchte für Standleuchtenausfall |
| L19 | Warnleuchte für Schlussleuchtenausfall |
| L20 | Warnleuchte für Scheibenwaschwasserstand |
| L21 | Warnleuchte für Kühlflüssigkeitsstand |
| L22 | Ölstandswarnleuchte |
| L23 | Warnleuchte für Bremsklotzabnützung |
| L24 | Prüfschalter (Kombiinstrument) |
| L25 | Öltemperaturwarnleuchte |
| L26 | Türöffnungswarnleuchte |
| L27 | Warnleuchte für Standleuchten- oder Nebelschlussleuchtenausfall |
| L28 | Instrumentenbeleuchtung |
| L30 | Kontrolleuchte für Differentialsperre hinten |
| L31 | Kontrolleuchte für Differentialsperre vorn |
| L32 | Klopfwarnleuchte |
| L33 | Diagnosekontrolleuchte |
| L34 | Warnleuchte für Kraftstoff-Wassergehalt |
| L35 | Fahrlichtkontrolleuchte |
| L36 | Kontrolleuchte für Anhängerblinkanlage |
| +AA | Versorgung Zubehör |
| +P | Dauerplus |
| +D | Versorgung Anlasser |
| +AC | Kontakt nach Zündung |
| M | Masse |

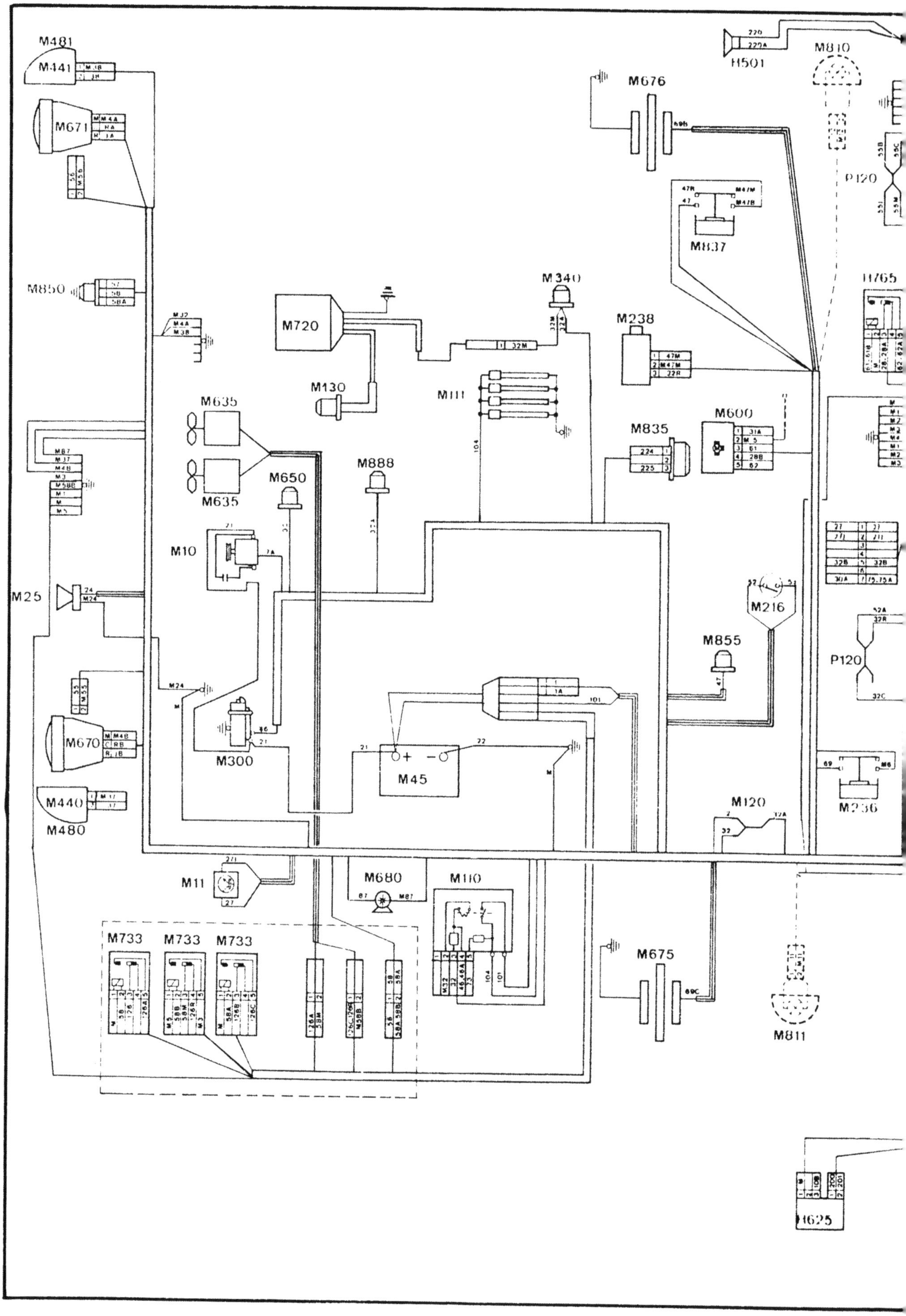
M481
M441
M671
M850
M25
M670
M440
M480
M11
M733
M733
M733
M680
M110
M720
M130
M635
M635
M650
M888
M10
M300
M45
M340
M111
M238
M835
M600
M676
M837
H501
M810
P120
H765
M216
M855
M120
M236
P120
M675
M811
H625

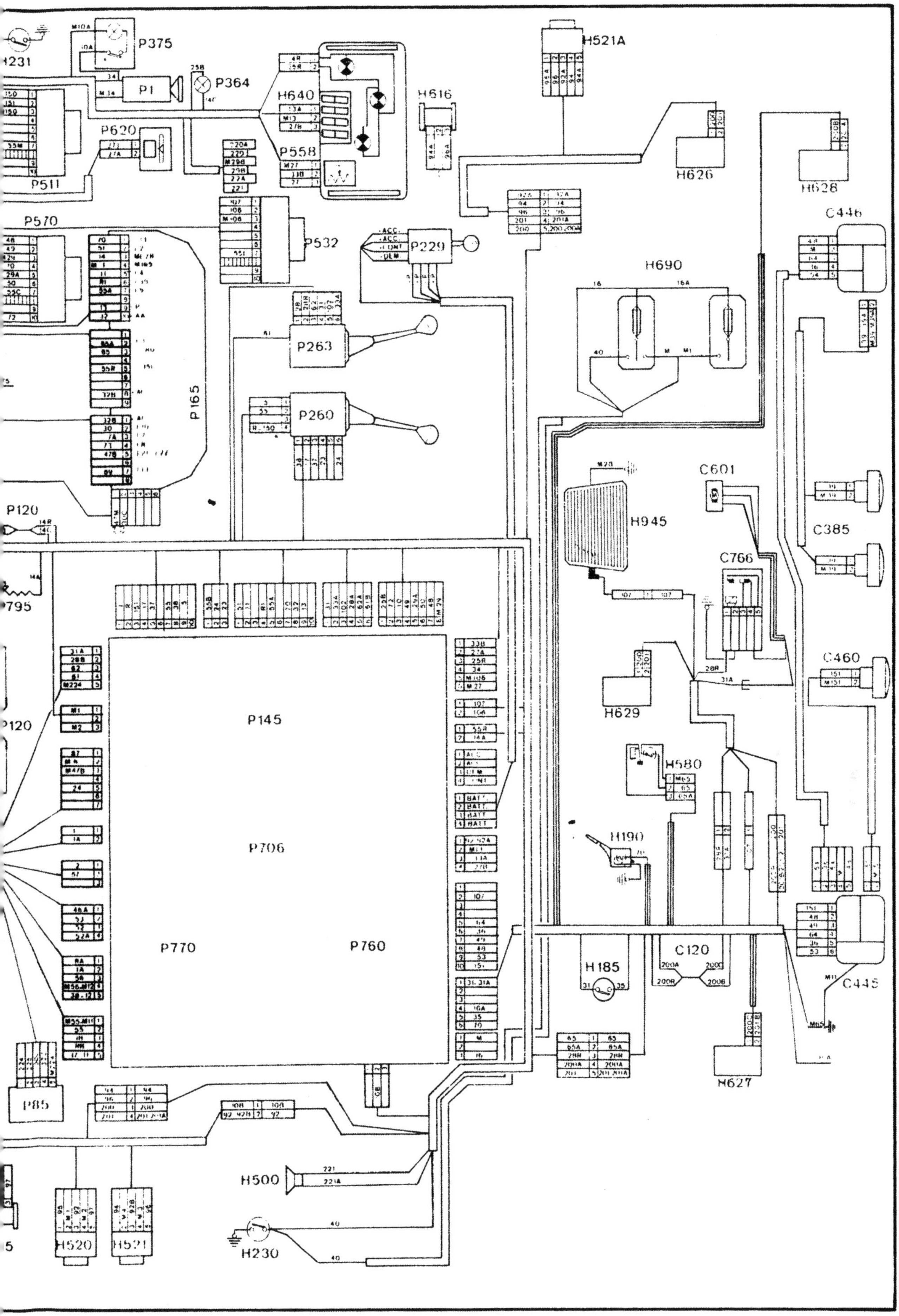

P375
H231
P1
P364
H640
P558
P620
P511
H521A
H616
H626
H628
P570
P532
P229
C446
H690
P263
P260
P165
P120
H945
C601
C385
C766
P795
P145
C460
H629
H580
P706
H190
P770
P760
C120
H185
C445
H627
P85
H500
H230
H520
H521

FSC
www.fsc.org
MIX
Papier | Fördert gute Waldnutzung
FSC® C083411

Kolibri 360 GmbH
Ferdinand-Jühlke-Straße 7
99095 Erfurt, Deutschland
produktsicherheit@kolibri360.de